Corrosion et anticorrosion

LAVOISIER
11, rue Lavoisier
75008 Paris

Serveur web : www.hermes-science.com

ISBN 2-7462-0467-3

---

Catalogage Electre-Bibliographie
Béranger, Gérard*Mazille, Henri (sous la direction de)
Corrosion et anticorrosion – Pratique industrielle
Paris, Hermès Science Publications, 2002
ISBN 2-7462-0467-3

| | |
|---|---|
| RAMEAU : | corrosion |
| | anticorrosion |
| DEWEY : | 669 : Métaux |
| | 671 : Métallurgie industrielle |

---

# Corrosion et anticorrosion

*Pratique industrielle*



*sous la direction de*

Gérard Béranger
Henri Mazille



Hermes Science publications

*Il a été tiré de cet ouvrage*
*60 exemplaires hors commerce réservés*
*aux membres du comité scientifique,*
*aux auteurs et à l'éditeur*
*numérotés de 1 à 60*

# Corrosion et anticorrosion

*sous la direction de Gérard Béranger et Henri Mazille*

fait partie de la série ALLIAGES MÉTALLIQUES
dirigée par André Pineau et Dominique François

Le traité Mécanique et Ingénierie des Matériaux répond au besoin de disposer d'un ensemble complet des connaissances et méthodes nécessaires à la maîtrise de ce domaine.

Conçu volontairement dans un esprit d'échange disciplinaire, le traité MIM est l'état de l'art dans les domaines suivants retenus par le comité scientifique :

- Alliages métalliques
- Géomatériaux
- Matériaux de construction
- Méthodes numériques
- Mise en forme des matériaux
- Polymères

Chaque ouvrage présente aussi bien les aspects fondamentaux qu'expérimentaux. Une classification des différents articles contenus dans chacun, une bibliographie et un index détaillé orientent le lecteur vers ses points d'intérêt immédiats : celui-ci dispose ainsi d'un guide pour ses réflexions ou pour ses choix.

Les savoirs, théories et méthodes rassemblés dans chaque ouvrage ont été choisis pour leur pertinence dans l'avancée des connaissances ou pour la qualité des résultats obtenus.

## Liste des auteurs


Gérard Béranger
Laboratoire Roberval
Université de technologie de Compiègne

Didier Caron
Centre technique des industries mécaniques
Senlis

Jean-Claude Catonné
Conservatoire national des arts et métiers
Paris

Yves Cètre
Rhodia Ingénierie et Technologie Europe
Décines-Charpieu

Mohammed Cherfaoui
Centre technique des industries mécaniques
Senlis

Alain Cornet
Ecole nationale supérieure des arts et industries de Strasbourg

Jean-Louis Crolet
TotalFinaElf
Pau

Christian Fiaud
Ecole nationale supérieure de chimie de Paris

Jean-Marie Gras
EDF
Moret-sur-Loing

Hassane Idrissi
LPCI
Institut national des sciences appliquées
Lyon

Alain Jussiaume
Renault SA
Guyancourt

Jean-Claude Laout
Centre français de l'anticorrosion
Paris

Christian Lemaitre
Laboratoire Roberval
Université de technologie de Compiègne

Henri Mazille
LPCI
Institut national des sciences appliquées
Lyon

Jean-Marc Meyer
Université de Genève
Suisse

Nadine Pébère
Ecole nationale supérieure des arts chimiques et technologiques
Toulouse

André Raharinaivo
Laboratoire central des ponts et chaussées
Paris

Marcel ROCHE
TotalFinaElf
Paris-La Défense

Marcel SAURAT
Conservatoire national des arts et métiers
Paris

Guy TACHÉ
CEBTP
Saint-Rémy-lès-Chevreuse

Henri WALASZEK
Centre technique des industries mécaniques
Senlis

Guy ZACHARIE
EDF
Moret-sur-Loing

# Table des matières

# Préface de Philippe Berge

Selon plusieurs évaluations, le coût de la corrosion dans les pays industrialisés, tant aux Etats-Unis qu'en Europe, représenterait quelques unités du produit national brut (PNB). Près de la moitié pourrait être économisée par une politique éclairée de prévention et de lutte contre la corrosion, notamment dès la conception.

Il n'apparaît donc pas superflu de tout faire pour que les phénomènes de corrosion et leurs conséquences soient mieux appréhendés par les ingénieurs et techniciens. Ces phénomènes ont des composantes si nombreuses et diverses qu'il serait une gageure de vouloir rédiger un traité dont la lecture permettrait d'éviter toute erreur.

Ces deux ouvrages (celui-ci et celui intitulé *Corrosion des métaux et alliages*), comportant au total 29 chapitres rédigés avec la collaboration d'environ cinquante experts français, ne se présentent pas comme un ensemble de recettes universelles ; il n'en n'existe pas. Il ne s'agit pas non plus de manuels rassemblant les données connues de compatibilité entre tous les matériaux et tous les milieux ; il en existe plusieurs, très utiles, mais qui ne prennent pas en compte l'ensemble des facteurs pouvant intervenir dans les risques de corrosion, associés à des moyens de protection appropriés.

Les deux ouvrages comportent quatre parties au total :

– une première sur des notions de base concernant les phénomènes de corrosion, les caractéristiques de surface, les propriétés électrochimiques, etc. ;

– une seconde sur la description des formes les plus fréquentes de la corrosion, dans des milieux et des conditions d'utilisation qui posent des problèmes spécifiques

---

Monsieur Philippe BERGE est président de la Fédération européenne de la corrosion.

de protection : milieu marin, corrosion atmosphérique, corrosion galvanique, tribocorrosion, fissuration sous contrainte, etc. ;

– une troisième décrivant des exemples de problèmes de corrosion et d'anticorrosion relevés dans quelques domaines industriels importants : industries chimiques et pétrochimiques, production d'énergie (électronucléaire), transport (automobile notamment), etc. ;

– une dernière enfin qui expose des notions générales sur les modes de prévention : revêtements et traitements de surface, protection cathodique, passivation anodique (dite protection anodique), inhibiteurs...

Cet ensemble constitue donc, dans sa totalité, un guide indispensable à tout ingénieur ou technicien en conception, exploitation, maintenance, entretien... qui souhaite acquérir une bonne culture en anticorrosion. Cette culture apparaît le moyen le plus sûr pour assurer au moindre coût la meilleure protection contre la corrosion des installations industrielles.

# Préface de Gérard Pinard Legry

C'est un truisme d'énoncer que mécanique et corrosion ne s'accordent pas. Est-ce pour cela que, pendant longtemps, mécaniciens et corrosionnistes ont eu du mal à nouer les fils d'un dialogue ? Les premiers recherchaient à tout prix des lois de comportement prenant en compte l'effet de l'environnement et reprochaient aux « chimistes » leur incapacité à prédire la tenue d'un matériau à plus ou moins long terme. Les corrosionnistes enviaient quelque peu ces ingénieurs qui savaient si bien tout mettre en équation, sauf la corrosion. Il fallait en effet faire entendre que la tenue à la corrosion d'un matériau n'était nullement une propriété dudit matériau mais résultait d'une interaction physicochimique avec le milieu environnant qui d'ailleurs, bien souvent, était mal connu. Bien évidemment, le mécanicien prévoyait une surépaisseur de corrosion, en quelque sorte la part du feu ou de l'incertitude, même s'il pressentait que l'attaque d'un métal est rarement uniforme. Et cela n'évitait pas que de temps à autre une rupture brutale d'installation remette en cause les lois de la mécanique par propagation d'un défaut, qui n'aurait jamais dû exister ou qui n'avait pas la taille critique. Les spécialistes de la mécanique de la rupture se résignèrent à définir un facteur d'intensité de contrainte seuil, $K_{ICSC}$ ($K_{ISCC}$), pour remplacer le facteur critique, $K_{IC}$ ; mais il leur fallait un défaut, car si les mécaniciens faisait leur affaire de la propagation, ils laissaient le soin aux corrosionnistes de définir l'amorçage pour lequel on manquait cruellement de données cinétiques.

A défaut de tout comprendre, il convenait de mieux connaître les paramètres caractéristiques qui régissent ces phénomènes dont les noms mêmes associent étroitement mécanique et corrosion : corrosion sous contrainte, corrosion-fatigue, fragilisation par l'hydrogène, tribocorrosion…

---

Monsieur Gérard Pinard Legry est président du CEFRACOR (Centre français de l'anticorrosion).

Dans un traité s'adressant d'abord aux ingénieurs, mécaniciens en particulier, appelés à mettre en œuvre les matériaux, il était indispensable de faire le point des connaissances actuelles sur la corrosion des matériaux métalliques, d'autant plus que la corrosion, longtemps considérée comme un art, est devenue une science. Le contenu de ces deux ouvrages (celui-ci et celui intitulé *Corrosion des métaux et alliages* permettra de s'en convaincre, les divers chapitres étant rédigés par les meilleurs spécialistes français du moment. Il faut d'ailleurs souligner avec plaisir qu'ils sont pour la plupart des membres actifs du centre français de l'anticorrosion (CEFRACOR), association fédérant les corrosionnistes de notre pays.

Après une introduction générale, le lecteur trouvera les divers outils et concepts de base nécessaires à une bonne compréhension des processus de corrosion. Ainsi, dans un premier chapitre, le métal, et plus particulièrement sa surface, sont tout d'abord décrits ; il convient de rappeler que les métaux et alliages sont élaborés, transformés et mis en œuvre en vue de leur conférer des propriétés adaptées à l'emploi visé. Un matériau métallique constitue un objet chimique complexe tant par sa composition chimique et ses structures métallurgique et cristallographique que par ses propriétés physiques, de conductivité électronique de surface notamment. C'est en effet à l'interface du couple métal/milieu que se font les processus de transfert de charge et de matière dont les cinétiques définiront le comportement global du matériau dans son environnement. Sur ce point, le phénomène de passivité joue un rôle de toute première importance. Trois chapitres consacrés à la caractérisation des surfaces et aux méthodes électrochimiques complètent le précédent ; les deux familles de techniques expérimentales correspondantes sont certainement celles qui au cours des dernières années ont le plus contribué à la compréhension des processus de corrosion.

Dans d'autres chapitres, on trouvera la description du phénomène de corrosion et de ses différentes formes, classées en fonction de leurs conditions d'apparition, qu'il s'agisse de sollicitations mécaniques (contrainte, frottement...) ou de conditions particulières d'environnement (atmosphères, bactéries, sols, milieux marins, eaux naturelles et industrielles...).

Après ce point très complet sur les phénomènes susceptibles d'affecter le comportement en service des matériaux (premier tome), il convenait de montrer que le corrosionniste, tout comme le médecin, après avoir diagnostiqué le mal, dispose de moyens efficaces de prévention contre la corrosion. C'est un aspect trop souvent négligé dans les ouvrages généraux de corrosion et il convient de saluer la part importante donnée dans ce deuxième tome, aux trois grandes méthodes de l'anticorrosion, les revêtements, la protection cathodique et les inhibiteurs, en précisant pour chacune ses performances, ses domaines d'emploi et ses limitations.

Enfin, à l'heure où l'on parle durabilité, sécurité, non-pollution, il importait de rappeler que le traitement des problèmes de corrosion est un enjeu industriel majeur. Pour l'illustrer, plusieurs témoignages présentent, à titre d'exemple, dans des secteurs industriels importants pour l'économie, la spécificité et le suivi des problèmes rencontrés ainsi que les moyens d'y remédier.

Gageons que ces deux ouvrages sur la corrosion, par la qualité et l'exhaustivité de leur contenu, deviendront des livres de référence pour tous ceux dont la mission est la mise en œuvre des matériaux métalliques et qu'ils constitueront ainsi un maillon inaltérable pour associer étroitement mécaniciens et corrosionnistes.

# Avant-propos

Dans un traité sur les matériaux, plusieurs tomes se doivent d'être consacrées à leur durabilité. La corrosion est l'une des formes de dégradation, pouvant conduire à celle des structures. Elle peut par ses différentes manifestations favoriser la ruine mécanique, soit en provoquant des sites d'amorçage de piqûres ou fissures, soit en donnant naissance à des effets de synergie sous la double influence d'un environnement agressif et de contraintes résiduelles ou appliquées.

Dans la majorité des cas, les matériaux constitutifs d'objets ou de structures fabriqués par l'homme sont utilisés dans des environnements plus ou moins sévères :

– air plus ou moins humide et plus ou moins pollué,

– milieux aqueux (eaux douces, industrielles, de mer, etc.),

– milieux chimiques divers,

– émulsions, effluents,

– métaux et sels fondus,

– sols,

– etc.

Or, dans de tels environnements, les métaux et alliages ne sont pas stables. Il suffit pour s'en convaincre d'observer que la très grande majorité des métaux n'existe pas à l'état natif dans la nature mais doit être extraite et élaborée à partir de minerais. Dans ceux-ci, les métaux existent à l'état ionique ou du moins « oxydé ». La métallurgie élaborative s'efforce, par apport d'énergie et de matière, « d'amener ces ions » à l'état métallique. Ce dernier n'étant pas, dans la plupart des cas, stable thermodynamiquement, il aura une tendance spontanée à retourner à l'état oxydé. La corrosion (du latin corrodere : ronger) correspond à ce retour, dans la mesure où ces ions vont souvent passer dans le milieu aqueux environnant en faisant perdre au matériau son intégrité. Dans d'autres cas, les produits de corrosion vont rester en surface sous forme solide (oxyde, hydroxyde, carbonates...). Ils peuvent même, fort heureusement, donner naissance à une autoprotection, appelée passivation.

En pratique industrielle, la corrosion coûte cher ; en actualisant une phrase célèbre énoncée en 1947 par le professeur H.H. Uhlig du MIT, on peut écrire : « Pendant que vous lisez ces mots, 2 000 kilogrammes de fer se sont corrodés aux Etats-Unis d'Amérique. »

Toutes les enquêtes réalisées dans les pays industrialisés aboutissent à des coûts sensiblement identiques, à savoir environ 4 % du produit national brut (PNB), ce qui correspond à un coût quotidien, pour chaque Français par exemple, de un euro. Ceci intègre les coûts directs et indirects. Or, on s'aperçoit qu'une partie de ces coûts pourrait être évitée par une meilleure connaissance des phénomènes mis en jeu, des remèdes à apporter et de leur bonne mise en œuvre. Un choix judicieux peut se faire à plusieurs stades, mais en termes de prévention (et éventuellement de lutte), c'est dès la conception qu'il faut le prendre en compte puis l'intégrer dans les codes de maintenance. Tel est l'objectif de ces ouvrages : *comprendre et informer pour agir.*

Le premier, *Corrosion des métaux et alliages*, traite des connaissances de base en partant de la surface et de ses moyens de caractérisation (puisque la corrosion est un phénomène qui s'amorce sur la surface), pour décrire ensuite les mécanismes électrochimiques et les modes et formes de corrosion. Les paramètres d'influence et les phénomènes de synergie entre plusieurs mécanismes (contraintes mécaniques, vitesse de fluide, frottement, environnement...) sont ensuite analysés et illustrés, en particulier dans le cadre des cas de corrosion ou des milieux les plus fréquemment rencontrés dans la vie quotidienne ou dans la pratique industrielle.

Le second, *Corrosion et anticorrosion*, illustre plus précisément la « problématique » corrosion dans différents secteurs industriels importants, en y associant, chaque fois les différents remèdes proposés ou appliqués en pratique. Ces « remèdes » sont ensuite replacés de façon plus systématique et synthétique dans le contexte plus large de l'anticorrosion : thème majeur de ce deuxième ouvrage. Les différents moyens d'action et de choix, leur principe et leurs modalités d'applications sont alors présentés.

Compte tenu de la nécessité de rester synthétique, nous avons été amenés à certaines restrictions, en particulier au niveau des rappels de base. Nous avons par exemple éliminé les rappels usuels de thermodynamique et plus généralement de métallurgie (cristallographie, physique et mécanique du solide réel...), disciplines scientifiques pourtant fort utiles dans la compréhension de certains mécanismes de corrosion.

La corrosion des métaux et alliages est traditionnellement séparée en deux domaines principaux :

– la corrosion par les milieux électrolytiques, comme l'eau par exemple, appelée corrosion électrochimique ou humide (en anglais *wet corrosion*) ;

– la corrosion par les gaz à moyenne et haute température, dite oxydation ou corrosion sèche (en anglais *oxidation* ou *dry corrosion*). Dans cet ouvrage, nous ne considérons que le premier domaine, le second étant traité par ailleurs. Notons qu'un autre domaine rencontré en pratique à chaud en présence de phases condensées s'apparente aussi à la corrosion électrochimique ; à ce titre, il est traité dans cet ouvrage, tout comme la corrosion en présence de bactéries qui fait aussi l'objet d'un chapitre spécifique.

Si l'on conçoit bien l'intérêt d'un ouvrage complet traitant de la corrosion et de l'anticorrosion dans un volumineux traité sur les matériaux de structure, on peut se poser la question : pourquoi un nouvel ouvrage ? alors qu'il en existe déjà un certain nombre, que ce soit en langue française ou en langues étrangères, en anglais notamment. En fait, le présent ouvrage, avec la participation active et les nombreuses contributions de spécialistes appartenant soit à l'Industrie, soit à l'Université, n'existe pas à ce jour en France. Voici une vingtaine d'années a été lancé un cycle d'Ecoles, dites du CNRS, consacrées à la réactivité des surfaces et rassemblant différents acteurs du monde scientifique et socio-économique. Ce cycle a permis de constituer un réseau de compétences scientifiques et technologiques, regroupant la quasi-totalité des spécialistes français concernés ; ce réseau est connu et reconnu, tant en France qu'à l'étranger, sous le vocable de « l'Ecole française de corrosion ». Ces manifestations, au nombre d'une dizaine, se poursuivent ; elles ont toutes donné lieu à des ouvrages qui pour la plupart ont connu un grand succès de librairie (pour des livres scientifiques et techniques). Cependant, chaque ouvrage était consacré à un thème précis ; il convenait d'en faire une synthèse. De plus, la discipline de la corrosion et de l'anticorrosion continue de progresser dans ses concepts, sa méthodologie, et il est opportun aujourd'hui de faire le point de l'ensemble des connaissances admises par tous et des moyens pratiques pour prévenir et lutter efficacement contre la corrosion des métaux et alliages.

La lecture des deux tomes de cet ouvrage peut se faire en « entrant » directement dans n'importe quel chapitre, même si la conception globale de l'ouvrage répond à une certaine logique pédagogique. Cet ouvrage est destiné à un large public de lecteurs : étudiants, enseignants, techniciens, ingénieurs voulant s'initier à la science de la corrosion et de l'anticorrosion ou actualiser leurs connaissances, voire trouver une information pratique.

L'importance technique, économique et sécuritaire de la corrosion nécessite la mobilisation de tous pour prévenir et lutter contre cette forme de dégradation. Que cet ouvrage y contribue, même modestement, et tous les acteurs et éditeurs y trouveront la justification et la récompense de leurs efforts.

Nos remerciements s'adressent évidemment à tous les auteurs qui ont bien su montrer la dimension scientifique et technologique de la corrosion et de l'anticorrosion. Nous tenons aussi à exprimer notre reconnaissance à Francine Allaire et Valérie Duquenne de l'UTC, et à Elisabeth Eccidio de l'INSA de Lyon, dont l'assistance technique a été précieuse à la réalisation de cet ouvrage.

Gérard BÉRANGER
Henri MAZILLE

PREMIÈRE PARTIE

# Corrosion dans la pratique industrielle

# Chapitre 1

# Corrosion dans la production de pétrole et de gaz

## 1.1. Introduction

Du fait de la diversité à la fois des milieux rencontrés et des contextes industriels dans lesquels s'exerce la prévention, la « corrosion pétrolière » s'avère sans doute encore plus spécifique qu'ailleurs.

### 1.1.1. *Spécificité et variété des milieux*

Tout d'abord, l'amont pétrolier est une *industrie minière* et l'on ne choisit pas ses gisements comme l'on pourrait choisir ailleurs ses procédés ou ses produits. Elle opère ainsi sur toute la planète, de l'Equateur à l'Arctique, des grands déserts aux grands fonds marins de 2 000 m et bientôt plus, des zones habitées (Lacq, Hollande) aux mers les plus dures (mer du Nord), et enfin des gisements pratiquement affleurants des pionniers américains à des gisements « hyperprofonds » (jusqu'à 8 000 m) et de ce fait très chauds (jusqu'à 250 °C) et sous très haute pression (jusqu'à 2 000 bar).

Ensuite, les hydrocarbures fossiles sont issus de matière organique végétale ou planctonique. Selon les conditions d'enfouissement, ils peuvent être accompagnés d'eaux de composition et salinité très diverses, sodique ou calcique, et depuis des eaux à peine saumâtres jusqu'à la saturation en chlorures. Cette eau peut être

---

Chapitre rédigé par Jean-Louis CROLET.

simplement associée aux hydrocarbures dans les pores de la roche réservoir, et elle n'est alors pratiquement pas entraînée. Au Moyen-Orient, la production de certains champs géants reste ainsi pratiquement anhydre depuis soixante-dix ans. Le plus souvent cependant, cette eau du gisement est complétée par la présence d'un aquifère sous-jacent plus ou moins actif. Celui-ci contribue certes à maintenir l'éruptivité naturelle des puits, mais il entraîne en contrepartie une augmentation de la teneur en eau de la production, ce qui pour les vieux champs en voie d'épuisement peut mener jusqu'à 99 % d'eau ! Dans les champs à gaz enfin, le gaz du gisement est saturé en vapeur d'eau, et sa décompression dans les puits ou son refroidissement dans les canalisations de surfaces entraîne une condensation d'eau plus ou moins abondante sur les parois.

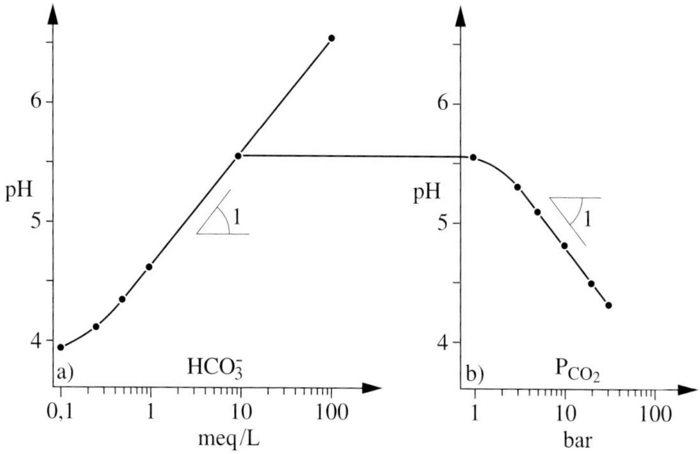


**Figure 1.1.** *Influence comparée de l'alcalinité de l'eau et de la pression partielle de gaz acide sur le pH* in situ *: cas du* $CO_2$ *[BON 81]*

Par ailleurs, la transformation biologique de cette matière organique a également généré des quantités souvent non négligeables de gaz acides $CO_2$ et $H_2S$. Durant toute la production, ces gaz restent très proches de l'équilibre de solubilité entre les trois phases gaz-huile-eau. En pratique, ils sont donc dissous dans l'eau proportionnellement à leurs *pressions partielles* respectives $P_{CO2}$ et $P_{H2S}$. De même, il est rare qu'au cours de ses pérégrinations, une eau de fond n'ait jamais rencontré de calcaire. A la découverte du gisement, cette eau est donc en général à l'équilibre calcocarbonique correspondant aux conditions de fond. Avec des pressions partielles pouvant dépasser 100 bar et des pouvoirs tampons (alcalinité) de l'eau variant de 0 (eau de condensation) à 100 meq/L (eau de gisement pratiquement dépourvue d'ions $Ca^{++}$), les pH *in situ* de l'eau de production peuvent varier de 3 à 7, ce qui représente pour la corrosion des aciers une plage considérable. A cet égard, un paramètre banal comme l'alcalinité de l'eau est en pratique un facteur de variabilité du pH beaucoup plus important que les pressions partielles de $CO_2$ et $H_2S$ (figure 1.1).

Certains gisements à basse température peuvent également avoir conservé une flore bactérienne importante [MAG 94], bien sûr anaérobie et donc riche en bactéries sulfurogènes, sulfatoréductrices ou thiosulfatoréductrices [MAG 97a]. Même les gisements stériles, parce que plus chauds, peuvent avoir été contaminés en cours de production par des injections massives d'eau de surface froide, destinée à maintenir la pression du gisement, mais éventuellement brute ou insuffisamment stérilisée. Certains champs initialement dépourvus d'$H_2S$ se mettent ainsi à en produire progressivement du fait de contaminations bactériennes ultérieures (en anglais *reservoir souring*).

### 1.1.2. *Spécificité et variété des contextes industriels*

A la précédente variété géographique et géologique s'ajoute également une variété juridique, économique, fiscale et politique.

Aux Etats-Unis par exemple, la propriété du *sol* entraîne également la propriété du *sous-sol*. Que l'on ait un ranch de quelques milliers d'hectares ou un simple appartement dans un immeuble en copropriété, on peut ainsi se retrouver propriétaire de tout ou partie d'un gisement d'hydrocarbures. Selon la taille et la difficulté du gisement, la production sera alors concédée à une compagnie pétrolière, ou encore sous-traitée à des sociétés de service, ou même opérée directement avec des méthodes plus ou moins artisanales, et avec des productions unitaires pouvant descendre jusqu'à quelques $m^3$/j. Un tel contexte conduit ainsi à l'utilisation de technologie minimaliste à moindre coût, où l'optimisation de la trésorerie immédiate l'emporte sur celle de la rentabilité à long terme et où le remplacement à l'identique d'un matériel considéré comme consommable est un mode de gestion de la corrosion parfaitement cohérent et honorable.

Le plus souvent néanmoins, le sous-sol appartient à l'état[1] et son exploitation est alors obligatoirement concédée à des sociétés pétrolières. Celles-ci peuvent être nationales ou privées, moyennes ou grandes, locales ou internationales. L'optimisation de la rentabilité à long terme dépend alors très directement des

1. En France, la limite entre le sol et le sous sol n'est d'ailleurs pas liée à la profondeur, mais à la présence de ressources exploitables...

objectifs recherchés et du contexte socio-économique. La prévention de la corrosion doit ainsi naviguer entre les deux bornes suivantes :

– avec des taux d'emprunt bancaire de 10 % (ordre de grandeur pour l'exemple), les frais financiers induits par l'investissement d'un capital C sont de $10^{-5}$ C/h, soit pour une valeur unitaire typique de 1 G$ pour la découverte et la mise en service d'un champ « moyen », un coût horaire de 10 000 dollars. Ce coût financier d'un simple *différé de production* est donc le coût minimum de toute avarie entraînant un arrêt de production. A cette échelle d'enjeux et sans même parler de sécurité, il est clair que toute avarie qui n'est pas immédiatement réparable est « interdite », car plus chère que tout moyen qui aurait pu l'éviter. Toute « sous-technologie » est ainsi fortement pénalisée, et pas seulement en corrosion ;

– à l'opposé, des retours espérés de 15 % sur les capitaux employés (en anglais *ROCE*) pèsent fortement sur l'appréciation du rapport qualité/prix de la durabilité des matériaux. A ce niveau par exemple, au-delà d'un surcoût de 50 % pour passer de 5 à 10 ans, il revient en fait moins cher de remplacer à 5 ans. Ce surcoût admissible diminue en outre très fortement avec les très longues durabilités, par exemple 25 % seulement pour passer de 10 à 20 ans et à peine 6 % pour 20 à 40. En valeur nette actualisée, tout différé de dépense minimise donc très sensiblement son impact économique. A ceci s'ajoute en outre la fiscalité, en général beaucoup plus défavorable pour le *coût d'investissement* de la dépense initiale que pour les *frais de fonctionnement* d'un remplacement ultérieur, de même que l'avantage non négligeable d'une possibilité d'évolution du matériel remplacé. En conséquence, toute « surtechnologie » est également pénalisée, et là encore pas seulement en corrosion ;

La spécificité de l'industrie pétrolière dans la prévention de la corrosion est ainsi l'ampleur des enjeux économiques, et le poids des pénalités dès que l'on s'écarte un tant soit peu de la juste technologie. Cette spécificité est aussi que chaque nouveau champ est quelque part unique, ce qui rend particulièrement difficile la définition à l'avance de cette juste technologie.

A cet égard, on distingue en général la corrosion *externe*, où la variété des milieux est limitée et la technologie rapidement commune à la plupart des opérateurs et sous-traitants, et la corrosion *interne*, où la variété est immense et le savoir-faire très variable.

## 1.2. Corrosion externe

Si ce n'était la corrosion, l'ingénierie des installations pétrolière se ferait uniquement à base de mécanique et de coûts. Ceci signifie que le matériau de construction pratiquement universel est l'acier, et qu'il faut donc le protéger de la corrosion par l'environnement naturel. On regroupe alors sous le vocable de *corrosion externe* la corrosion par l'air, la mer et les sols. Dans ce domaine, les techniques de prévention ont beaucoup évolué avec les progrès technologiques, et on se limitera ici à l'état de l'art actuel.

### 1.2.1. *Corrosion atmosphérique*

La protection des structures se fait en général par systèmes de peintures, dérivées de la marine et des Ponts et Chaussées, mais avec des durabilités accrues en milieux sévères du fait du coût beaucoup plus élevé des rénovations sur plates-formes. Un système standard est ainsi constitué d'une couche d'étanchéité épaisse d'époxy (400 µm) sur un primaire de silicate d'éthyle riche en Zn. La préparation du subjectile est un élément décisif de la durabilité (décapage Sa 2,5 suivant ISO 8501-1 en atmosphère sèche contrôlée, et hydrolyse contrôlée du silicate d'éthyle). La fonction d'un tel système n'est pas tant d'être une barrière physique, même s'il ralentit les échanges, mais d'assurer la non-corrosivité durable de l'électrolyte imprégnant la couche primaire au contact de l'acier.

Les éléments non porteurs des plates-formes (rambardes, caillebotis, escaliers), traditionnellement en acier galvanisé à chaud, sont de plus en plus en matériaux composites verre-résine (époxy ou polyester), avec ou sans revêtements intumescents pour leur protection contre l'incendie (par exemple sécurité des cheminements d'évacuation). Les bardages et chemins de câbles sont en feuillard mince d'acier inoxydable 316 L, et les murs antifeu en matériaux composites à base de résines phénoliques.

### 1.2.2. *Corrosion par les sols*

Les canalisations terrestres ne restent aériennes que dans les déserts ou les zones de permafrost. Partout ailleurs, elles sont enterrées et sont alors protégées par la combinaison d'un revêtement, aussi étanche que possible, et d'une protection cathodique par courant imposé, pour les défauts ou accidents du revêtement. Le revêtement est de nos jours un système tricouche fabriqué en usine, associant un primaire époxy pour l'adhérence à l'acier, un adhésif intermédiaire et une couche de plusieurs millimètres de polyéthylène ou polypropylène, en fonction de la température de la paroi. Un tel revêtement est en effet nécessaire pour résister mécaniquement aux conditions de manipulation, transport et pose. Des revêtements époxy poudre d'épaisseur 0,3 à 0,4 mm sont cependant utilisés dans les régions sous influence anglo-saxonne (utilisation des propriétés thermoplastiques des époxy). La continuité du revêtement au droit des soudures de raboutage est assurée sur site, soit par reconstitution d'un revêtement proche de celui appliqué sur les tubes en usine (fusion d'époxy-poudre ou système époxy-polyéthylène ou polypropylène), soit plus simplement par enroulement de bandes de polyéthylène ou de PVC ou, mieux, de gaines thermorétractables.

La protection cathodique est en général assurée par des *stations de soutirage* de courant réparties tout au long de l'ouvrage. L'expérience passée a montré une très bonne efficacité de cette technique, les cas de corrosion étant limités à des situations dans lesquelles des revêtements décollés (bandes ou revêtements bitumineux appliqués sur site dans des conditions médiocres) ont constitué un écran au courant de protection cathodique. Cependant, il s'est parfois avéré que le potentiel obtenu par cette technologie de protection peut être des plus variables, à la fois dans l'espace et dans le temps [ADA 00]. Néanmoins, contrairement à ce que l'on a longtemps cru – notamment à cause des excès de thermodynamique dans l'enseignement –, le risque principal n'est pas ici la sous-protection mais la surprotection. En effet, du fait de la polarisation d'activation de la dissolution anodique, l'essentiel de la protection est assuré par les toute premières dizaines de mV à partir du potentiel libre, et la durabilité d'un ouvrage n'est pas mise en péril par quelques temps passés au-dessus du potentiel de protection cible de – 800 $mV_{ECS}$. En revanche, en dessous de – 1 400 $mV_{ECS}$, on assiste à un décapage cathodique de tous les adsorbats oxydés présents sur l'acier [CRO 00a] et, sous d'anciens revêtements dégradés de bitume, à un chargement intense en hydrogène [ADA 00]. Sur des aciers anciens, plus sensibles que ceux d'aujourd'hui aux effets de l'hydrogène « interne », et qui seraient particulièrement sollicités mécaniquement, il peut en résulter des fissurations progressives de type SOHIC [CRO 00b] (voir plus loin). La protection contre le risque de courants vagabonds ne doit donc pas passer par une course individuelle aux bas potentiels, mais par une gestion collective des zones à risques.

### 1.2.3. *Corrosion marine*

Les parties immergées sont protégées cathodiquement à l'aide d'anodes sacrificielles, le plus souvent en alliages Al-In, parfois en alliages de zinc (stuctures froides au contact du fond marin). Le domaine de protection visé va ainsi de – 800 $mV_{ECS}$ (ou plutôt – 900 mV du fait de la présence inévitable de bactéries sulfatoréductrices) à – 1 100 $mV_{ECS}$, potentiel de corrosion libre de ce type d'anode.

Pour les structures de grande surface immergée, comme des plates-formes, la durabilité repose pour l'essentiel sur une limitation de la consommation d'anodes *via* une réduction de la demande de courant de protection au cours du temps. Cette réduction requiert une densité de courant initiale suffisante pour déclencher la précipitation de dépôts calcomagnésiens couvrants. Ceci était obtenu autrefois de deux manières :

– par une peinture temporaire simplifiée, même si par la suite celle-ci peut se dégrader progressivement sous l'effet des salissures ou de l'abrasion par le sable des courants marins ;

– par l'ajout d'anodes temporaires en magnésium, rapidement consommées mais accélérant au départ la *polarisation* des plates-formes.

Toutefois, la pratique actuelle consiste plutôt à jouer sur la taille, la forme, le nombre et la répartition des anodes. Il est ainsi possible d'assurer une densité initiale élevée du courant de polarisation et une densité de maintien à peu près deux fois moindre. C'est cette dernière valeur qui sert alors pour le calcul de la masse globale des anodes à installer pour une durée de protection donnée.

Au total, le dimensionnement des anodes est aujourd'hui un processus crucial, éventuellement assisté par des calculs aux éléments finis (ou plus exactement aux *limites finies*), pour évaluer en détail la distribution des anodes, du courant de protection et du potentiel. Le contrôle est ensuite assuré à l'aide d'anodes et de cathodes instrumentées.

Les canalisations sous-marines sont protégées par les mêmes types de revêtements que les canalisations terrestres, et elles sont protégées cathodiquement par des anodes-bracelets installées à intervalle régulier (tous les 100 à 150 m). L'emploi de revêtements de lestage en béton armé pour les canalisations de gros diamètre permet également l'emploi de revêtements à base de bitume de pétrole ou de brai de houille, alors qu'ils sont largement abandonnés pour les canalisations à terre. La pression économique de la vitesse de construction sur les barges de pose peut aussi amener à augmenter la masse d'anodes plutôt que de perdre du temps à refaire la continuité du revêtement aux soudures.

L'augmentation des profondeurs et des pressions entraîne également de nos jours une demande accrue pour des aciers à plus haute résistance mécanique, y compris en applications sous-marines. Le risque de fragilisation par l'hydrogène « externe » impose alors une limitation pratique des limites d'élasticité en dessous de 800 à 1 000 MPa, ou alors une limitation du potentiel de protection vers – 700 $mV_{ECS}$, soit par le branchement des anodes usuelles à travers des systèmes de diodes (mais la fiabilité de l'électronique sous-marine n'est guère assurée), soit par des anodes spéciales en alliage Al-Ga, issues de technologies militaires [PAU 00] et donc actuellement plus chères et pas encore éprouvées sur le long terme.

## 1.3. Corrosion interne

On distingue ici d'une part les problèmes de dissolution, et leur implication sur la durée en termes de perte d'épaisseur et surépaisseur de corrosion, et d'autre part les problèmes de fissuration, et leurs conséquences immédiates sur la sécurité. De ce fait, la dissolution peut être prévenue par des traitements d'inhibition, même si ceux-ci peuvent toujours être l'objet de défaillances temporaires, ne serait-ce qu'humaines (interruption d'approvisionnement, injection incorrecte). En revanche, la fissuration ne peut être prévenue que par le choix de métallurgies résistantes, car une fois le métal mis en place et vérifié, la fiabilité requise est alors assurée.

### 1.3.1. *Dissolution*

A côté de la présence de $CO_2$ seul, ou de $CO_2$ et $H_2S$, les eaux de production pétrolières contiennent également souvent du $CO_2$ et des acides carboxyliques à chaîne courte [BON 90], ainsi que leurs sels. Ces espèces carboxyliques sont elles aussi issues de la fermentation initiale de la matière organique [MAG 94]. On rencontre ainsi des espèces acétiques ($C_2$), avec un peu de formiques ($C_1$), propioniques ($C_3$) et butyriques ($C_4$). Dans la gamme des pH *in situ* rencontrés, une partie de ces espèces est sous la forme de sel et le reste sous la forme d'acide libre (sauf $C_1$). Les trois autres $pK_a$ étant les mêmes, on peut alors assimiler ces trois acides organiques en un seul, en ajoutant leurs concentrations molaires. Pour simplifier, on dit alors uniquement « acétate » ($Ac^-$) et « acide acétique » libre (HAc). La dissolution de l'acier est donc toujours une corrosion dans un mélange potentiel de deux acides faibles.

#### 1.3.1.1. *Electrochimie de la dissolution*

La dissolution du fer dans ces acides faibles dilués n'a été étudiée que très récemment. Outre les problèmes de pH et tampons multiples [CRO 88], les anions de ces acides sont en effet tout à la fois l'anion précipitable des produits de corrosion [CRO 98] et la source des adsorbats intervenants dans le processus de dissolution anodique du fer. Ainsi, le célèbre mécanisme de Bockris a sans doute autant de formes [CHE 98, CRO 99] qu'il y a d'acides faibles HX :

$$Fe + X^- \rightarrow Fe\,X^-_{ads}$$

$$Fe\,X^-_{ads} \rightarrow Fe\,X_{ads} + e^-$$

$$Fe\,X_{ads} \rightarrow Fe\,X^+_{ads} + e^-$$

$$Fe\,X^+_{ads} \rightarrow Fe^{++} + X^-$$

avec $X^- = OH^-$ pour les acides forts ou $HCO_3^-$, $HS^-$ ou $Ac^-$ pour les acides faibles. Selon les pH, l'une ou l'autre de ces étapes est l'étape lente limitante.

Par ailleurs, $CO_2$ et $H_2S$ étant renouvelés à l'infini à partir des phases hydrocarbures, ils se comportent souvent plus comme un oxydant usuel que comme un acide. A pH > 5 en effet, l'alimentation de la réaction cathodique ne se fait plus que très minoritairement par transport d'ions $H^+$, et donc pour l'essentiel par le transport des molécules neutres HX. Leur dissociation finale en arrivant sur le métal donne alors le $H^+$ à réduire, mais aussi un anion $X^-$. Ce dernier est ainsi produit directement au contact du métal, et il doit donc être considéré comme un produit de corrosion à part entière. La corrosion pétrolière a ainsi des produits de corrosion à la fois anodique, $Fe^{++}$, et cathodique, $HCO_3^-$, $HS^-$ ou $Ac^-$. L'électrochimie de la dissolution ne se limite alors pas aux aspects *électriques*, mais elle doit également incorporer de nombreux aspects *chimiques*.

Ces produits de corrosion « conjugués » correspondent en effet à des sels de solubilité très diverse, très soluble pour l'acétate de fer, moyennement soluble pour le carbonate, et très peu soluble pour certains sulfures. Dans les couches limites de diffusion ou de porosité des dépôts de corrosion, il en résulte alors des effets complexes de diffusion réactive, à la fois en amont du processus avec la dissociation des acides en $H^+$, et en aval avec la précipitation des sels de fer. Cette dernière peut d'ailleurs régénérer tout ou partie des deux $H^+$ utilisés :

$$Fe^{++} + CO_2\text{-}H_2O \text{ (ou } H_2S) \rightarrow FeCO_3 \text{ (ou FeS)} + 2\ H^+$$

$$Fe^{++} + HCO_3^- \text{ (ou } HS^-) \rightarrow FeCO_3 \text{ (ou FeS)} + H^+$$

Selon l'importance relative de ces processus complexes, il peut en résulter les situations locales les plus diverses, et notamment des pH au contact du métal qui peuvent être décalés par rapport au milieu extérieur, aussi bien vers le haut que vers le bas. Ces *états de surface liquides* [CRO 98] gouvernent alors une plus ou moins grande protectivité du dépôt de corrosion. La stabilisation de ces états de surface peut cependant prendre des jours, voire des semaines ou des mois. Certains dépôts acidifiés n'atteignent même jamais d'état stable. Ils sont alors corrosifs et foisonnants.

Ces états de surface sont en fait des états stationnaires métastables. Ils peuvent ainsi être multiples, et dépendent souvent des conditions initiales d'immersion. De même la juxtaposition et le couplage galvanique entre états de surface différents peuvent modifier localement les diffusions réactives. Deux états de surface de propriétés symétriques (figure 1.2) peuvent ainsi se stabiliser mutuellement, ce qui engendre alors une corrosion à deux vitesses (figure 1.3).

Ainsi, du fait du bilan matière entre les relâchements de cations $Fe^{++}$ et d'anions précipitables $X^-$, la limite de solubilité du fer $Fe_s$ augmente sur une anode, autorisant localement un pH inférieur et un flux de fer accru, alors que la limite de solubilité de l'anion $X_s$ augmente sur la cathode, d'où alcalinisation et protectivité accrues.

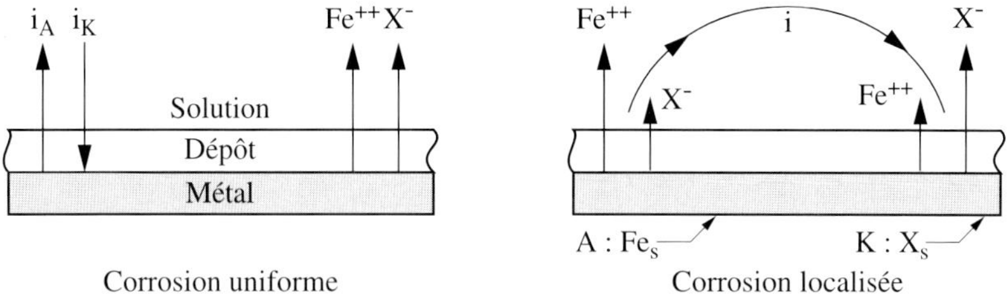


**Figure 1.2.** *Stabilisation mutuelle de deux états de surface différents par effet du couplage galvanique*

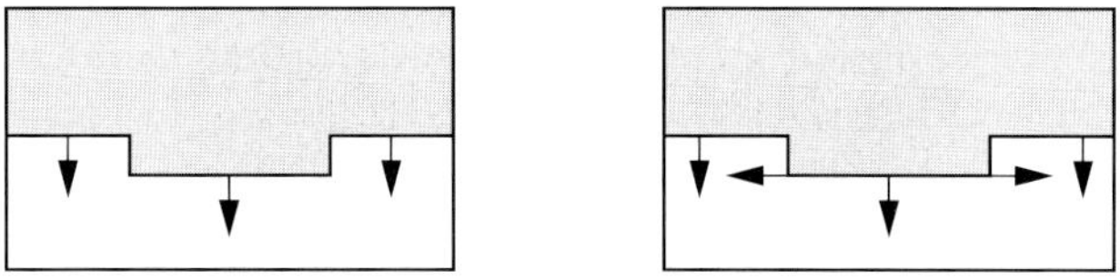

**Figure 1.3.** *Exemples de corrosion à deux vitesses*

De même, le couplage galvanique de l'acier avec un réseau rémanent de cémentite non dissoute engendre une acidification locale irrémédiable, avec vitesse de corrosion élevée [CRO 96].

1.3.1.2. *Corrosion par $CO_2$*

Cette dénomination de corrosion par $CO_2$ vient en fait de ce que, en l'absence de $H_2S$, la dissolution est souvent particulièrement sévère. Pour les vitesses les plus élevées (jusqu'à plusieurs cm/an !), la dissolution ne reste d'ailleurs pas uniforme, et donne des faciès de corrosion localisée extrêmement spectaculaires et diversifiés [BON 85]. La figure 1.4 montre ainsi une piqûre en service, avec un réseau de cémentite vide non dissoute dans la piqûre et une couverture par un tubercule de $FeCO_3$ foisonnant.

**Figure 1. 4.** *Piqûre en service avec tubercule de $FeCO_3$ foisonnant, au-dessus d'un réseau de cémentite vide non dissoute*

Les figures 1.5 et 1.6 montrent une corrosion à deux vitesses dite « en canyon » (en anglais *mesa attack*), l'une en service, l'autre en laboratoire. Dans les deux cas, la vitesse de pénétration des fonds de canyons est la même partout et les différentes vallées initiales se rejoignent ensuite à un même niveau.

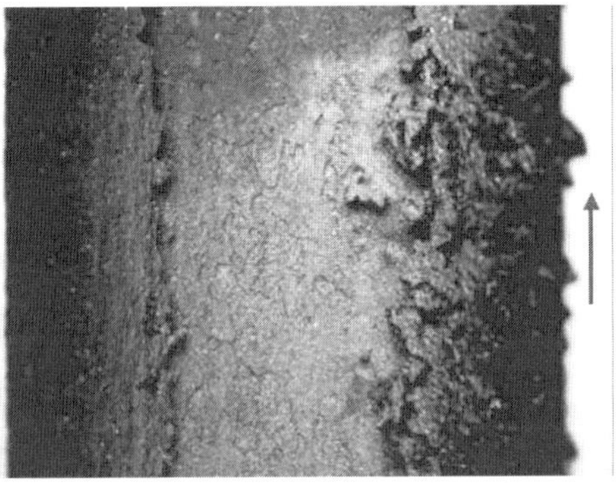

**Figure 1.5.** *Corrosion en canyon en service (puits à huile)*

**Figure 1.6.** *Corrosion en canyon en laboratoire (Institutt for Energitekknik)*

Pour atteindre des vitesses élevées, la corrosion par $CO_2$ nécessite en fait la conjonction d'un certain nombre de circonstances, dont bien sûr une pression partielle de $CO_2$ suffisante. En revanche, les mêmes faciès et les mêmes vitesses élevées peuvent néanmoins perdurer même à faible $P_{CO2}$ [BON 90], dès lors que la présence de plus de 0,1 à 1 mM de HAc libre peut remplacer le $CO_2$ dans sa fonction d'oxydant, mais pas dans celle de pourvoyeur de dépôts de corrosion protecteurs [CRO 99].

Ces faciès de corrosion à deux vitesses existent également en présence de $H_2S$, mais ils sont beaucoup moins documentés [ZIT 73].

Dans tous les cas – $CO_2$ seul, $CO_2$ et $H_2S$ ou $CO_2$ et HAc –, les conditions de fortes condensation d'eau à la paroi sont toujours les plus dangereuses, car l'eau renouvelée vierge de fer est incapable d'assurer la précipitation d'un dépôt de corrosion. Le seuil de vitesse de condensation dangereuse varie bien évidemment en sens inverse de la solubilité des sels de fer produits.

1.3.1.3. *Corrosion bactérienne*

Dans le pétrole, il s'agit à peu près toujours de la corrosion bactérienne (voir chapitre 15 de [BER 02]) induite par les bactéries sulfurogènes [MAG 97a] en milieu anaérobie. Comme le processus de corrosion, le métabolisme de ces bactéries est une oxydoréduction. Elles oxydent ainsi leurs nutriments en espèces carboniques et réduisent le plus souvent le $S^{+VI}$ du sulfate en espèces sulfurées $S^{-II}$. A l'occasion, elles peuvent aussi utiliser le $S^{+II}$ du thiosulfate. La réaction entre les deux tampons $CO_2$ et $H_2S$ a alors pour effet de tendre à réguler le pH vers des valeurs légèrement acides [CRO 92]. Cette pollution du milieu par des métabolites corrosifs n'entraîne cependant le plus souvent qu'une corrosion uniforme à vitesse modérée (0,1-1 mm/an).

En revanche, comme pour les aciers inoxydables ou la corrosion par $CO_2$, l'acidification différentielle des anodes par les produits de corrosion (ici la précipitation de sulfure de fer, comme au paragraphe 1.3.1.1) peut stabiliser une corrosion localisée à vitesse très supérieure, par exemple au moins égale à 1 cm/an pour l'avarie de la figure 1.7. Sur cette figure en particulier, on distingue encore tous les stades de la corrosion par piqûres :

– une germination intense, avec une grande densité de très petits germes de piqûres ;

– la croissance de certains germes au détriment de leurs proches voisins (compétition pour le bénéfice du courant cathodique) ;

– la formation de quelques rares très grosses piqûres par les vainqueurs de cette compétition.

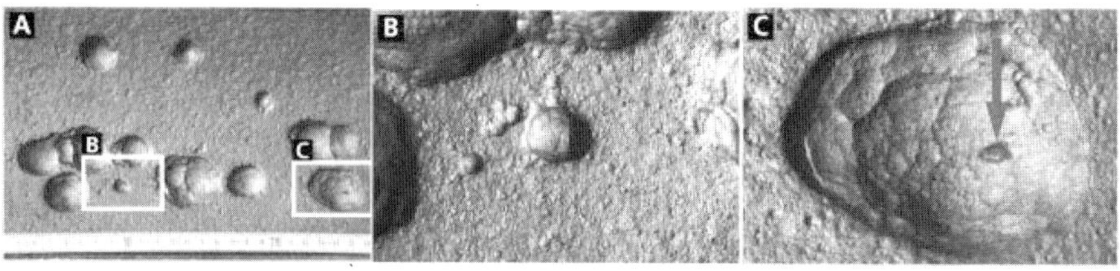


**Figure 1.7.** *Corrosion par piqûres bactériennes avarie d'un oléoduc sous-marin au Congo (1990)*

Sur cette figure 1.7, on voit ainsi parfaitement que les faciès de dissolution sont très sensiblement différents à l'extérieur et à l'intérieur d'une piqûre. La dissolution préférentielle d'une inclusion de sulfure de manganèse (voir sous la flèche sur la figure 1.7c) apporte d'ailleurs une preuve supplémentaire de l'acidification locale du milieu présent dans la piqûre.

Sur le terrain, on identifie ainsi la corrosion bactérienne « par déduction », c'est-à-dire en rapprochant les faciès observés et la détection positive de bactéries avec des moyens appropriés. A ce sujet, il faut bien se rappeler que tous les « kits de détection » ne voient pas nécessairement toutes les souches de bactéries [MAG 97b], et qu'ils ne sont pas non plus équivalents en termes de sensibilité et de rapidité.

Dans tous les cas, on prévient la corrosion bactérienne à l'aide de traitements bactéricides, continus ou discontinus. Là encore, il faut se rappeler que les bactéricides sont spécifiques, et que leur efficacité est bien moindre sur les bactéries sessiles [HUR 92], c'est-à-dire celles présentes dans les biofilms à la surface des métaux, et précisément les seules qui corrodent.

1.3.1.4. *Inhibition*

L'inhibition pétrolière n'a que fort peu de liens avec les traités usuels sur l'inhibition. Ceci vient de ce que les vrais problèmes ne sont pas tant de savoir pourquoi une molécule active inhibe, mais pourquoi une formulation commerciale cesse d'inhiber au-delà de certains seuils de concentration, température, pH, vitesse de fluide, etc. et ceci n'est pas dans les divers ouvrages.

Par ailleurs, un inhibiteur de corrosion est d'abord un *additif pétrolier*. Avant même de savoir s'il peut ou non protéger à long terme les installations, il faut donc commencer par s'assurer qu'il puisse être effectivement injecté. Pour cela, il doit d'abord ne pas perturber la production. Le processus de sélection d'inhibiteurs de corrosion commence donc toujours par la vérification de propriétés technologiques, comme la stabilité au stockage, la pompabilité, les risques de moussage ou de précipitation, et plus généralement la compatibilité chimique avec l'effluent transporté ou les autres additifs, souvent eux-mêmes tensioactifs.

Ensuite, le milieu liquide traité est souvent diphasique et tous les nombreux composants des produits commerciaux ont un coefficient de partage propre entre l'eau et l'huile. Il s'opère donc à l'injection une véritable chromatographie de la formulation inhibitrice. Toute modélisation détaillée du partage est alors parfaitement vaine [KER 97]. En revanche, toute évaluation de l'efficacité nécessite de reproduire non seulement l'eau et l'huile, le pH et la température, mais aussi le rapport volumique eau/huile. De même en service, les quantités totales à injecter vont dépendre de ce rapport. Pour minimiser les coûts de produits, on choisit ainsi selon les circonstances des produits plus particulièrement solubles soit dans l'eau, soit dans l'huile.

Enfin, on a également le choix entre des traitements continus ou discontinus. Une injection continue est en fait nécessaire à chaque fois que les conditions sont un peu sévères, et dans ce cas bien évidemment, la dose injectée doit néanmoins rester la plus faible possible. On évalue alors l'efficacité du traitement en dollars/$m^3$ ou plutôt cents/bbl nécessaires pour atteindre la vitesse de corrosion résiduelle souhaitée. Lorsque la sévérité du milieu le permet, un traitement discontinu consiste au contraire en la répétition périodique d'un filmage temporaire par passage de bouchons de produit concentrés. Dans tous les cas, le temps est un paramètre décisif de l'inhibition : temps de filmage et durée de persistance du film en traitement discontinu ou, en traitement continu, durée de stabilisation des états de surface inhibés. En particulier, il est clair que les films d'inhibiteur ne restent jamais sous la forme des adsorbats initiaux décrits dans les livres, mais qu'ils évoluent plus ou moins rapidement vers des phases superficielles plus épaisses, associant additif ou produits dérivés, hydrocarbures et produits de corrosion. Or, ce sont précisément ces phases-là qui font la performance en créant une irréversibilité du filmage. Un peu comme pour les aciers inoxydables, la performance relative d'une formulation commerciale ne se mesure donc pas tant par son efficacité inhibitrice (taux de réduction de la vitesse de dissolution), mais par l'étendue des conditions dans lesquelles elle y parvient, notamment en termes de température de service et de vitesse de fluide.

1.3.1.5. *Utilisation de matériaux incorrodables*

C'est l'alternative naturelle lorsque l'inhibition est soit impossible (par exemple température trop élevée), soit trop coûteuse sur la durée (coût répétitif). A cet égard, la consommation de produits n'est que l'un des éléments du coût global de l'inhibition et la décision finale provient souvent des coûts de mise en œuvre (par exemple à terre, coût logistique de sites d'injection dispersés, ou en mer, coût d'hébergement du personnel technique nécessaire).

Les principaux matériaux incorrodables utilisés sont :

– les tubages de production en acier inoxydable martensitique à 13 % Cr [BON 84] (bas coût et durcissement par simples trempe et revenu), ou en aciers inoxydables austéno-ferritiques ou austénitiques très alliés durcis par étirage, ou encore pour les conditions particulièrement extrêmes en alliage de titane TA6V dopé au ruthénium, ou à l'opposé tubage ou même cuvelage en matériau composite verre-époxy pour les faibles températures (< 90 °C) ;

– les lignes de travail dans les puits en fil d'acier inoxydable très allié et très écroui (résistance mécanique très élevée) ;

– les canalisations ou capacités sous pressions en aciers inoxydables austéno-ferritiques massifs 22-05 ou 25-07 (pour leur soudabilité), ou en acier plaqué d'alliage 625 (pour leur éventuelle réduction de coût) ;

– les matériaux composites, verre-époxy pour les circuits d'eau de mer, ou verre polyester pour les petites capacités de stockage d'inhibiteur de corrosion (ou tout autre additif dont la nature exacte reste imprévisible au stade de l'ingénierie) ;

– les échangeurs de chaleur à eau de mer en titane : pour la basse pression, échangeurs à plaque traditionnels en Ti non allié, et pour la haute pression, nouveaux échangeurs compacts en alliage TA6V utilisant la technologie de circuits imprimés et soudage par diffusion.

Toutefois, si l'utilisation de matériaux incorrodables est bien liée à leur résistance à la dissolution, le choix de la famille est surtout lié à la température de service, et le choix du grade d'alliage métallique au risque de fissuration.

### 1.3.2. *Fissuration*

Les risques de fissuration par fatigue ou fatigue-corrosion sont aujourd'hui parfaitement maîtrisés, soit par le design et l'inspection sous-marine pour la fatigue des plates-formes, soit par la gestion de la durée de vie des matériels consommables pour les tiges de forage. Seuls subsistent de possibles avaries accidentelles lors de la mise en service de nouveaux modèles d'équipements mécaniques à performances accrues (par exemple pompes, compresseurs). L'expertise systématique des avaries significatives permet cependant toujours d'identifier rapidement la faiblesse oubliée, et d'y remédier. De même pour la fissuration par les condensations de la vapeur de mercure contenue dans certains gaz naturels. Il suffit en effet pour cela de s'interdire l'emploi de matériaux sensibles, comme les alliages de cuivre ou d'aluminium, dont l'usage n'est en fait jamais nécessaire dans les circuits de gaz brut. Au total, les seuls problèmes à traiter sont donc la fragilisation par l'hydrogène et la corrosion sous contraintes (SCC). Compte tenu du poids de l'$H_2S$ sur ces sujets, et de celui de l'anglais dans la corrosion pétrolière, il n'y a souvent pas de nomenclature française suffisamment explicite, et encore moins d'abréviations suffisamment usitées. On utilisera donc ici systématiquement les sigles anglais.

#### 1.3.2.1. *Fragilisation par l'hydrogène*

Bien que « l'hydrogène dans le fer » ait été étudié depuis les années 1930, et très intensivement dans les années 1950-1960 suite à la découverte d'un champ géant de gaz sulfuré à Lacq (64), la compréhension des mécanismes de chargement et d'endommagement a connu encore en 2000 des évolutions majeures. En effet, les études récentes de sensibilité paramétrique sur la sévérité des milieux $H_2S$ ont conduit à des observations qui n'avaient en fait jamais été faites auparavant

[CRO 00a], et qui ont obligé à reconsidérer les mécanismes antérieurement admis [CRO 00c], et même à revenir à des considérations ou observations oubliées [LEB 63].

Pour le chargement en hydrogène par exemple, il semble bien qu'il y ait en fait deux sortes de réactions cathodiques se déroulant en parallèle :

– la réaction électronique usuelle de réduction des ions $H^+$ en molécules $H_2$. Ces dernières se dissolvent dans l'eau et la réaction cathodique électronique n'entraînerait en fait aucun chargement du métal en hydrogène ;

– une réaction cathodique protonique, correspondant à un transfert direct du proton depuis sa sphère de solvatation dans l'eau jusqu'à sa sphère d'écrantage électronique dans le métal. Ce transfert est catalysé par des adsorbats de surface comme les sulfures. Une couche de $HS^-_{ads}$ favorise en effet l'adsorption de l'ion $H^+$, avec formation d'un intermédiaire instable $H_2S_{ads}$, lequel se redécompose ensuite en $HS^-_{ads}$ et $H^+$ dissous dans le métal (figure 1.8).

En plus de cette réaction de chargement, une réaction de dégazage physique vers le milieu corrosif se déroule également en parallèle, elle aussi probablement catalysée par des adsorbats de sulfure (figure 1.9).

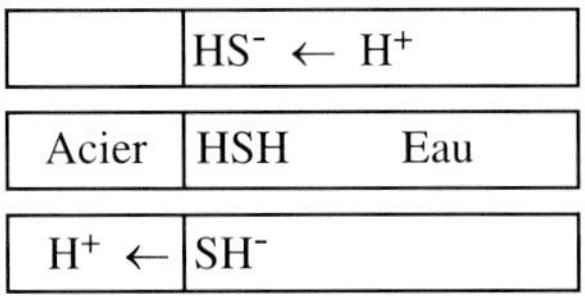


**Figure 1.8.** *Catalyse du transfert direct de proton par des adsorbats $HS^-_{ads}$*

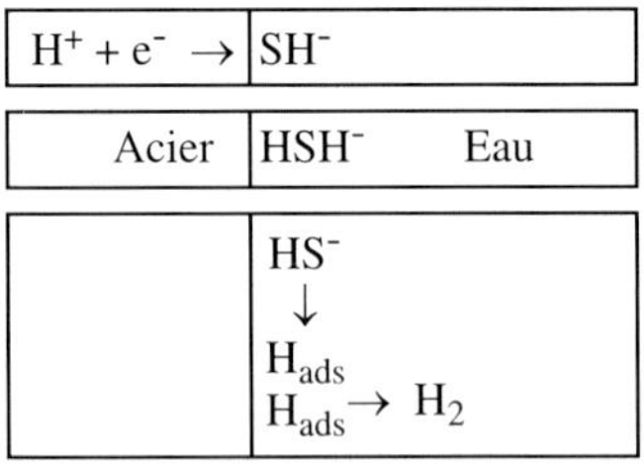


**Figure 1.9.** *Catalyse du dégazage physique par des adsorbats $HS^-_{ads}$*

C'est alors l'équilibre dynamique entre le flux de chargement brut $J_{ch}$ et le flux de dégazage $J_{deg}$ qui détermine la teneur en hydrogène de l'acier $c_H$ (figure 1.10).

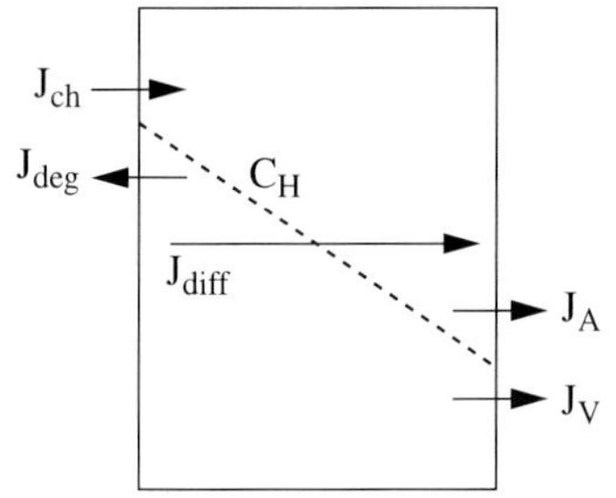


**Figure 1.10.** *Les cinq flux en présence dans une expérience de perméation*

Il en résulte que $J_{ch}$ et $c_H$ sont en fait des grandeurs indépendantes dont les sensibilités paramétriques ne sont pas forcément parallèles. La présence de ce flux $J_{deg}$ modifie également en profondeur l'analyse des mesures de perméation [CRO 01a], quelles soient avec extraction anodique ($J_A$) ou sous vide ($J_V$).

Pour les dommages, ceux-ci se répartissent en deux types, dits hydrogène « interne » et hydrogène « externe ».

1.3.2.1.1. Hydrogène interne

Les dommages de ce type sont des phénomènes métallurgiques en volume, dus à l'élément d'alliage parasite qu'est l'hydrogène. Ils sont donc liés à l'activité de l'hydrogène dissous dans le métal, c'est-à-dire expérimentalement à la pression partielle de gaz hydrogène $P_{H2}$ en équilibre de solubilité avec le métal. Les dommages peuvent ainsi perdurer même après cessation du processus de chargement. Cette activité $P_{H2}$ est en fait très sensible à la présence de la moindre trace de $H_2S$ dans le milieu, mais au-delà, elle ne dépend plus que du pH *in situ* et pratiquement pas de $P_{H2S}$. A bas pH, sa valeur peut ainsi devenir très élevée [CRO 00a] : 3-8 bar à pH 6,5 ; 100-200 bar à pH 5,5 ; >> 350 bar à pH 4,5 et jamais encore mesurée à pH inférieur.

Les dommages dus à l'hydrogène interne peuvent prendre plusieurs formes et faciès :

– la fragilisation *stricto sensu* (*hydrogen embrittlement,* HE), c'est-à-dire une perte de ductilité du métal. La réduction relative de la striction à rupture ($\Delta\Sigma/\Sigma$ en %) a ainsi souvent été utilisée comme « indice de fragilisation » ;

– des décohésions internes (*hydrogen induced cracking,* HIC), par précipitation du gaz hydrogène en sursaturation sur certaines interfaces sensibles de la microstructure, et notamment les bandes de perlite et les inclusions allongées de sulfure de manganèse ;

– des cloques (*blisters*), superficielles ou non, résultant de la pressurisation progressive des HIC ;

– de la fissuration en gradins (*stepwise cracking,* SWC), résultant de l'interconnexion de HIC voisins plus ou moins alignés.

Tous ces dommages dépendent de la microstructure, et spécialement de la propreté inclusionnaire, mais ni de la dureté ni des contraintes.

1.3.2.1.2. *Hydrogène externe*

La rupture est différée sous contrainte (*hydrogen stress cracking,* HSC, ou en milieu $H_2S$, *sulfide stress cracking*, SSC). Les temps à rupture s'allongent lorsque la contrainte appliquée diminue, d'où parfois la tentation d'utiliser comme critère de résistance le seuil de contrainte de non-rupture. Malheureusement, ce critère demanderait une parfaite connaissance des contraintes en service, ce qui est très rarement le cas. Il est donc plus prudent de considérer que la contrainte peut toujours atteindre quelque part la limite d'élasticité $R_{p0,2}$, et de sélectionner les aciers sur la base d'une résistance au SSC à cette valeur. Cette tenue au SSC est très liée à la dureté ou à la valeur plus ou moins élevée de $R_{p0,2}$.

Le HSC/SSC est un phénomène de surface lié au flux de chargement brut $J_{ch}$. De ce fait, il cesse dès qu'il n'y a plus immersion dans le milieu hydrogénant. De même, seule compte la contrainte présente sur la face exposée au milieu [CRO 01b].

Enfin, la sévérité des milieux au SSC dépend tout autant du pH *in situ* que de $P_{H2S}$, ce qui permet de définir ainsi quatre domaines de sévérité typique (figure 1.11). Ceux-ci permettent d'ajuster l'ampleur des précautions métallurgiques à prendre à la plus ou moins grande sévérité de la menace. On notera toutefois que même dans le domaine anciennement dit *sweet service* ($P_{H2S}$ < 3,5 mbar), la zone à pH < 3,5 peut donner lieu à SSC sur les matériaux à hautes caractéristiques mécaniques.

1.3.2.1.3. *Le cas particulier du SOHIC* (stress oriented hydrogen induced cracking)

Le SOHIC est un cas particulier d'hydrogène interne dépendant de la contrainte. Selon l'origine des contraintes, on doit alors distinguer SOHIC « primaire » et « secondaire ».

Le SOHIC primaire : en dilatant la maille cristalline, les contraintes triaxiales de tension favorisent la dissolution de l'hydrogène dans le réseau, et donc sa précipitation éventuelle aux interfaces. Dans des conditions de chargement marginales, des concentrations de contraintes peuvent alors favoriser localement la germination de HIC, que l'on retrouve ainsi empilés au droit de la concentration de contrainte. La rupture finale des ligaments donne alors souvent une fausse impression de SSC, et seul le faciès en échelle de perroquet permet après coup de discriminer le SOHIC du SSC (figure 1.12).

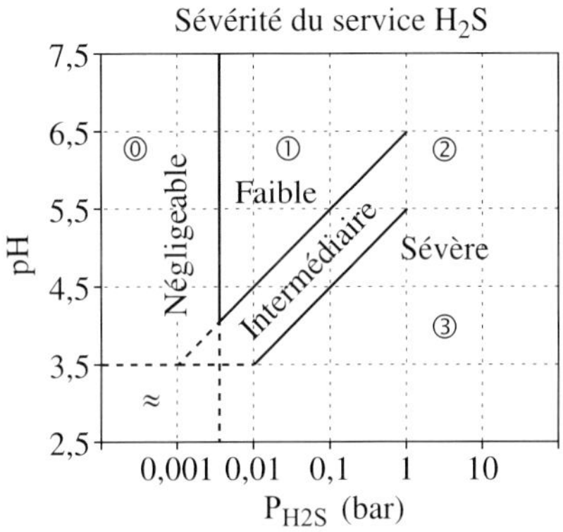


**Figure 1.11.** *Diagramme de sévérité vis-à-vis du SSC, selon la norme ISO 15156*

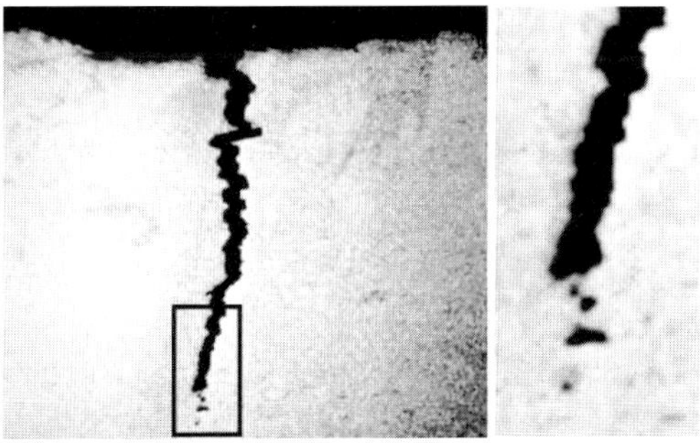

**Figure 1.12.** *SOHIC primaire (avarie d'une ligne de torche à l'usine de Lacq)*

A cet égard, le SOHIC n'est pas un faciès spécifique à $H_2S$ et l'on en trouve aussi en l'absence d'$H_2S$, notamment sous protection cathodique [CRO 00b] soit en surprotection [ADA 00] (chargement très élevé en dessous de – 1 400 mV), soit sur des matériaux très sensibles à l'hydrogène [CRO 00b].

Le SOHIC secondaire : en service ou en essai de laboratoire en vraie grandeur, les HIC sont progressivement pressurisés jusqu'à des pressions qui peuvent être très élevées, ce qui génère alentour des contraintes considérables, avec écartement des lèvres de la décohésion (figure 1.13) et cisaillement aux extrémités (figure 1.14). Ces contraintes induites par le HIC initial entraînent alors un SOHIC secondaire dont la direction transverse est infiniment plus grave que la direction longitudinale du HIC ou SWC initial. Les figures 1.13 et 1.14 représentent par exemple un endommagement initial des lignes de collectes du champ de Lacq vers 1958.

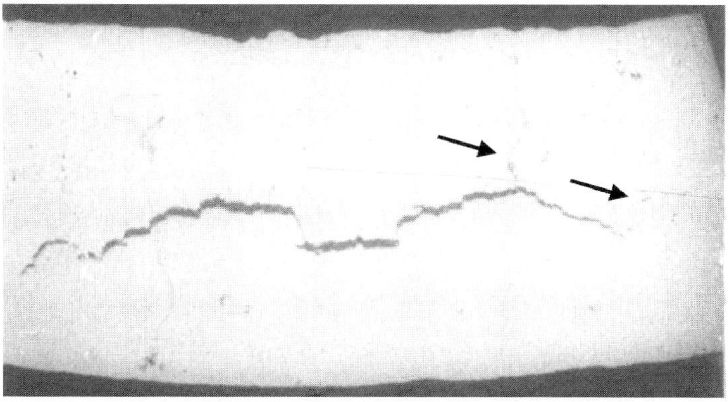

**Figure 1.13.** *Pressurisation des HIC, avec écartement des lèvres et SOHIC secondaire (→)*

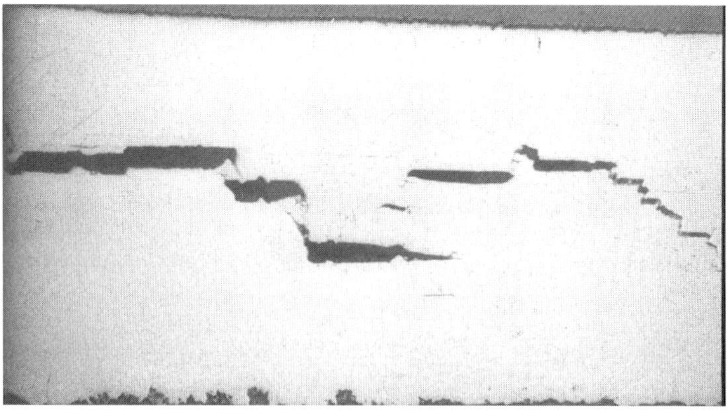

**Figure 1.14.** *Pressurisation des HIC, avec cisaillement aux extrémités*

**Figure 1.15.** *Exemples de cloquage superficiel et SWC bénins en laboratoire (essais de 1 mois)*

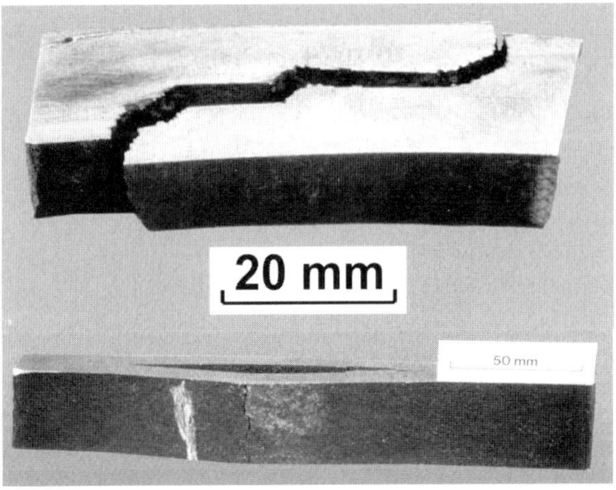


**Figure 1.16.** *SOHIC secondaire en service ; avarie d'un gazoduc sous-marin à Abu Dhabi (1972)*

Au total, il n'y a donc sans doute pas de grande différence de principe entre SWC et SOHIC secondaire [CRO 01c], mais l'apparence bénigne du SWC de laboratoire sur essais courts et petits échantillons (figure 1.15) ne doit pas faire oublier que la réalité des faciès en service peut être infiniment plus grave (figure 1.16).

### 1.3.2.2. *Corrosion sous contraintes*

L'industrie pétrolière ne manipule pratiquement pas d'eaux chaudes chlorurées aérées. Néanmoins, elle rencontre aussi de la SCC dans des eaux chaudes chlorurées et désaérées, mais avec $H_2S$. Les matériaux à risque sont ici les tubages et lignes de travail en acier inoxydable austéno-ferritique ou austénitique, plus ou moins écrouis. La difficulté est ici essentiellement expérimentale lors de la sélection des matériaux en laboratoire. Il faut en effet toujours travailler en autoclave sous pression et haute température, avec les problèmes de logistique et sécurité qui vont avec, et tout en reproduisant fidèlement la contrainte et le milieu. La figure 1.17 montre ainsi un exemple d'anneau dynamométrique miniaturisé [CRO 85] en Hastelloy C®, de dimensions choisies pour avoir la même compliance que les éprouvettes réduites utilisées, ce qui optimise le compromis sensibilité-précision. La reproduction de traces d'$H_2S$ dans une base $CO_2$ ou $CH_4$ + $CO_2$ demande également des procédures extrêmement rigoureuses, sous peine d'erreur expérimentale majeure sur les milieux reproduits [CRO 00d].

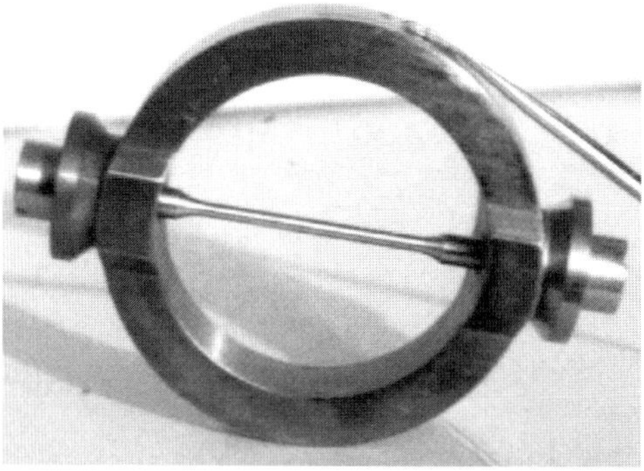

**Figure 1.17.** *Eprouvette de taille réduite (∅ 2 mm) et anneau dynamométrique miniaturisé pour essai de SCC en autoclave [CRO 85]*

## 1.4. Conclusion

Vu de l'extérieur, il apparaîtra sans doute surprenant que dans une industrie aussi ancienne, les connaissances sur la corrosion soient souvent aussi récentes ! Toutefois, il faut bien garder à l'esprit que la corrosion pétrolière est en fait une discipline technique foncièrement évolutive. En effet, la recherche de nouveaux gisements conduit sans cesse à des conditions de milieux différentes, et à des procédés de production évoluant par sauts technologiques vers toujours plus d'efficacité. Or, à cette occasion, la probabilité de découvrir de nouveaux problèmes de corrosion n'est jamais nulle... Ce qui vient d'être présenté est donc un condensé de l'évolution des vingt dernières années, mais rien ne nous dit vraiment ce que seront les vingt prochaines.

## 1.5. Bibliographie

[ADA 00] ADAM C., ROCHE M., « Precise CP measurements on pipeline for environmental cracking understanding », *Eurocorr 2000*, The Institute of Materials, Londres, p. 294, 2000.

[BER 02] BERANGER G., MAZILLE H., *Corrosion des métaux et alliages*, Hermès, Traité MIM, 2002.

[BON 81] BONIS M., CROLET J.-L., « Mesures du pH des solutions aqueuses de $CO_2$ sous haute température et haute pression », *Métaux Corrosion Industrie*, vol. 66, n° 675-676, 1981.

[BON 84] BONIS M., CROLET J.-L., « L'expérience Elf des tubages à 13 % Cr : 10 ans et 300 km plus tard », *Pet. et Tech.*, n° 386, 1994.

[BON 85] BONIS M., CROLET J.-L., « La véritable nature de la corrosion des aciers par $CO_2$ dans les puits de pétrole et de gaz, et les mécanismes correspondants », *Matériaux et Techniques*, vol. 73, n° 2, 1985.

[BON 90] BONIS M., CROLET J.-L., « Les bases de la prévision des risques de corrosion par $CO_2$ dans les puits de pétrole et de gaz », *Matériaux et Techniques*, vol. 27, n° 718, 1990.

[CAM 96] CAMPAIGNOLLE X., FESTY D., CROLET J.-L., « A search of the risk factors involved in the carbon steel corrosion induced by sulfidogenic bacteria », dans *Microbially Induced Corrosion*, EFC Pub, n° 22, p. 25-37, 1996.

[CHE 98] CHENG X.L., MA H.Y., ZHANG J.P., CHEN S.H., YANG H.Q., « Corrosion of iron in acid solutions with hydrogen sulfide », *Corrosion*, vol. 54, n° 5, 1998.

[CRO 85] CROLET J.-L., BONIS M., « Evaluation of the resistance of some highly alloyed stainless steels to stress corrosion cracking in hot chloride solutions under high pressures of $CO_2$ and $H_2S$ », *Corrosion*, 85, papier n° 232, NACE International, Houston, 1985.

[CRO 88] CROLET J.-L., BONIS M., « Optimisation de la conduite d'un essai de corrosion sous pression de $CO_2$ et $H_2S$ », *Mémoires et Etudes Scientifiques de la Revue de métallurgie*, vol. 85, n° 7-8, 1988.

[CRO 92] CROLET J.-L., DAUMAS S., MAGOT M., « Biocorrosion : régulation du pH par les bactéries sulfato-réductrices », *Mat. et Tech.*, vol. 80, n° 9-10, 1992.

[CRO 96] CROLET J.-L., THEVENOT N., NESIC S., « Role des produits de corrosion conducteurs sur la protectivité des dépots de corrosion », *Rev. Met. CIT/SGM*, vol. 93, n° 2, 1996.

[CRO 98] CROLET J.-L., BÉRANGER G., « Corrosion en milieu aqueux des métaux et alliages », *Techniques de l'Ingénieur*, Article M 150, 1998.

[CRO 99] CROLET J.-L., THEVENOT N., DUGSTAD A., « Role of free acetic acid on the $CO_2$ corrosion of steels », *Corrosion*, papier n° 24, 99, NACE International, Houston TX, 1999.

[CRO 00a] CROLET J.-L, MAISONNEUVE G.G., « Construction of a universal scale of severity for hydrogen cracking », *Corrosion*, papier n° 127, 2000, NACE International, Houston, 2000.

[CRO 00b] CROLET J.-L., ADAM C., « SOHIC without $H_2S$ », *Materials Performance*, vol. 39, n° 3, 2000.

[CRO 00c] CROLET J.-L., MAISONNEUVE G.G, « Revisiting mechanisms of hydrogen charging and hydrogen stress cracking », *Eurocorr 2000*, The Institute of Materials, Londres, p. 107, 2000.

[CRO 00d] CROLET J.-L.. BONIS M.R., « How to pressurize autoclaves for corrosion testing under $CO_2$ and $H_2S$ pressure », *Corrosion*, vol. 56, n° 2, 2000.

[CRO 01a] CROLET J.-L, « Réinterprétation des mesures de perméation d'hydrogène », *Rev. Met. CIT/SGM*, vol. 98, n° 2, 2001.

[CRO 01b] CROLET J.-L., BONIS M., « Revisiting hydrogen in steel, Part II: experimental verifications », *Corrosion*, 2001, papier n° 72, NACE International, Houston, 2001.

[CRO 01c] CROLET J.-L., « Relationships between stepwise cracking and SOHIC », *Eurocorr 2001*, The Institute of Materials, Londres, 2001.

[HURT 92] HURTEVENT C., MAGOT M., CROLET J.-L., « Selection of biocides versus sessile sulfate - reducing bacteria », *UK corrosion 92*, vol. 3, The Institute of Metals, Londres, 1992.

[KER 97] KERMANI M.B., SMITH L.M., « $CO_2$ corrosion control in oil & gas production – design considerations », *EFC Pub.*, n° 23, The Institute of Materials, Londres, 1997.

[LEB 63] LE BOUCHER B., « Etude du dégagement cathodique d'hydrogène sur le fer en présence d'hydrogène sulfuré », *Rev. Inst. Franc. du Pétrole*, vol. 18, n° 4, 1963.

[MAG 94] MAGOT M., CONNAN J., CROLET J.-L., « Les bactéries des gisements pétroliers », *La Recherche*, vol. 25, n° 268, 1994.

[MAG 97a] MAGOT M., TARDY-JACQUENOD C., CROLET J.-L., « An updated portrait of the sulfidogenic bacteria potentially involved in the microbial corrosion of steel », dans *Microbially Induced Corrosion*, EFC Pub. n° 22, The Institute of Metals, Londres, p. 3-9, 1997.

[MAG 97b] MAGOT M., CROLET J.-L., « Test kit BTR Labège : un nouvel outil de détection des bactéries thiosulfato-réductrices dans les eaux industrielles », *Colloque SFM « Micro-organismes anaérobies »*, Lille, p. 41, 20-21 mars 1997.

[PAU 00] PAUTASSO J.-P., LE GUYADER H., DEBOUT V., « Low voltage cathodic protection for high strength steels: Part I - Definition of a new aluminum galvanic anode material », *Corrosion*, 8, papier n° 725, NACE International, Houston, 1998.

[ZIT 73] ZITTER H., « Korrosion Erscheinungen in Sauergassonden », *Erdoel, Erdgas Zeitschrift*, vol. 89, n° 3, 1973.

Chapitre 2

# Corrosion et choix des matériaux dans l'industrie chimique

Les industries, et en particulier les industries chimiques et parachimiques, ont toujours été confrontées aux problèmes de corrosion dans des milieux sévères dont les conséquences sur des produits de haute valeur ajoutée sont des surcoûts d'exploitation entraînés par les arrêts d'atelier et leur entretien nécessaire, mais aussi de sérieux problèmes de fiabilité et donc de qualité des produits fabriqués. D'autre part, face à une concurrence de plus en plus offensive, il faut une disponibilité optimisée des ateliers de fabrication. Pour cela, le choix de matériau lors de la construction du matériel de génie chimique doit prendre en compte un certain nombre de considérations, de comportements vis-à-vis de la corrosion, de caractéristiques physiques et bien sûr économiques (figure 1.1).

Une politique de prévention de la corrosion inclut bien sûr le choix des matériaux et des techniques de mise en œuvre, mais également la prise en compte des retours d'expérience des unités de production. Ce dernier point nécessite la mise en œuvre de techniques de suivis du matériel dans son environnement industriel et l'établissement de diagnostics souvent basés sur des examens *postmortem* [CET 01].

Au cours de sa vie, le matériel et les matériaux convenablement choisis devront être suivis par une maintenance appropriée.

---

Chapitre rédigé par Yves CÈTRE.

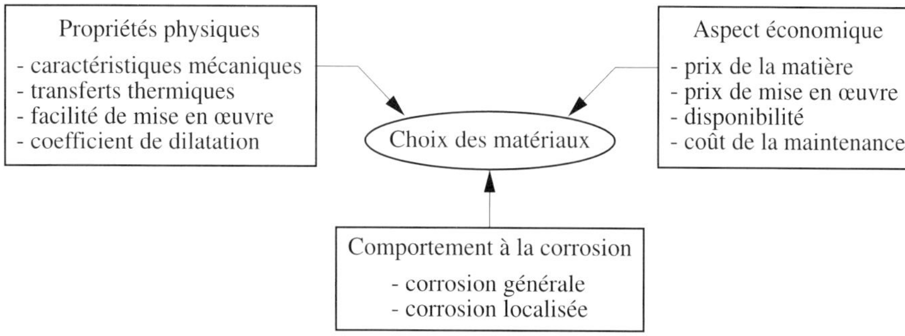


**Figure 2.1.** *Choix des matériaux*

Il existe différents types de maintenance :

– maintenance curative effectuée après une défaillance ;

– maintenance préventive. Celle-ci peut être systématique et réalisée selon un échéancier établi à l'avance ou conditionnel, c'est-à-dire subordonné à un type d'événement prédéterminé. C'est le cas typique d'une maintenance qui sera conditionnée par la réponse d'un capteur de corrosion par exemple. La maintenance préventive conditionnelle a été et est actuellement celle qui a permis de développer de nouvelles techniques de suivi de la corrosion à l'aide des méthodes de contrôles non destructifs.

En résumé, dans l'industrie chimique, deux thématiques principales sont retenues pour optimiser le choix du matériel et le suivi de ce dernier au cours de sa vie :

– le choix des matériaux avec connaissances des procédés chimiques, des milieux et des matériaux en étudiant non seulement les processus électrochimiques sur les matériaux métalliques, mais aussi en caractérisant et en étudiant le comportement des matériaux non métalliques (acier vitrifié, céramiques et réfractaires, matériaux plastiques) ;

– le suivi de la corrosion sur site industriel avec du matériel et des matériaux existants. Pour cela, des techniques de contrôles non destructifs ont été développées pour favoriser une maintenance de type préventive conditionnelle dans le but d'améliorer la disponibilité des ateliers de fabrication.

## 2.1. Choix des matériaux et mise en œuvre

L'amélioration de la qualité de nos appareils et matériels en alliages inoxydables constitue un gisement à exploiter pour générer économies et productivité, améliorer la sécurité des personnes et des installations, réduire les pertes de produits fabriqués non conformes par suite de pollution et protéger l'environnement. Parmi les problèmes rencontrés sur du matériel construit en alliage inoxydable, de nombreux cas de corrosion en service auraient pu être évités si la structure du matériau avait été conforme aux « règles de l'art » [CET 96].

Le respect de la composition chimique ne suffit pas à garantir une résistance satisfaisante à la corrosion des matériaux. En effet, la structure des matériaux joue un rôle au moins aussi important que la composition chimique. Toute modification de structure non ou mal maîtrisé peut avoir des conséquences néfastes. Par exemple : « sensibilisation » de la structure des aciers inoxydables austénitiques ou d'alliages de nickel par précipitation de carbures ou de phases intermétalliques lors du refroidissement dans le moule ou lors d'un traitement thermique mal conduit. La précipitation de ces phases riches en chrome s'accompagne d'un appauvrissement local de cet élément essentiel pour la formation des couches passives. Ceci est très néfaste vis-à-vis de la résistance à la corrosion intergranulaire. Ces précipités peuvent aussi fragiliser mécaniquement les pièces et réduire leur usinabilité.

***Exemple de dégradation* [CET 95]**

Une pompe en alliage de nickel type NC16DFe5W5-M (selon NF A 32-060) s'est dégradée après deux années de fonctionnement. Cette pompe véhiculait des eaux acidulées à température ambiante. Le matériau retenu a un très bon comportement à la corrosion : des essais avaient été réalisés pour valider le matériau.

L'expertise montre une précipitation anormale de carbures et/ou de phases intermétalliques. Le résultat du test ASTM G 28A réalisé sur des échantillons prélevés sur le corps de pompe n'est pas correct : 30 mm/an. La structure du matériau n'est pas conforme : aucun traitement thermique d'hypertrempe n'a été réalisé (figures 2.2 et 2.3) :

– un décapage insuffisant après traitement thermique peut conduire à ne pas éliminer complètement les zones déchromées au voisinage des oxydes de chrome superficiels [SCA 94] ;

– un grenaillage d'acier inoxydable et/ou d'alliages de nickel avec des billes d'acier non allié entraîne l'incrustation de particules métalliques moins nobles qui peuvent être à l'origine d'un phénomène de corrosion par couplage galvanique.

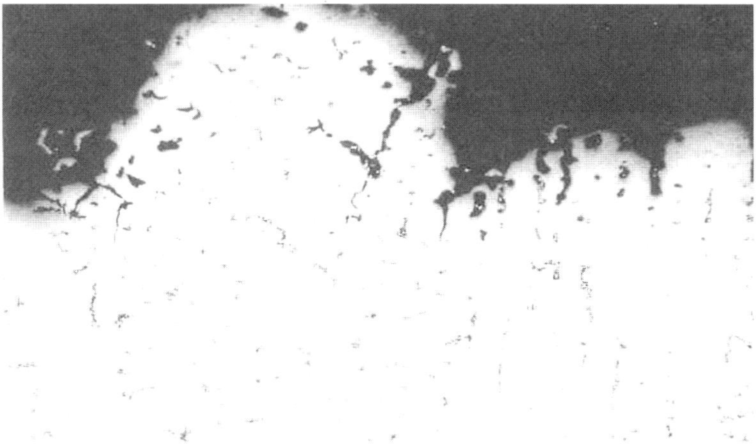

**Figure 2.2.** *Micrographie sur pompe en alliage NC16DFe5W5-M*

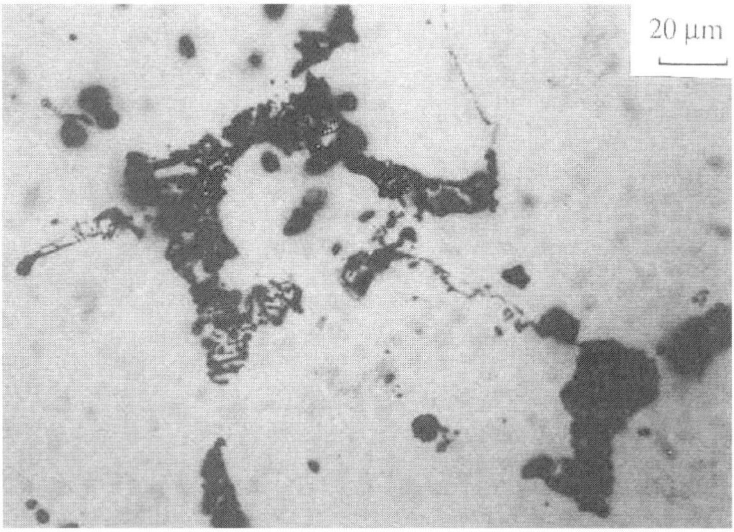


**Figure 2.3.** *Micrographie sur pompe en alliage NC16DFe5W5-M*

Les cahiers des charges concernant la fourniture de pièces en matériaux métalliques moulés et appareils chaudronnés précisent les contrôles, les tests et les critères d'acceptation des structures, par exemple pour les alliages de nickel. Une distinction très claire doit être faite entre les essais de corrosion pour choisir un matériau et ceux normalisés pour caractériser la structure du matériau.

***Essais de corrosion pour le choix du matériau***

La définition du type de test de corrosion à réaliser et de la technique à mettre en œuvre est le point-clé. Il faut étudier, avant tout essai, le procédé et la voie chimique afin de définir les risques encourus et les types de dégradations potentielles. A partir de cette analyse, les essais à mettre en œuvre seront établis. Souvenons-nous qu'un simple essai d'immersion ne permet de mettre en évidence que le phénomène de corrosion générale. Or il est bien connu qu'il y a plusieurs modes de dégradation. La connaissance du procédé chimique doit permettre de bien définir les paramètres à prendre en compte pour la réalisation des essais et pour le choix des techniques à mettre en œuvre.

***Essais de corrosion pour réception d'un matériau***

Ces essais existent pour valider la qualité du matériau défini lors des essais de choix (donc du matériel construit). En plus de la composition chimique, la structure doit être vérifiée. Lors d'incidents sur site industriel, de très nombreux cas de dégradations sont attribués à des problèmes de mise en œuvre. Par exemple pour les matériaux corroyés en alliage de nickel [CET 01].

## 2.2. Surveillance des équipements

Nous considérerons plus particulièrement dans cette section deux techniques ayant connu des développements significatifs au cours des cinq dernières années. Il s'agit de la méthode EPR et de l'émission acoustique.

### 2.2.1. *Méthode EPR [SIB 96]*

Le respect de la composition chimique ne suffit pas à garantir une résistance satisfaisante à la corrosion des matériaux. En effet, la structure des matériaux joue un rôle au moins aussi important que la composition chimique. Toute modification de structure non ou mal maîtrisée peut donc avoir des conséquences néfastes.

| Alliage | Forme | Test | Critères d'acceptation V cor (mm/an) |
|---|---|---|---|
| Alliage C 276 | Laminé | ASTM G28B | < 2,75 |
| | Forgé | ASTM G28B | <2,75 |
| | Soudé | ASTM G28A | < 8 |
| Alliage C 22 | Laminé | ASTM G28B | < 0,25 |
| | Forgé | ASTM G28B | < 0,25 |
| | Soudé | ASTM G28A | < 2 |
| Alliages nouvelle génération | Laminé | ASTM G28B | < 0.5 |
| | Forgé | ASTM G28B | < 0.5 |
| | Soudé | ASTM G28A | < 2 |
| Alliage B (B2, B3, B4) | Laminé | HCl 20 %, Teb, 24 h | < 0,75 |
| | Forgé | HCl 20 %, Teb, 24 h | < 0,75 |
| | Soudé | HCl 20 %, 100 h,150 °C | Pénétration < 0,175 mm |

Alliages nouvelle génération : Hastelloy C 2000®, 59 23 hMo de VDM® , Inconel 686 de Special Metals®

**Tableau 2.1.** *Tests et critères d'acceptation pour les alliages de nickel corroyés*

| ALLIAGE | TEST | Critères d'acceptation V corr (mm/an) |
|---|---|---|
| Alliage C 276 | ASTM G28A | < 8 |
| Alliage C 22 | ASTM G28A | < 2 |
| Alliages nouvelle génération | ASTM G28A | < 2 |
| Alliage B (B2, B3, B4) | HCl 20 %, T éb, 24 h | < 0,8 |

**Tableau 2.2.** *Tests et critères d'acceptation pour les alliages de nickel moulés [CET 01]*

La méthode EPR permet d'effectuer un contrôle non destructif de la structure. Elle a été mise au point il y vingt-cinq ans en France à la Compagnie des ateliers et des forges de la Loire (CAFL) [CIH 73]. Parmi les différentes variantes existantes, c'est la technique EPR DL (à double balayage) qui est utilisée pour ses essais.

Cette méthode consiste en un balayage potentiocinétique du domaine actif d'un matériau vers son domaine passif avec un retour au potentiel initial, dans un électrolyte soigneusement choisi (figure 2.4) [SIB 95]. La mesure d'un courant de réactivation lors du balayage retour indique une rupture locale du film passif au voisinage des zones déchromées. Les résultats sont quantifiés par le rapport des densités de courant Ir/Ia ou par celui des quantités de charges électriques Qr/Qa, et exprimés en pourcentage.

Pour les nuances corroyées, de nombreuses études conduites sur les aciers inoxydables et pour quelques alliages base nickel passivables mettent en évidence la possibilité de détecter et de quantifier les zones appauvries en chrome [CIH 91]. Peu d'études sont publiées sur les nuances moulées. Cependant, elles montrent une différence d'approche des conditions opératoires et des compositions d'électrolyte. Un électrolyte suffisamment sensible a été recherché ainsi que des conditions opératoires pour une mise en application aisée sur site.

L'étude a été réalisée sur divers alliages :

– l'acier inoxydable austénitique GX2CrNiMo 19-11-02 (selon EN 10 283) ;

– l'acier inoxydable austénitique GX1NiCrMoCu 25-20-5 (selon EN 10 283) ;

– l'alliage base nickel passivable NC16D16Fe5W5-M (selon NF A 32-060) ;

et s'accompagne du développement d'une cellule EPR portable pour essai *in situ*.

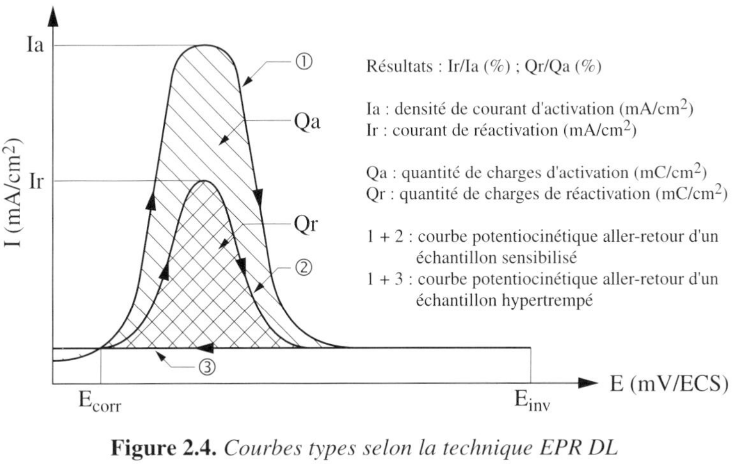


**Figure 2.4.** *Courbes types selon la technique EPR DL*

Plusieurs centaines d'essais en laboratoire et *in situ* ont permis de fixer des conditions opératoires fiables sur les aciers inoxydables austénitiques GX2CrNiMo 19-11-02 et superausténitiques GX1NiCrMoCu 25-20-5, et l'alliage base nickel NC16D16Fe 5W5-M. Le test EPR DL est suffisamment sensible pour détecter de fines précipitations. Du matériel portable a été développé et permet le contrôle de matériel sur site. Une normalisation rapide de ce test paraît vivement souhaitable, car elle permettrait à tous (constructeurs, fondeurs, utilisateurs…) de travailler sur les mêmes bases et de développer cette méthode.

### 2.2.2. *Détection de la corrosion localisée par émission acoustique [PRO 97]*

L'émission acoustique (EA) est une technique innovante de contrôle non destructif (CND) qui trouve de plus en plus d'applications dans l'industrie chimique. De nombreux exemples attestent de la qualité et de la fiabilité des contrôles périodiques par EA de divers appareils métalliques ou en stratifié verre-résine. La technique d'émission acoustique ne doit donc pas être considérée uniquement comme une discipline scientifique, et par extension, un outil performant de laboratoire. L'expérience montre que l'émission acoustique est une technique fiable, voire privilégiée pour l'évaluation et le suivi de l'intégrité d'installations ou d'ateliers lors d'arrêts périodiques ou d'investigations en service. Elle permet d'établir des diagnostics rapides, même dans des conditions opératoires apparemment « bruyantes ».

L'émission acoustique est un phénomène de création d'ondes élastiques transitoires résultant de microdéplacements locaux internes à un matériau. Elle est observée en tant que signal électrique par l'intermédiaire d'un capteur (piézoélectrique par exemple) qui transforme les ondes ultrasonores émises par le matériau en signal électrique, qui est alors amplifié, filtré et traité pour en extraire les caractéristiques. L'émission par salves se traduit par l'enregistrement de signaux transitoires à caractère impulsionnel, correspondant à des mécanismes de déformations locaux de durée limitée (propagation de fissures, décohésion ou rupture de fibres ou précipités, délaminage...). L'émission continue correspond à une succession, voire une superposition de signaux peu énergétiques et très fréquents, observés par exemple lors de détection de fuites de gaz ou de liquide.

Les paramètres susceptibles d'être caractérisés pour identifier la nature de la source, la localiser et mesurer son émissivité sont nombreux : temps d'arrivée et durée du signal, temps de montée, amplitude maximale, fréquence, énergie, tension efficace (ou RMS) de la salve. On peut procéder par comptage du nombre d'alternances (ou de coups) du signal, ou par comptage du nombre d'événements ou de salves. Les procédés d'analyse sont aussi nombreux : analyse spatiale (pour la localisation), spectrale, temporelle (en fonction du temps), statistique ou multivariable...

L'émissivité d'un matériau dépend de nombreux paramètres relatifs à sa nature, sa microstructure, ses propriétés mécaniques et ses modes de déformation. La géométrie et la configuration d'une structure ont également une influence importante sur la réponse d'un matériau donné. « L'effet de taille » en particulier est souvent observé lors du passage de l'éprouvette de laboratoire à une structure industrielle : dans ce dernier cas, les amplitudes des signaux peuvent être d'un ou deux ordres supérieurs pour un même phénomène émissif, ce qui est très favorable pour une investigation sur site en permettant de compenser très largement des conditions de bruit souvent défavorables.

Les besoins de l'industrie chimique en contrôle non destructif se sont donc exprimés sous la forme d'une technologie capable de fournir une détection précoce de la corrosion localisée réalisable en service et suffisamment souple pour être effectuée par le personnel d'usine.

L'émission acoustique (EA) peut être utilisée pour :

– caractériser l'intégrité d'une structure. Sous une procédure classique, l'EA révèle en une seule opération les défauts évolutifs lors de variations de contrainte provoquées par une épreuve hydraulique, un essai pneumatique ou en service ;

– écouter sans variation de contrainte de procédé des endommagements électrochimiquement actifs (corrosion sous contrainte, piqûres...) ;

– étudier l'impact d'une modification du procédé (température en °C, pH…) sur la tenue des matériaux (monitoring procédés).

Après de nombreuses études en laboratoire sur éprouvettes (suivi de la corrosion localisée) qui ont permis de définir l'origine de l'émission acoustique [FRE 01], des tests ont été pratiqués sur des structures semi-industrielles (pilotes) puis sur des structures industrielles.

*Corrosion par piqûres*

Des essais sur un réacteur en acier inoxydable AISI 316 L ont été effectués en présence d'une solution de chlorure de sodium à 3 % et de chlorure ferrique à 15 g/l. Quatre capteurs ont été placés sur la surface du réacteur afin de localiser l'EA détectée. Dès le début de l'essai, une EA d'une forte activité est détectée sur le fond de l'appareil. Après quatre jours de tests, une fuite est apparue sur le fond de l'appareil et l'essai a été arrêté. La localisation de l'EA est en très bonne concordance avec la position des piqûres.

*Corrosion sous contrainte*

Des essais sur un réacteur en acier inoxydable AISI 316 L ont été effectués en présence d'une solution de chlorure de calcium 40 % à 110 °C. Afin d'augmenter le niveau de contrainte sur le fond de l'appareil, une soudure en croix a été réalisée.

Dès le début de l'essai et de manière régulière, de nombreux signaux sont détectés et localisés à l'endroit de la soudure en croix. Après cinq jours, l'essai a été arrêté pour contrôle du fond après destruction du réacteur. Un premier ressuage n'a rien révélé d'anormal. Un ressuage à chaud avec un temps de révélation long a permis de localiser la zone fissurée près de la croix (très faible indication). Des examens micrographiques ont montré de fines fissures transgranulaires de corrosion sous contrainte de 200 µm.

Des essais ont été réalisés dans un grand nombre d'usines de l'industrie chimique sur des installations en fonctionnement (figure 2.6).

**Colonne à distiller**

- Matériau : acier inoxydable
- Contenu : produit chloré à 150°C.

- Diagnostic CORPAC® 1 :

CORROSION ACTIVE LOCALISEE

Endommagement constaté : Corrosion sous contrainte.

**Figure 2.6.** *Exemple d'application de l'émission acoustique sur une colonne industrielle*

Une base de données a été constituée, ce qui a conduit la Société Euro Physical Acoustic à la commercialisation d'un système portable CORPAC® [COR 98]. Ce travail est la conséquence du travail réalisé par Rhône-Poulenc, Solvay et l'INSA de Lyon. La réalisation de mesures par le personnel des sites industriels est alors possible. Ce système portable permet d'écouter dans les conditions de fonctionnement d'une installation et de reconnaître la signature des signaux produits par la propagation d'un éventuel endommagement. L'existence d'une corrosion localisée active peut ainsi être détectée.

## 2.3. Conclusion

Le choix des matériaux pour la construction des matériels de génie chimique n'est pas, à lui seul, suffisant pour garantir un comportement optimal à la corrosion. Les conditions de mise en œuvre sont aussi importantes.

Quelques essais ont été décrits pour caractériser les matériaux lors de leur mise en œuvre, en particulier pour les alliages de nickel. Cependant, les essais proposés restent destructifs. Pour les aciers inoxydables austénitiques et pour les alliages base nickel de type C, il a été développé au cours de ces dernières années une nouvelle technique de contrôle non destructif : EPR (*Electrochemical Potentiokinetic Reactivation*). Celle-ci est pratiquée sur site industriel et est particulièrement bien adaptée pour définir l'état structural des matériaux. C'est une avancée significative pour la caractérisation de l'état structural des matériaux en alliages inoxydables en contrôle non destructif.

Par ailleurs, l'optimisation des procédés chimiques impose de reconsidérer de manière systématique la tenue à la corrosion de matériels existants, compte tenu des conditions d'exploitation. Dans ce cadre, il est clair que l'émergence de nouvelles technologies de suivi de la corrosion *in situ* s'avère particulièrement intéressante. L'utilisation de l'émission acoustique pour le suivi de la corrosion localisée par piqûres et fissurante sous contrainte est une possibilité très intéressante et très prometteuse pour l'avenir.

## 2.4. Bibliographie

[CET 95] CÈTRE Y., SCARABELLO J.M., « Les matériaux métalliques moulés utilisés dans l'industrie chimique », *Matériaux et Technique*, 7-8-9, 1995.

[CET 96] CÈTRE Y., SCARABELLO J.M., « Rôle de la structure des aciers inoxydables et d'alliages de nickel moulés sur le comportement à la corrosion », *Fonderie*, n° 154, 1996.

[CET 01] CÈTRE Y., GOUDIAKAS J., « Les matériaux et la corrosion dans les usines chimiques et parachimiques », *Matériaux et Techniques*, 5-6, 2001.

[COR 98] CORPAC, « Le système portable CORPAC® 1 pour la détection de la Corrosion Localisée », *Documentation Emission Acoustique de la Société Euro Physical Acoustic*, 1998.

[CIH 73] CIHAL V., DESESTRET A., FROMENT A., WAGNER G.H., « Tests d'étude et d'évaluation de la sensibilité des aciers inoxydables à la corrosion intergranulaire », *5e congrès Européen de la Corrosion*, Paris, p. 249-254, 1973.

[CIH 91] CIHAL V., « Progrès récents dans la méthode potentiocinétique par réactivation de mesure de la sensibilité des aciers inoxydables à la corrosion intergranulaire », *30e Cercle d'Etude de Métaux*, Lyon, 1991.

[FRE 01] FREGONESE M., MAZILLE H., IDRISSI H., CÈTRE Y., RENAUD L., « Initiation and propagation steps in pitting corrosion of austenitic stainless steels: monitoring by acoustic emission technique », *Corrosion Science*, 43, p. 627-641, 2001.

[PRO 97] PROUST A., LENAIN J.C., LABEEUW P., RENAUD L., CÈTRE Y., « Détection de la Corrosion Localisée par la Technique d'Emission Acoustique », *Colloque Corrosion dans les Usines Chimiques et Parachimiques*, Lyon, 1997.

[SCA 94] SCARABELLO T.M., VERNEAU M., « L'EPR Electrochemical Potentiokinetic Reactivation , une technique pour réceptionner les matériels en acier inoxydable corroyés et moulés », *2e col. Eur. « Corrosion dans les usines chimiques et parachimique »*, Grenoble, 1994.

[SIB 95] SIBAUT G., Développement de la méthode EPR pour le contrôle de la structure de matériaux moulés en acier inoxydable et alliage base nickel, Mémoire CNAM, Métallurgie, 1995.

[SIB 96] SIBAUT G., SCARABELLO J.M., CÈTRE Y., « Contrôle de la structure de matériaux moulés », *Matériaux et Techniques*, n° 5-6, 1996.

Chapitre 3

# Corrosion dans l'industrie de l'acide phosphorique

Le progrès, accompagné de performances améliorées dans l'élaboration métallurgique, a rendu possible la mise au point de nouveaux aciers inoxydables pour répondre aux exigences sévères des processus utilisés, particulièrement dans les industries chimiques. Cependant, l'influence des différents éléments d'alliage sur la résistance à la corrosion est très dépendante des milieux chimiques et des conditions d'emploi du matériau. La complexité et l'agressivité de ces milieux posent l'important et délicat problème du choix d'alliages adaptés.

Compte tenu de la grande variété des cas de corrosion pouvant être rencontrés dans l'industrie chimique en général, nous ne traiterons dans ce chapitre, à titre d'exemple, que le cas de la fabrication de l'acide phosphorique, en nous limitant même au comportement des alliages inoxydables utilisés dans des milieux phosphoriques pollués par diverses impuretés ($Cl^-$, $F^-$, $S^{2-}$...). Nous envisagerons les modes de dégradation les plus souvent rencontrés, surtout dans le cas des pompes, en nous basant d'une part sur des données bibliographiques et d'autre part sur les relations entre les propriétés mécaniques des matériaux utilisés (ductilité, fragilité, dureté) et leur résistance à l'abrasion.

Il est utile de faire un bref rappel, tout d'abord des procédés employés dans les différentes étapes de fabrication de l'acide phosphorique, puis de l'influence des

---

Chapitre rédigé par Hassane IDRISSI.

éléments d'addition vis-à-vis de la résistance à la corrosion des aciers inoxydables en général et plus particulièrement de ceux utilisés en milieu phosphorique.

### 3.1. Production de l'acide phosphorique

Il existe deux procédés principaux de production de l'acide phosphorique : soit par voie sèche, soit par voie humide. Par voie sèche, le phosphate naturel, dont le constituant principal est l'apatite $Ca_{10}(PO_4)_6X_2$, est réduit à l'état de phosphate élémentaire, puis réoxydé et hydraté pour former $H_3PO_4$. Dans la maille d'apatite, X représente $OH^-$, $F^-$ ou $Cl^-$ ; de même, l'anion $PO_4^{3-}$ peut être partiellement substitué par $VO_4^{3-}$, $SiO_4^{4-}$, $CO_3^{2-}$…

Par voie humide, le phosphate naturel est attaqué par l'acide sulfurique. Le produit de cette attaque est une bouillie agressive constituée d'acide phosphorique liquide, de fluorures et de composés fluorés résultant de différentes réactions secondaires, de chlorures issus du phosphate ou des eaux de lavage, de sulfures provenant parfois de substances organiques lors de l'enrichissement et/ou de la calcination du minerai, d'excès d'acide sulfurique et de cristaux de sulfate de calcium plus ou moins hydraté.

Selon le type de sulfate de calcium formé, ce procédé peut se classer en procédé dihydrate ($CaSO_4.2H_2O$), ou en procédé hémidydrate ($CaSO_4.1/2H_2O$), ou encore en procédé hémihydrate/dihydrate.

Dans les procédés « dihydrates », dont les plus utilisés sont Dorr-Oliver, Prayon et Rhône-Poulenc, la température d'attaque des phosphates naturels est limitée à 80 °C et la concentration d'acide phosphorique produit est d'environ 30 (m%) en $P_2O_5$. Par contre, dans les procédés « hémidydrates », dont les plus connus sont Fisons, Nissan et Central Prayon, la température est de l'ordre de 110 °C, ce qui accroît fortement l'agressivité du milieu et génère des problèmes de corrosion plus importants. Néanmoins, ces procédés conduisent directement à l'acide à 45-50 (m%) en $P_2O_5$. Quant aux procédés « hémihydrates/dihydrates », ils offrent en plus, par rapport aux procédés précédents, l'intérêt de conduire à un gypse propre et de bonne qualité, mais ils restent délicats à maîtriser à cause de la double cristallisation du sulfate de calcium.

Les procédés par voie humide sont les plus répandus, puisqu'ils sont à l'origine de la production de 90 % de l'acide phosphorique, plus particulièrement selon les procédés « dihydrates », avec la réaction suivante :

$$Ca_{10}(PO_4)_6X_2 + 10\ H_2SO_4 + 20\ H_2O \rightarrow 6\ H_3PO_4 + 10\ (CaSO_4.2H_2O) + 2\ HX$$

La filtration de la bouillie permet ensuite de séparer l'acide phosphorique des cristaux de sulfate de calcium (gypse) et des autres composés cristallisés. Cette filtration s'effectue sous vide partiel, avec des filtres rotatifs.

L'acide phosphorique produit est à environ 30 (m%) en $P_2O_5$. Il est concentré par évaporation sous vide jusqu'à environ 54 (m%) en $P_2O_5$.

### 3.2. Principaux phénomènes de corrosion rencontrés

La présence de chlorures ($Cl^-$), de fluorures ($F^-$), d'acide fluosilicique ($H_2SiF_6$), d'acide sulfurique en excès ($H_2SO_4$), de sulfures ($S^{2-}$), présents parfois dans certains minerais, de particules de gypse en suspension (40 %) et de silice dans la solution d'acide phosphorique forment une bouillie très agressive. L'agressivité de cette bouillie, bien que tempérée par l'effet de divers cations métalliques tels que $Fe^{2+}$, $Al^{3+}$..., également souvent présents dans le milieu, conduit à une forte corrosion-abrasion des matériaux employés dans les réacteurs, les agitateurs, les canalisations et les pompes véhiculant cette bouillie.

Lors de la filtration de la bouillie, le milieu est moins agressif grâce à une température plus basse (50 °C au lieu de 80 °C ou 110 °C selon le procédé utilisé). Cependant, en raison de la présence de chlorures, de fluorures et sous l'action de contraintes cycliques auxquelles sont soumis les filtres, différents modes de corrosion tels que la corrosion caverneuse, la fatigue-corrosion et la corrosion fissurante sous contrainte, peuvent apparaître au niveau des filtres et de certaines pièces d'appui.

La concentration de l'acide de 30 à 54 % de $P_2O_5$ impose l'augmentation, à la fois de la vitesse de circulation (grâce à des pompes de grande dimension) et de la température jusqu'à 80 °C (par l'intermédiaire d'un circuit de vapeur à 140 °C). L'effet de la température conduit à une corrosion sous transfert thermique liée à l'augmentation de la cinétique des réactions entre l'acide et la paroi des échangeurs utilisés. Quant à l'effet d'écoulement en présence de teneurs plus basses en chlorures, fluorures et particules en suspension (5-7 %) par rapport aux conditions d'attaque, il engendre là encore une forte corrosion et une forte abrasion des canalisations et des pompes.

Ce bref rappel montre que l'endommagement des unités utilisées dans l'industrie de production de l'acide phosphorique, et plus particulièrement celui des agitateurs et des pompes, est tributaire non seulement des conditions de fabrication, par l'effet des impuretés et des particules solides présentes dans le milieu, mais aussi par le choix des matériaux à employer. Dans la suite de ce chapitre, nous nous limiterons donc à donner une analyse du comportement de divers aciers vis-à-vis des modes de corrosion les plus souvent rencontrés dans les pompes.

| Matériau | Produit | C | Ni | Cr | Mo | Cu | N | Autres |
|---|---|---|---|---|---|---|---|---|
| UR 45N® | | 0,02 | 5,7 | 22 | 2,8 | 1,5 | 0,12 | |
| UR 50® | L/F/M | < 0,03 | 7 | 20 | 2,5 | 1,5 | | |
| UR 47N® | | < 0,03 | 6,5 | 25 | 3 | 0 | 0,17 | |
| UR 52N® | | < 0,03 | 6,5 | 25 | 3 | 1,5 | 0,18 | |
| UR 55® | L/F/M | < 0,03 | 5 | 25 | 2 | 3 | | |
| ZERON 100® | L/F/M | 0,03 | 6 à 8 | 24 - 26 | 2 à 3 | 0,5 à 1 | 0,2 | W 0,5 à 1 |
| Feralium 255® | L/ F | 0,03 | 6 | 25 | 3 | 1,8 | 0,18 | |
| NSCD® | L/F | < 0,03 | 16 | 17,5 | 6 | 3 | 0,4 | Mn 5,5 |
| UR B6 ® | L/F/M | < 0,03 | 25 | 20 | 4,3 | 1,5 | | |
| UR B6P® | M | < 0,03 | 25 | 20 | 4,5 | 2,5 | | W 3 |
| UR SB8® | L/F/M | < 0,02 | 25 | 25 | 5 | 1,5 | 0,2 | |
| Sanicro 28® | L/F/M | < 0,02 | 31 | 27 | 3,5 | 1 | | |
| Nicrofer® 3127hMo | L/F | < 0,01 | 31 | 27 | 6,5 | 1,2 | 0,2 | |
| B 324U® | | < 0,03 | 30 | 20 | 3 | 3,5 | | Si 1,2 |
| B 3025UN® | | < 0,02 | 30 | 27 | 3,5 | 0,8 | 0,18 | Si 0,6 |
| Hastelloy G® | L/F/M | < 0,02 | base | 22 | 9 | | | |
| Inconel 625® | L/F/M | < 0,02 | base | 22 | 9 | | | Nb 3,5 |
| Hastelloy G30® | L/F | < 0,02 | base | 30 | 5 | 1,5 | | W 2,5 |
| Hastelloy C4® | L/F | < 0,02 | base | 17 | 15,5 | | | |
| Hastelloy C22® | L/F | < 0,02 | base | 22 | 13 | | | W 3 |
| Hastelloy C® | L/F/M | < 0,02 | base | 15 | 16 | | | W 4 |
| HG | | 0,05 | 52 | 22 | 6 | 2 | | Mn 2 |
| HZPO | | 0,03 | 46 | 22 | 7 | 1,5 | | Co 2 |
| FC (Fonte au Cr) | M | 1 | | 30 | 2 | | | |
| Fonte au Cr/Si | M | 1 | | 30 | | | | Si >10 |

**Tableau 3.1.** *Composition pondérale de divers alliages inoxydables utilisés en milieu acide phosphorique. (L) : laminé ; (F) : forgé ; (M) : moulé*

### 3.3. Aciers inoxydables utilisés en milieu phosphorique

Il existe une grande variété de nuances d'alliages inoxydables [LAC 90]. Ces nuances sont normalisées et décrites dans de nombreux ouvrages spécialisés et dans des documents techniques commerciaux publiés par les différents fabricants. Parmi les différentes familles, les aciers inoxydables austénitiques et austéno-ferritiques, les alliages de nickel de type Hastelloy® et les fontes au chrome sont les plus utilisés en milieu phosphorique (tableau 3.1).

L'influence favorable respective de leurs éléments constitutifs peut fortement varier avec la nature du milieu, sa concentration, sa température, la présence d'impuretés... Certains éléments, tels que le carbone, le soufre, le phosphore, l'arsenic, peuvent au contraire avoir un rôle défavorable sur la résistance à la corrosion.

Dans ces alliages, la teneur en chrome est supérieure à 12 m%, teneur minimale nécessaire pour assurer la stabilité du film passif, mais elle peut atteindre 30 %. La teneur en nickel varie de 0 à 30 %, voire 40 %. Elle atteint même 70 % dans certains alliages à base de nickel. La teneur en molybdène, élément très important dans les aciers inoxydables, peut s'élever jusqu'à 6, voire 10 %. L'addition d'autres éléments dans le but d'améliorer la résistance à la corrosion a aussi une grande influence sur les propriétés métallurgiques, physiques, mécaniques, chimiques et électrochimiques. A titre d'exemple, Cr, Mo, Si, W, Ti, Nb... tendent à stabiliser l'existence de la structure ferritique (cubique centrée), alors que C, N, Ni, Mn, Cu... stabilisent la structure austénitique (cubique à face centrée). Ces divers éléments peuvent aussi favoriser la formation de précipités de phases intermétalliques lors de maintiens à haute température. De même, ils peuvent provoquer des ségrégations de différentes impuretés aux joints de grains : ces zones ségrégées deviennent naturellement plus sensibles à la corrosion (voir paragraphe 3.4.1).

Il existe d'autres aciers inoxydables, de structure martensitique, qui contiennent des quantités trop faibles de chrome, de nickel, de molybdène et/ou de cuivre. Ils ne peuvent donc pas être utilisés dans des milieux très agressifs. Par contre, leurs propriétés mécaniques souvent élevées rendent leur emploi très intéressant dans les milieux peu agressifs. Dans le cas où des propriétés mécaniques élevées sont nécessaires, les aciers austénoferritiques peuvent être intéressants, ainsi que les nuances austénitiques à forte teneur en azote ou ayant subi des traitements de durcissement structural (acier PH, de l'anglais *Precipitation Hardening*).

D'autres alliages tels que la fonte au chrome peuvent être classés dans les alliages ferritiques. Ils contiennent jusqu'à 30 % de Cr, avec des teneurs en C qui peuvent atteindre 1 % à 2 % et des additions éventuelles de 1 % à 2 % de Mo. Le carbone, dans ce cas, se trouve essentiellement précipité sous forme de carbures de chrome dans une matrice fragile. L'alliage est donc à la fois très dur et très fragile.

## 3.4. Modes de corrosion rencontrés dans les pompes

### 3.4.1. *Corrosion intergranulaire*

Les aciers inoxydables ferritiques et austénitiques peuvent, après un traitement thermique, subir dans certaines zones dites « sensibilisées » une corrosion de type intergranulaire pouvant conduire à la destruction complète du matériau, par suite de la précipitation de carbures mixtes Cr-Fe, riches en Cr, au niveau des joints de grains [BER 90, MAZ 02] (figure 3.1).

**Figure 3.1.** *Corrosion intergranulaire d'une pièce de pompe en acier inoxydable austénitique [MAZ 01]*

### 3.4.2. *Corrosion-cavitation*

Cette forme particulière d'érosion est provoquée par l'implosion de bulles de vapeur sur une surface métallique (figures 3.2 et 3.3).

**Figure 3.2.** *Corrosion-cavitation sur une pièce de pompe en fonte grise [MAZ 01]*

Les écoulements de fluides à grande vitesse conduisent souvent à des variations de pression suffisamment importantes pour qu'une vaporisation puisse se produire dans les zones de dépression sur la surface métallique en contact. Les bulles ou les poches de vapeur ainsi formées peuvent se condenser brusquement sous l'effet d'une augmentation de pression : il s'agit du phénomène de cavitation. Les implosions successives résultant de ces vagues de pression et dépression alternées se traduisent par un intense martelage de la surface pouvant conduire à des déformations plastiques locales ou, du moins, à la destruction du film protecteur superficiel [MAZ 02, OLT 02].

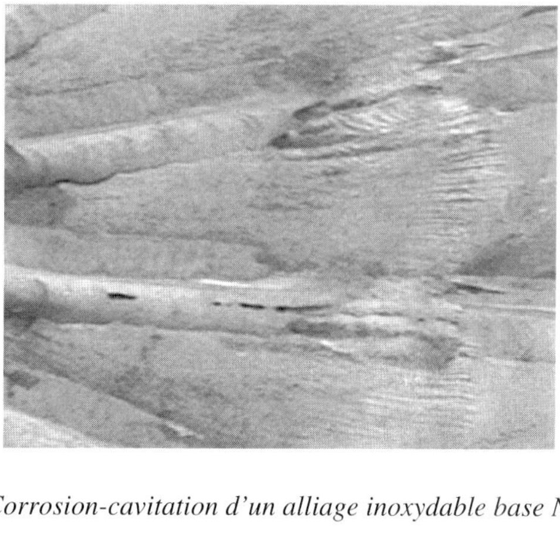

**Figure 3.3.** *Corrosion-cavitation d'un alliage inoxydable base Ni [AUDI 99]*

### 3.4.3. *Corrosion-abrasion*

Cette forme de corrosion est rencontrée lorsque le fluide en écoulement est chargé de particules solides en suspension (figure 3.4). Les impacts de ces particules entraînent une dépassivation locale ou générale, provoquant la dissolution du matériau et génèrant des contraintes supérieures aux contraintes de cisaillement dues au simple mouvement du fluide [DES 91, MAZ 02, OLT 02]. Dans ces conditions, le matériau est soumis à :

– un endommagement dû à la dissolution électrochimique (corrosion pure) ;

– un endommagement mécanique (abrasion pure) ;

– un effet de synergie entre les processus de corrosion et d'abrasion [FER 00].

L'abrasion pure résulte généralement, dans le cas des matériaux fragiles, de phénomènes successifs de fissuration et de fragmentation. Par contre, pour les matériaux ductiles, elle résulte d'un processus d'extrusion/forgeage conduisant à la formation d'écailles [LEV 85]. Ces écailles sont fragiles et adhèrent peu à la surface. Quelques impacts suffisent à les briser ou à les arracher entièrement [FER 98].

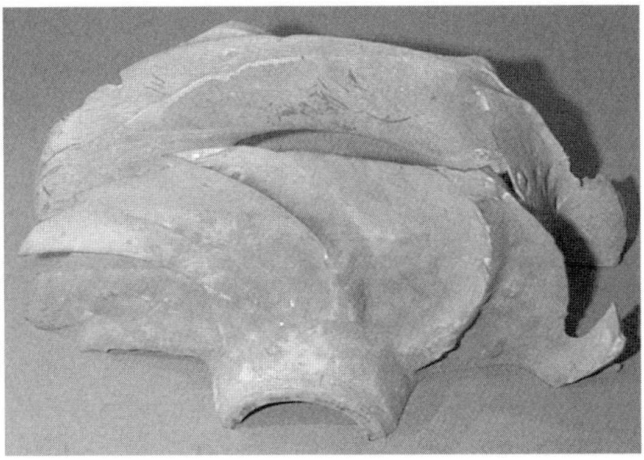

**Figure 3.4.** *Corrosion-abrasion d'une pièce de pompe en acier inoxydable austénitique [MAZ 01]*

## 3.5. Comportement des matériaux métalliques vis-à-vis de la corrosion-abrasion et/ou de la corrosion-cavitation en milieu phosphorique

L'endommagement par corrosion-abrasion et/ou par corrosion-cavitation des matériaux utilisés en milieu phosphorique (pompes, agitateurs…) dépend essentiellement des :

– propriétés du milieu (nature et vitesse d'écoulement, composition chimique, pH, température, viscosité…) ;

– particules ou bulles (taille, concentration, forme, nature, angle d'impact…) ;

– propriétés du matériau (rugosité, passivité, ductilité, fragilité, dureté, microstructure…).

### 3.5.1. *Influence de la vitesse et de la nature d'écoulement*

La circulation d'un fluide a deux effets sur la corrosion : accélération du transfert de matière et génération de contraintes de cisaillement. Les tendances généralement reportées dans la littérature sont résumées sur la figure 3.5. Cette représentation schématique permet, dans le cas des aciers non ou peu alliés, de distinguer trois zones [CHE 92] :

– à faibles vitesses (région A et première partie de région B), l'augmentation de la vitesse d'écoulement entraîne une diminution du gradient de concentration des produits de corrosion entre la surface du métal et le volume du fluide. Dans ce cas, la vitesse de corrosion est partiellement ou totalement contrôlée par le transport de matière ;

– à des vitesses plus élevées, la cinétique de transport de matière peut être supérieure à la vitesse de réaction d'électrode à la surface du métal. Dans ces conditions, un contrôle (par activation) du processus global de corrosion se produit et la vitesse de corrosion devient indépendante de la vitesse du fluide ;

– au-dessus d'une certaine vitesse critique, les contraintes de cisaillement exercées sur la surface du métal sont suffisamment intenses pour briser ou arracher localement la couche protectrice et un processus d'érosion démarre.

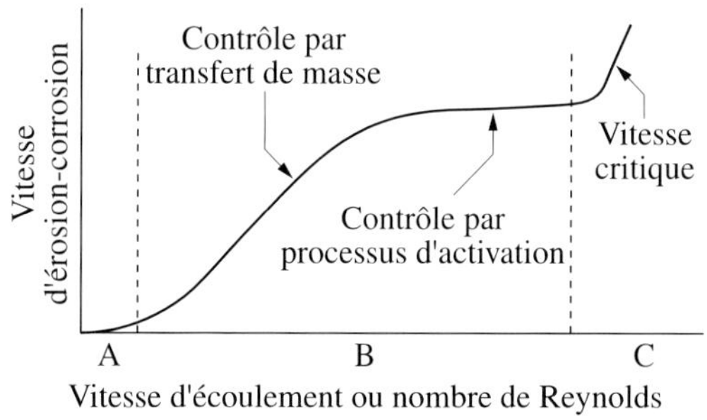


**Figure 3.5.** *Evolution de l'usure par érosion-corrosion en fonction de la vitesse d'écoulement du fluide [CHE 92]*

### 3.5.2. *Influence de la composition chimique du milieu*

De nombreux travaux ont été réalisés dans ce domaine par différents auteurs universitaires et industriels [BEN 87, JAL 87]. Jallouli, par exemple, a étudié à partir d'essais électrochimiques et/ou cinétiques le comportement à la corrosion-érosion de divers aciers inoxydables à différentes températures et concentrations en $P_2O_5$. Ces travaux montrent qu'en l'absence d'érosion, les matériaux étudiés sont classés dans l'ordre décroissant suivant : HZPO, HG, UB6, 317L 316L, U55, FC, alors qu'en présence d'érosion, cette classification est modifiée et l'ordre décroissant devient alors : FC, HZPO, HG, U55, UB6, 317L, 316L (figure 3.6). La fonte au chrome est l'alliage le plus résistant en présence d'érosion. Par ailleurs, les travaux d'Audouard [AUDO 91] sur d'autres aciers en milieu phosphorique synthétique à 30 % en $P_2O_5$ (figure 3.7) montrent que l'élévation de température des parois du métal augmente considérablement la vitesse de corrosion. Il a aussi étudié l'effet de la concentration en chlorures, en acide sulfurique et en acide fluorhydrique (figures 3.8a, 3.8b et 3.8c). L'effet de l'acide sulfurique entre 0 et 2 % est sensiblement équivalent à celui de l'acide fluorhydrique entre 0 et 0,2 %. Les aciers les plus alliés en chrome et en molybdène sont les plus résistants.

D'autres études ont confirmé [IDR 93] l'agressivité des chlorures, fluorures et sulfures et leur effet de synergie vis-à-vis de la corrosion des divers aciers inoxydables en milieu phosphorique à 30 % en $P_2O_5$, sans particules abrasives (figure 3.9). Ces travaux montrent aussi que la présence d'ions $S^{2-}$ dans le milieu entraîne rapidement la dépassivation de ces aciers et plus particulièrement de l'alliage qui ne contient pas de cuivre ; cet élément permettant la formation (avec ces ions $S^{2-}$) de composés peu solubles en milieu acide [IDR 96].

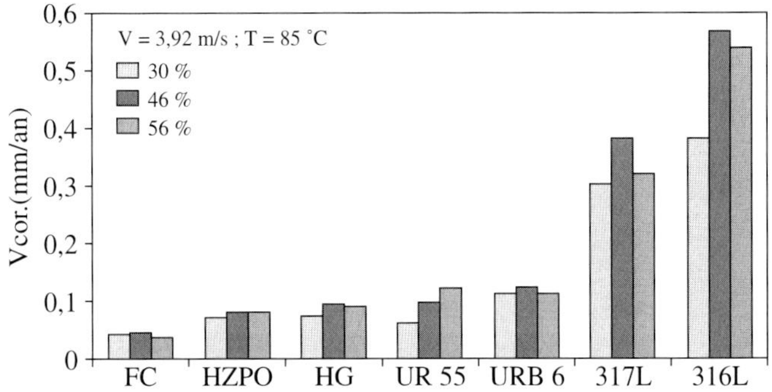


**Figure 3.6.** *Effet de la concentration de l'acide phosphorique sur la corrosion érosion des métaux [JAL 87]*

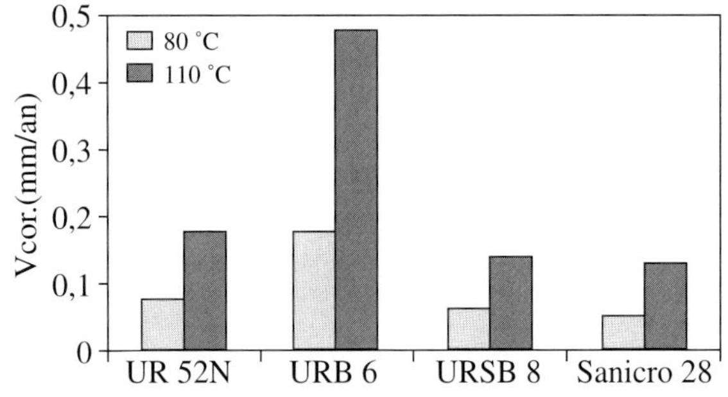


**Figure 3.7.** *Effet de la température [AUDO 91]*

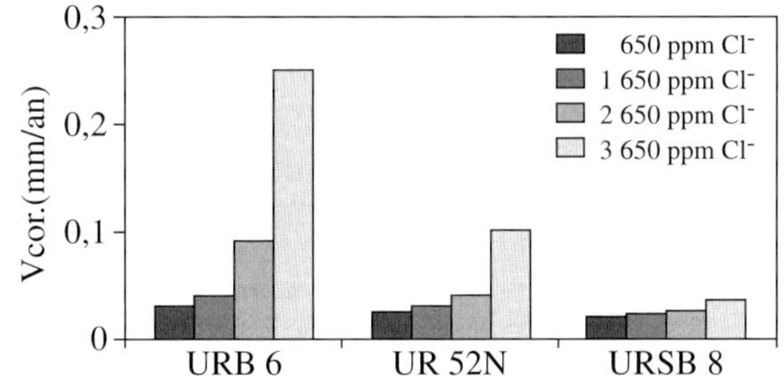


**Figure 3.8a.** *Effet de la teneur en chlorures [AUDO 91]*

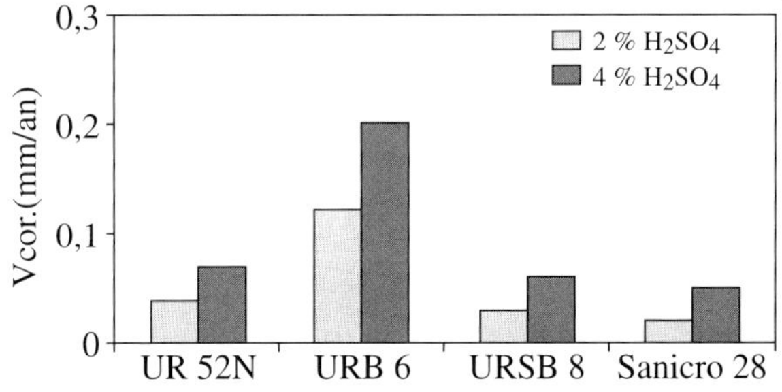


**Figure 3.8b.** *Effet de la teneur en acide $H_2SO_4$ [AUDO 91]*

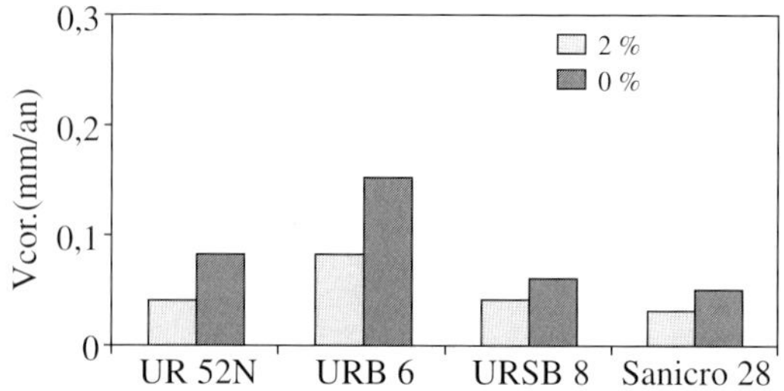


**Figure 3.8c.** *Effet de la teneur en acide HF[AUDO 91]*

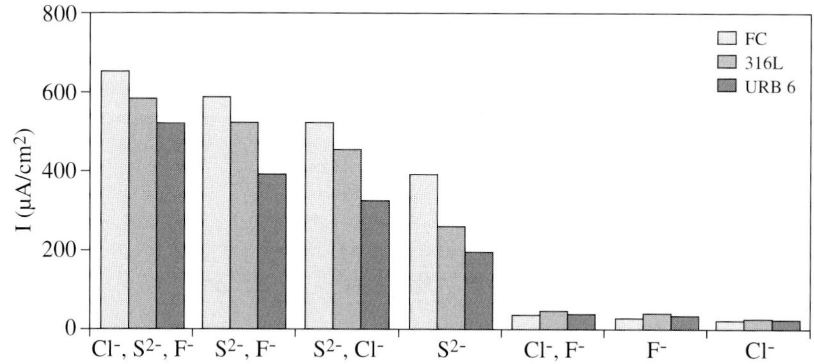


**Figure 3.9.** *Agressivité et synergie des ions chlorures, fluorures et sulfures en solution acide phosphorique à 30 % de $P_2O_5$ [IDR 93]*

### 3.5.3. *Influence de la nature et de l'angle d'impact des particules*

La figure 3.10 montre, à titre d'exemple, l'influence sur le taux d'abrasion de trois types de particules de tailles et de formes similaires mais de duretés différentes. Plus les particules sont dures (dureté SiC > dureté $Al_2O_3$ > dureté $SiO_2$), plus l'abrasion est importante.

A nature identique, la taille et la forme des particules exercent également une influence sur l'importance de l'arrachement mécanique de matière. Lin [LIN 91] a étudié l'effet de la taille moyenne des particules sur la valeur de l'endommagement d'un métal en fonction de l'angle d'impact. Les résultats montrent que plus la taille moyenne des particules est élevée, plus l'angle d'impact correspondant à une abrasion maximale est faible (figure 3.11).

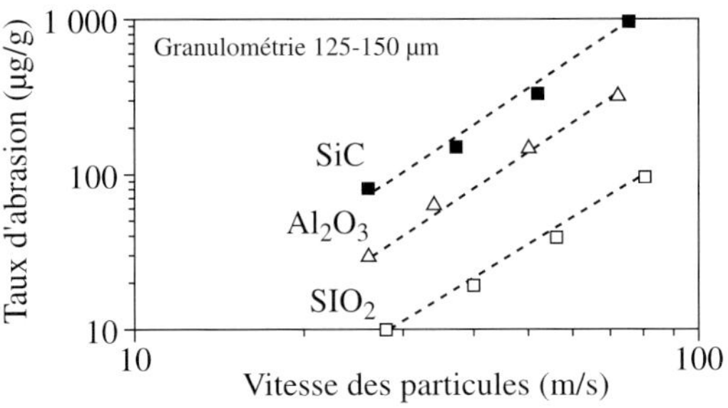


**Figure 3.10.** *Taux d'abrasion de différents types de particules en fonction de leur vitesse en milieu [SHI 96]*

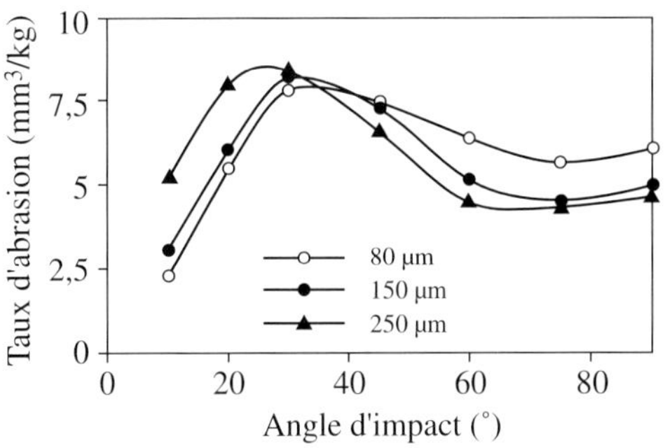


**Figure 3.11.** *Effet de la taille des particules sur la variation du taux d'abrasion en fonction de l'angle d'impact. Acier 1020 laminé à chaud. Milieu diphasique eau-quartz. Vitesse d'écoulement = 47,1 m/s [LIN 91]*

### 3.5.4. *Influence de la dureté vis-à-vis de l'abrasion*

La résistance à l'abrasion d'un métal est souvent associée à tort à sa dureté. En fait, de nombreux travaux [HUT 81, SHI 96] ont montré qu'il existe rarement une relation entre ces deux grandeurs. D'une manière générale, lorsque l'on compare les caractéristiques mécaniques de familles différentes d'alliages, les duretés et les résistances à l'abrasion ont tendance à varier dans le même sens (figure 3.12). En revanche, lorsque l'on compare les caractéristiques mécaniques d'un même alliage ayant subi différents traitements thermiques ou mécaniques, la dureté et la résistance à l'abrasion ne sont plus liées (figures 3.13 et 3.14). Dans de tels cas, même si le traitement effectué sur les alliages conduit à des propriétés mécaniques très différentes, les variations de sensibilité vis-à-vis de l'abrasion sont comparativement faibles [AMB 87].

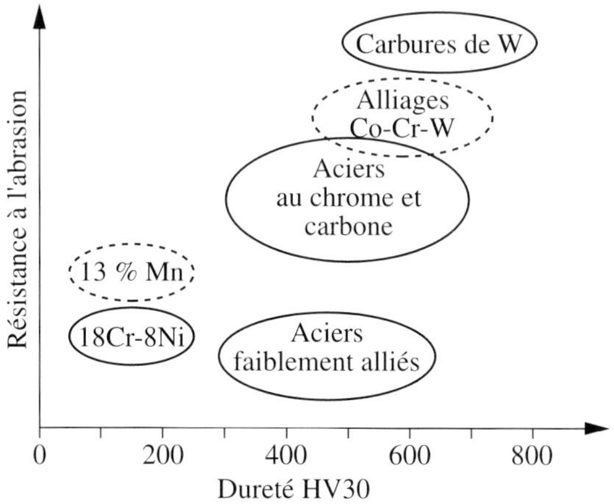


**Figure 3.12.** *Caractéristiques de dureté et de résistance à l'abrasion (estimée par perte de poids) de différents matériaux [DOP 89]*

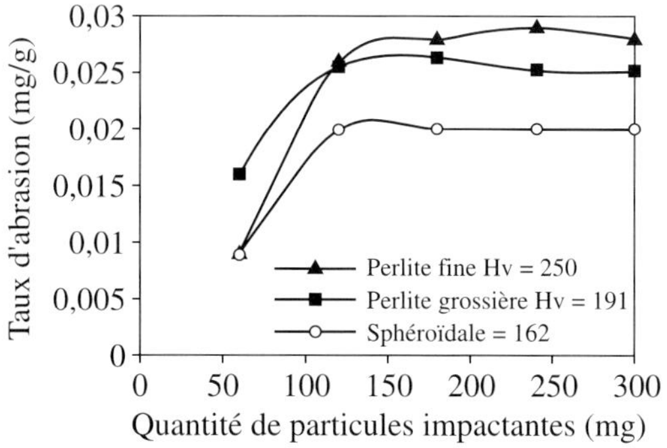


**Figure 3.13.** *Taux d'abrasion (mg/g) en fonction de la masse totale des particules impactantes (mg) (SiC 240 µm) ; V = 30 m/s ; angle d'impact = 30°. Influence de la dureté d'un acier AISI 1075 [LEV 81]*

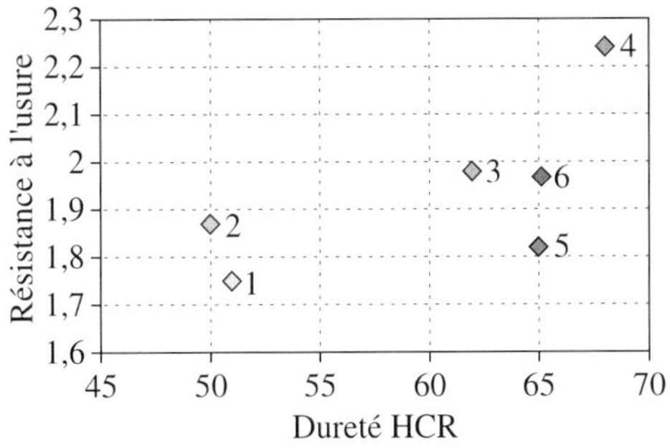


1: brut de coulée, 2 : 2h à 1 150 °C puis trempe à l'huile, 3 : 2h à 1 150 °C puis revenu à 600 °C, 4 : 1h à 1 000 °C suivie trempe à l'huile puis à l'azote liquide, 5 : 1h à 955 °C, trempe à l'air et revenu à 210 °C, 6 : 1h à 955 °C, trempe à l'air et revenu à 510 °C.

**Figure 3.14.** *Influence de la dureté de la fonte au carbone après différents traitements thermiques [SAV 89]*

## 3.6. Conclusions

L'industrie de l'acide phosphorique, comme toute industrie chimique, subit la corrosion de ses structures non seulement au niveau de ses unités de production, mais aussi « en amont » (problèmes liés à l'approvisionnement des matières premières), « en aval » (stockage et transport des produits finis) et dans les ateliers annexes (production d'énergie, canalisations de fluides caloporteurs ou de refroidissement...). Dans ce chapitre, nous nous sommes limités au choix de matériaux massifs dans les ateliers de production. Mais il est vrai, en particulier au niveau du stockage de l'acide phosphorique, que l'acier revêtu de néoprène par exemple peut aussi se révéler parfaitement judicieux.

Cependant, même avec ces restrictions, la variété des procédés et des minerais utilisés pour la fabrication de l'acide phosphorique, entraînant des conditions d'emploi fort différentes, rend délicate la préconisation d'alliages « normalisés pour ce type d'application ». Certaines nuances d'alliages ayant donné toute satisfaction pendant de nombreuses années peuvent se dégrader rapidement à la suite d'un changement dans la provenance ou le gisement du minerai. Seule la connaissance précise des paramètres d'emploi (température, concentration en acide, teneur en impuretés du minerai, présence éventuelle de particules solides en suspension...) peut conduire à un choix pertinent des matériaux métalliques à utiliser : choix qui de toute façon nécessitera un suivi et un contrôle rigoureux sur site, tout particulièrement pour chaque application nouvelle.

### 3.7. Bibliographie

[AUDI 99] AUDISIO S. *et al.*, Le Livre Multimédia de la Corrosion, CD-ROM, Laboratoire de Physico-chimie Industrielle de INSA de Lyon, 1999.

[AUDO 91] AUDOUARD J.P. *et al.*, « Solutions métallurgiques aux problèmes de corrosion dans l'industrie de l'acide phosphorique », *Bulletin du Cercle d'Etudes des matériaux*, 1991

[AMB 87] ROSINI L., BAHADUR S., « Erosion of AISI 4140 steel », *Wear*, vol. 117, p. 37-48, 1987.

[BEN 87] BENBACHIR M., *Quelques problèmes de corrosion dans l'industrie phosphorique*, Ecole sur la Chimie des Phosphates, ENIM-Rabat, p. 148-159, 1987.

[BER 90] BÉRANGER G., CHARBONNIER J.C., « Les aciers inoxydables », dans [LAC 90] (chapitre 11, p. 413-445), Editions de Physique, 1990.

[CHE 92] CHEN T.Y., MOCCARI A.A., MAC DONALD D.D., « Development of controlled hydrodynamic techniques for corrosion testing », *Corrosion*, vol. 48, n° 3, p. 239, 1992.

[DES 91] DESESTRET A. ROHRIG K., « Materials for service involving attack by corrosion and abrasion », *Bulletin du Cercle d'Etudes des Matériaux*, mai 1991.

[DOP 89] DOPEE, *Procédés électriques dans les traitements et revêtements de surface*, Collection ELECTRA, DOPEE Diffusion, 1989.

[FER 98] FERRER F., Etude et contrôle de l'abrasion-corrosion de matériaux métalliques en milieu aqueux. Caractérisation de l'endommagement par émission acoustique et techniques électrochimiques, Thèse de doctorat, INSA Lyon, 98 ISAL 0121, 1998.

[FER 00] FERRER F., IDRISSI H., MAZILLE H., FLEISCHMANN P. LABEEUW P., « A study of abrasion-corrosion of AISI 304L austenitic stainless sreel in saline solution using acoustic emission technique », *NDT&E International*, vol. 33, p. 363-371, 2000.

[HUT 81] HUTCHINGS I.M., « A model for the erosion of metals by spherical particles at normal incidence », *Wear*, vol. 70, p. 269-281, 1981.

[IDR 93] IDRISSI H., GHAYOR M., SMANI M., « Agressivité des chlorures, fluorures et sulfures en milieu d'acide phosphorique à 30 % de $P_2O_5$ vis-à-vis de différents aciers », *Matériaux et Techniques*, n° 10-11, p. 50-54, 1993.

[IDR 96] IDRISSI H., « Corrosion behaviour of two stainless steels and chromium cast iron in phosphoric acid media polluted by $S^{-2}$ ions », *J. of Materials Science*, vol. 31, p. 4599-4602, 1996.

[JAL 87] JALLOULI E.M., *Comportement des matériaux dans les procédés de fabrication de l'acide phosphorique par voie humide*, Ecole sur la Chimie des Phosphates, ENIM, Rabat, p. 128-147, 1987.

[LAC 90] LACOMBE P., BAROUX B., BÉRANGER G., *Les aciers inoxydables*, Editions de Physique, 1990.

[LEV 81] LEVY A.V., « The solid particle erosion behavior of steel as a function of microstructure », *Wear*, vol. 68, p. 269-287, 1981.

[LEV 85] LEVY A.V., « The platelet mechanism of erosion of ductile metals », *Wear*, vol. 93, p. 21, 1985.

[LIN 91] LIN F., SHAO H., « The effect of impingement angle on sturry erosion », *Wear*, vol. 141, p. 279-289, 1991.

[MAZ 01] MAZILLE H., Documents personnels, LPCI-INSA Lyon, 2001.

[MAZ 02] MAZILLE H., BÉRANGER G., RAMEAU J.J., « Modes de corrosion et prévention », *Corrosion des métaux et alliages,* G. Béranger et H. Mazille (dir.), chapitre 7, Hermès, 2002.

[OLT 02] OLTRA R., « Modes de corrosion et prévention », *Corrosion des métaux et alliages,* G. Béranger et H. Mazille (Eds.), chapitre 9, Hermès, 2002.

[SAV 89] SAVERNA J., SCHISSLER J.M, MASOUNAVE J., « Influence du traitement thermique sur la microstructure et la résistance à l'abrasion d'une fonte eutectique de type 15 Cr 2Mo », *Colloque International sur les fontes*, n° 18, 1989.

[SHI 96] SHIPWAY P.H., HUTCHINGS I.M., « The role of particle properties in the erosion of brittle materials », *Wear*, vol. 193, p. 105-113, 1996.

Chapitre 4

# Corrosion dans les centrales nucléaires à eau sous pression

Les longues durées et les conditions de fonctionnement des centrales nucléaires font apparaître des phénomènes conduisant à la dégradation de matériaux (évolutions défavorables des caractéristiques mécaniques, fissuration par corrosion...). Or les exigences de sûreté et de fiabilité des installations font que ces problèmes risquent de devenir cruciaux si des mesures permettant d'y remédier ne sont pas prises en temps utile.

La connaissance du comportement des matériels s'obtient grâce à un programme considérable de contrôles lors des visites annuelles, aux expertises des pièces retirées du service et aux études entreprises pour comprendre les dégradations observées, rendre la capacité de prévision des phénomènes la plus performante possible et remédier aux problèmes. Toutes ces mesures ont permis de mieux connaître des phénomènes jusqu'alors peu connus.

Des exemples sont donnés pour illustrer la démarche suivie dans ces études en soulignant la place de la R&D.

## 4.1. Introduction

La production d'électricité en France est assurée pour environ 80 % par les centrales nucléaires à eau sous pression (figure 4.1). Le bon fonctionnement de ces

---

Chapitre rédigé par Jean-Marie GRAS et Guy ZACHARIE.

installations nécessite la maîtrise des problèmes soulevés par le comportement des matériaux utilisés pour leur construction.

Certains de ces problèmes ont été pris en compte à la conception (par exemple le vieillissement de l'acier des cuves de réacteurs à eau pressurisée sous l'effet du rayonnement, la corrosion généralisée des gaines des crayons combustibles), mais il importe de vérifier au fil du temps que la dégradation du matériau est bien celle attendue.

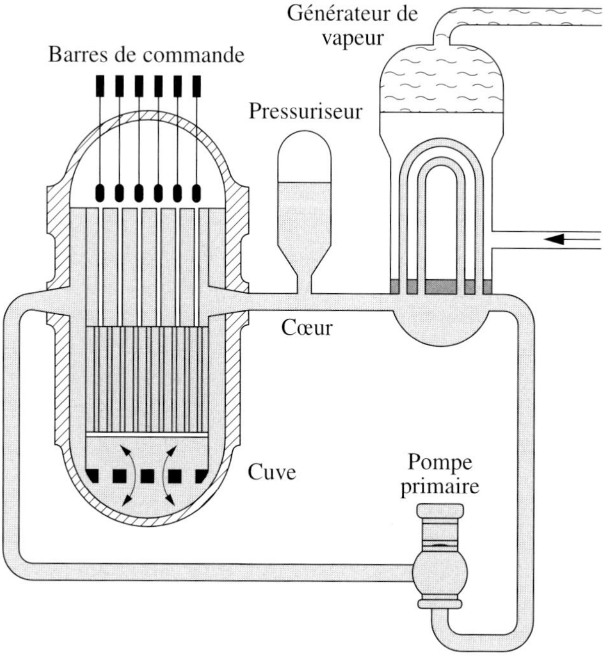


L'élément central du réacteur, le cœur qui fournit l'énergie, est constitué des éléments combustibles et des barres de contrôle. Il est placé dans une enceinte : la cuve. L'eau du circuit primaire est chauffée par le cœur du réacteur et circule à l'intérieur des tubes du générateur de vapeur. La vapeur produite entraîne la turbine, se condense dans un échangeur et retourne au générateur de vapeur.

**Figure 4.1.** *Schéma de principe général du circuit primaire des réacteurs à eau sous pression (REP)*

D'autres problèmes en revanche n'ont pas été prévus au départ et ne sont apparus qu'au bout de milliers d'heures de service : par exemple la fissuration par corrosion d'alliages de nickel (tubes de générateurs de vapeur, boulonnerie...) en contact avec le milieu primaire des réacteurs. Lorsque ce type de dégradation s'est révélé, il a fallu définir des solutions de réparation et trouver des matériaux de remplacement mieux adaptés. De plus, pour planifier les réparations et être en mesure de poursuivre l'exploitation des réacteurs sans que leur sûreté ne soit affectée, il a été rendu nécessaire de bien connaître l'étendue, la gravité des dommages et leur évolution prévisible.

De ce fait, des contrôles non destructifs sont pratiqués sur les installations et des études de laboratoire sont entreprises afin d'une part de mieux comprendre le phénomène et prévoir les dégradations, et d'autre part pour y remédier.

Parmi les causes de « vieillissement » des centrales et de dégradation du matériel, la corrosion occupe une place importante. Les conditions sévères de fonctionnement liées à l'utilisation de fluides à haute température et sous pression qui peuvent, dans certaines circonstances, devenir agressifs, font que les problèmes de corrosion sont un souci permanent pour l'exploitant des centrales.

On illustre la démarche suivie par l'homme des matériaux en présentant quelques problèmes ayant affecté dans le passé des matériels du circuit primaire des réacteurs à eau sous pression et qui ont nécessité une recherche approfondie afin de comprendre les phénomènes mis en cause et y apporter remède.

## 4.2. La démarche

La démarche débute le plus souvent par des prélévements de pièces défectueuses en centrale. Une expertise permet de conclure sur l'origine des dégradations.

On reproduit ensuite le phénomène en laboratoire en recréant les circonstances ayant produit les dégradations. Une fois cette étape franchie, on étudie l'effet des paramètres pertinents sur le phénomène : nature du matériau (composition chimique, microstructure...), paramètres de l'environnement (température, chimie du milieu au contact avec la pièce), paramètres mécaniques (contrainte...). A ce stade, on est en général capable de juger de l'étendue prévisible du phénomène et d'en décrire l'évolution probable. Cette prévision, encore semi-empirique, est une première étape. Afin de la consolider (pour les longues durées et des conditions d'environnement différentes), des études sont entreprises pour bien comprendre les mécanismes de dégradation. Elles aboutissent à la définition d'un modèle à partir duquel on cherche à retrouver les observations expérimentales, ce qui permet alors de valider les hypothèses de départ. Le modèle peut devenir outil de prévision.

Parallèlement, le mécanisme de la dégradation étant compris, des remèdes sont étudiés afin de résoudre le problème. Les remèdes considérés sont choisis en fonction de divers facteurs (origine de la dégradation, fiabilité du remède, coût...).

Le tableau 4.1 présente par exemple les moyens étudiés par EDF pour prévenir l'apparition de la corrosion sous contrainte des alliages de nickel dans l'eau à haute température.

| | |
|---|---|
| Matériau | – optimisation microstructurale du matériau,<br>– choix d'un autre matériau,<br>– revêtement, |
| Milieu | – élimination de l'agent responsable de la corrosion sous contrainte,<br>– ajout d'un inhibiteur,<br>– modification du pH,<br>– température,<br>– modification des conditions redox, |
| Contrainte | – abaisser les contraintes de tension,<br>– détensionnement,<br>– créer des contraintes de compression (grenaillage, martelage...),<br>– abaisser les caractéristiques mécaniques du matériau, |
| Conception | – éventuellement, modification de la conception du composant. |

**Tableau 4.1.** *Prévention de la corrosion sous contrainte*

Cette démarche ne s'applique pas seulement aux matériels endommagés. Il peut aussi s'agir de répondre aux questions des ingénieurs et techniciens chargés de la conception, de l'exploitation et de la maintenance des centrales.

## 4.3. La corrosion sous contrainte des alliages de nickel dans l'eau à haute température

### 4.3.1. *Le contexte*

Les alliages de nickel sont largement utilisés dans les centrales nucléaires, principalement du fait de leur bonne tenue à la corrosion dans l'eau à haute température. Cependant, sous l'effet des contraintes résiduelles de traction introduites par les déformations imposées au cours de la fabrication, ils peuvent devenir sensibles à la corrosion sous contrainte. Ainsi, dans le cas des tubes de générateurs de vapeur en alliage 600 (Ni-16%Cr-10%Fe), les zones dudgeonnées[1], qui supportent des contraintes mécaniques élevées, se sont fissurées en service au bout de quelques dizaines de milliers d'heures (figure 4.2) [BER 92, GRA 97]. D'autres composants en alliage de nickel se sont également fissurés par corrosion sous contrainte, aussi bien d'ailleurs dans les réacteurs à eau sous pression (filière française) que dans ceux à eau bouillante (autre filière développée à l'étranger) [SAI 93].

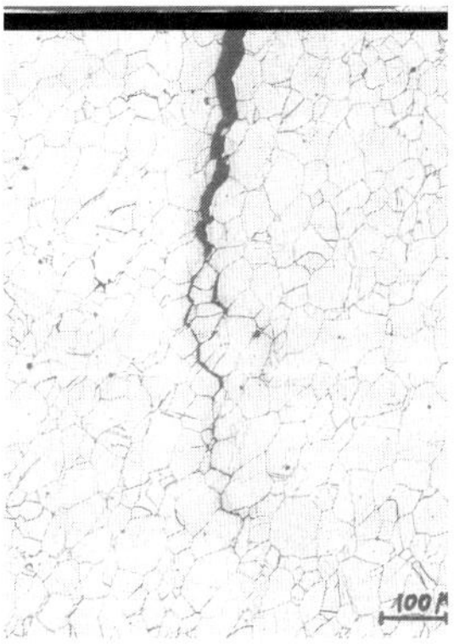


La fissuration par corrosion sous contrainte d'un métal se produit sous l'action conjuguée d'un milieu corrosif pour le matériau considéré et de contraintes mécaniques de traction. L'eau du circuit primaire, qui contient de faibles quantités d'acide borique et de lithine, et l'eau pure sont des milieux dans lesquels les alliages de nickel peuvent se fissurer après des durées très longues.

**Figure 4.2.** *Corrosion sous contrainte de l'alliage 600 dans l'eau à haute température*

Pour résoudre ces problèmes, de nombreux tubes de générateurs de vapeur fissurés ont été bouchés ou réparés. Au demeurant, pour assurer le bon fonctionnement des réacteurs et garantir la sûreté des installations, il était nécessaire de connaître le risque d'amorçage de la corrosion sur les composants sains et de savoir à quelle vitesse pourraient se propager les fissures sur les composants déjà atteints. Pour ce faire, EDF s'est appuyée d'une part sur le contrôle non destructif des composants, d'autre part sur des lois paramétriques permettant de prévoir l'amorçage et la propagation de la fissuration. Lorsque le composant était endommagé, on a été conduit à le réparer ou à le remplacer. Un alliage de nickel à plus forte teneur en chrome a été retenu pour le remplacement de ces matériels.

1. Le dudgeonnage est l'opération qui permet de sertir les tubes du générateur de vapeur dans la plaque à tubes.

### 4.3.2. *La reproduction en laboratoire et les modèles paramétriques*

Face à ces problèmes, les constructeurs, les exploitants et les laboratoires de recherche ont entrepris de vastes programmes d'études sur la résistance à la corrosion sous contrainte des alliages de nickel dans l'eau à haute température (plus de 300 °C) sous pression. Pour cela, il fallait tout d'abord reproduire le phénomène en autoclaves, sachant que le phénomène peut nécessiter, pour se développer, des durées d'essais très longues (plusieurs milliers d'heures). Des essais de corrosion « accélérés », plus sévères et reproductibles qu'auparavant, ont été mis au point et un nouveau type d'éprouvette très contrainte a été inventé à cette occasion (figure 4.3).

**Figure 4.3.** *Eprouvette de corrosion sous contrainte dite « selle de cheval »*

Ces études ont permis de mettre en évidence les principaux effets paramétriques sur l'amorçage et la propagation des fissures (température, sollicitation mécanique, structure métallurgique du matériau). Afin de faire les prévisions nécessaires pour répondre au problème industriel, une formulation du temps d'amorçage a été proposée en fonction de la température, de la contrainte et de la sensibilité du matériau. Une formulation du même type a été proposée pour la vitesse de propagation [BER 92, GRA 97, SAI 93].

Par ailleurs, on a vérifié par des essais analogues de longue durée que l'alliage de remplacement à plus forte teneur en chrome ne se fissurait pas dans l'eau à haute température.

### 4.3.3. Remèdes

Diverses actions ont été entreprises pour remédier à la corrosion sous contrainte des tubes de générateurs de vapeur, depuis la réparation des tubes endommagés jusqu'au changement de matériau pour les appareils neufs (utilisation d'un alliage résistant à la corrosion sous contrainte dans l'eau à haute température : l'alliage 690 (Ni-30%Cr-9%Fe).

4.3.3.1. *Réduction des contraintes résiduelles de traction*

Pour améliorer la résistance des tubes des appareils en service ou déjà construits, on a tout d'abord étudié différents moyens de réduire les contraintes résiduelles. Une des solutions retenues fut un traitement de surface par transformation structurale (microbillage ou micromartelage), afin d'introduire des contraintes de compression élevées à la surface des tubes (figure 4.4). Les deux procédés ont été validés par de nombreux essais de laboratoire et appliqués en centrale. Le traitement est d'autant plus efficace qu'il intervient tôt dans la vie de l'appareil [SLA 94].

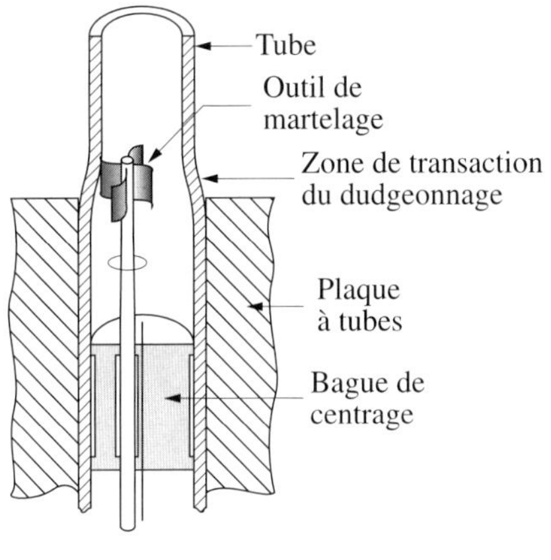


**Figure 4.4.** *Principe du procédé de micromartelage développé par EDF pour réduire les contraintes de tension en surface interne des tubes de générateurs de vapeur dans la zone de transition de dudgeonnage*

La suppression par un traitement mécanique ou chimique des couches superficielles écrouies puis déformées et contraintes est également apparue comme le remède le plus adéquat pour d'autres matériels en alliage de nickel fissurés en service [BER 97].

4.3.3.2. *Application d'un manchon ou d'un revêtement protecteur*

Pour rendre étanches les tubes endommagés, divers procédés ont été appliqués : par exemple le soudage d'un manchon au droit de la zone fissurée. Une autre solution, appliquée par Framatome sur les générateurs de vapeur des centrales belges, a consisté à réparer les tubes endommagés par un revêtement électrolytique de nickel [LAI 90]. Après qualification du procédé, plus de 1 000 tubes ont été réparés ainsi de façon à permettre leur maintien en service (figure 4.5).

4.3.3.3. *Changement de matériau*

Pour les appareils neufs, les programmes d'étude sur la résistance à la corrosion sous contrainte des alliages Ni-Fe-Cr dans l'eau à haute température et dans des solutions caustiques ou acides ont conduit au choix de l'alliage 690 pour remplacer l'alliage 600. Le premier générateur de vapeur équipé de tubes en alliage 690 a été installé en France en 1990 (Dampierre) ; le retour d'expérience est tout à fait satisfaisant après 80 000 heures de service.

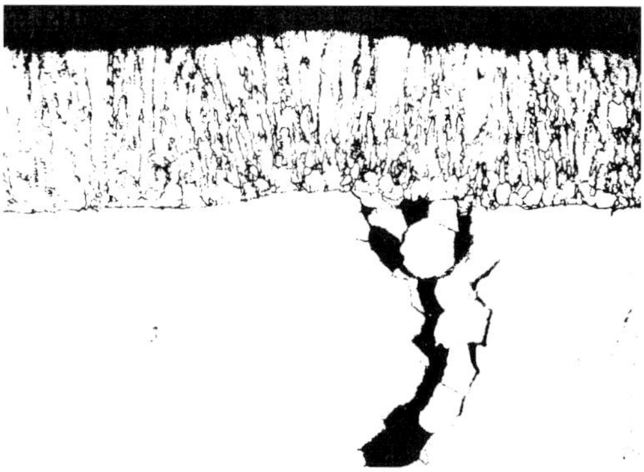

**Figure 4.5.** *Coupe micrographique d'un tube de générateur de vapeur en alliage 600 réparé par un revêtement électrolytique de nickel (document Framatome)*

## 4.4. Protection anti-usure des gaines de crayon des grappes de commande

### 4.4.1. *Le contexte*

Les crayons absorbants des grappes de commande permettent de régler et de contrôler la réactivité des assemblages combustibles dans le cœur du réacteur (figure 4.6). Le retour d'expérience a montré qu'en service, les gaines de ces crayons s'usent au contact des structures internes du cœur et du dispositif de guidage (usure par frottement et battement). Ces usures entraînent une perte de matière qui peut aboutir au percement des gaines. Ce problème a aussi été rencontré aux Etats-Unis et sur les réacteurs allemands.

### 4.4.2. Remède

La solution étudiée par les constructeurs a consisté à limiter l'usure des gaines grâce à un traitement de surface. Par exemple, Westinghouse a appliqué un revêtement électrolytique de chrome dur sur les parties des gaines en regard du dispositif de guidage.

Pour les réacteurs français, un autre type de traitement de surface a été envisagé par Framatome comme moyen de protection de l'acier inoxydable : la nitruration ionique [HER 94, HER 99]. Ce procédé consiste à créer une couche riche en nitrures à la surface du matériau, grâce à un traitement thermique approprié sous azote. La dureté superficielle d'une telle couche apporte bien souvent une solution aux problèmes d'usure. Pour cette application, des études ont été entreprises afin de bien connaître la structure des gaines nitrurées, vérifier leur résistance à l'usure et déterminer leur tenue à la corrosion dans les conditions de service, c'est-à-dire dans le milieu primaire à haute température (tableau 4.2).

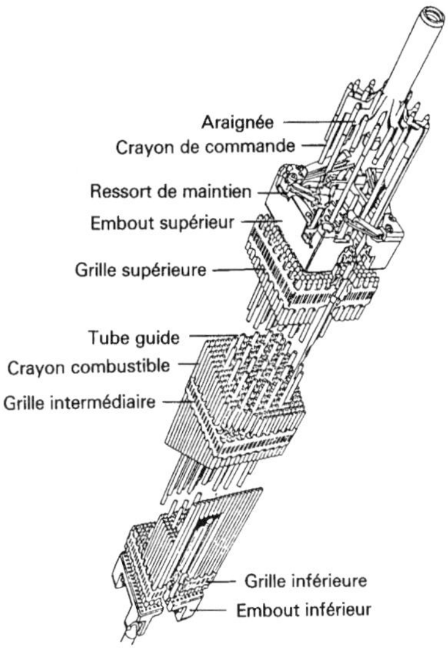


L'assemblage est constitué de 264 crayons combustibles disposés suivant un réseau de pas carré et d'une structure assurant la rigidité. Les tubes-guides des crayons de la grappe de commande sont fixés aux pièces d'extrémités inférieure et supérieure et par des grilles de maintien. En coulissant dans les tubes-guides, les crayons absorbants de la grappe de commande (ou araignée) permettent de régler la réactivité du cœur. Le crayon absorbant lui-même est constitué d'un alliage Ag-In-Cd ou de $B_4C$ placé à l'intérieur d'une gaine en acier inoxydable 18Cr-10Ni.

**Figure 4.6.** *Assemblage combustible et sa grappe de commande (document Framatome)*

| | |
|---|---|
| But recherché | Améliorer la résistance à l'usure des gaines des crayons de grappes de commande |
| Solution considérée | Nitruration ionique des surfaces concernées<br>(aciers inoxydables 18Cr-10Ni, 17Cr-12Ni-Mo) |
| Paramètres examinés | *Conditions de service*<br>– tenue sous irradiation,<br>– tenue à l'usure par frottement et battement,<br>– tenue à la corrosion dans le milieu primaire (eau lithiée boriquée hydrogénée).<br>*Hors conditions de service*<br>– non-sensibilisation à la corrosion intercristalline de l'acier de base,<br>– tenue à la corrosion hors milieu primaire (stockage, arrêts),<br>– manutention. |

**Tableau 4.2.** *Protection anti-usure des gaines des crayons de grappes de commande*

Le bilan de ces essais s'est révélé tout à fait positif et, après des travaux complémentaires d'optimisation du procédé, la décision a été prise d'introduire en réacteur des gaines nitrurées [HER 94, HER 99].

## 4.5. La corrosion généralisée de la boulonnerie du circuit primaire

La boulonnerie en acier faiblement allié du circuit primaire des REP a présenté, dans le passé, de nombreux cas de dégradation par corrosion généralisée consécutivement à des fuites d'eau boriquée au niveau des brides d'obturation, des presse-étoupes ou des joints d'étanchéité. En dehors des dispositions prises pour éviter de telles fuites, les solutions envisagées étaient l'utilisation d'aciers ou alliages inoxydables, ou la protection des aciers faiblement alliés par un revêtement résistant à la corrosion dans une gangue humide d'acide borique (tableau 4.3). Les deux voies ont été étudiées parallèlement.

### *Recherche d'un revêtement protecteur [GRA 87]*

Des essais de corrosion ont été préalablement effectués sur matériaux massifs afin de rechercher des candidats présentant une bonne résistance à la corrosion généralisée en milieu acide borique et susceptibles d'être utilisés comme matériaux de revêtement. Les matériaux suffisamment résistants dans ce milieu sont notamment le chrome, le titane, le molybdène, les aciers inoxydables austénitiques (vitesse de corrosion inférieure à 1 µm/an) et le nickel (30 µm/an).

| | |
|---|---|
| But recherché | Améliorer la résistance à la corrosion de la boulonnerie du circuit primaire des REP en cas de perte d'étanchéité aux joints |
| Solutions considérées | – matériau inoxydable à hautes caractéristiques mécaniques résistant à la corrosion,<br>– acier faiblement allié martensitique avec revêtement résistant à la corrosion. |
| Paramètres examinés | – résistance mécanique (Rp0,2 ≥ 720 MPa),<br>– résistance à la corrosion en gangue humide d'acide borique à ≤ 290 °C,<br>– démontabilité (non-grippage),<br>– compatibilité avec la gamme de fabrication actuelle de la boulonnerie. |

**Tableau 4.3.** *Protection de la boulonnerie du circuit primaire contre la corrosion par l'acide borique*

Les revêtements et traitements de surface retenus au départ pour l'étude ont été choisis de façon à ne pas risquer d'affecter, notamment par l'utilisation de températures de dépôt ou de traitement de diffusion trop élevées, les caractéristiques mécaniques du métal de base. Pour l'essentiel, l'étude a porté sur des dépôts électrolytiques et chimiques, monocouches ou multicouches, à base de nickel, à l'état brut de bain ou diffusé, sur des dépôts d'acier inoxydable, de chrome ou de molybdène projetés à chaud par plasma atmosphérique ou par procédé hypersonique et sur des dépôts physiques en phase vapeur d'acier inoxydable ou de titane.

Le programme expérimental a abouti à la conclusion qu'aucune des solutions considérées n'était suffisamment robuste et n'offrait de garantie suffisante pour l'application.

***Etude du comportement des aciers inoxydables [PRI 90]***

C'est en définitive cette voie qui a permis de trouver une solution au problème : les aciers Z 6 CNU 17-4 (17-4 PH) traités à 600 °C, Z 6 NCTDV 25-15 résistent à la corrosion généralisée et à la corrosion sous contrainte dans les solutions concentrées d'acide borique. L'acier Z 6 NCTDV 25-15 (A 286) est aujourd'hui utilisé en centrale comme matériau de boulonnerie.

## 4.6. La corrosion intercristalline des aciers inoxydables sensibilisés

La corrosion intercristalline (ou intergranulaire) la plus fréquente affecte les alliages inoxydables austénitiques à l'état sensibilisé. Le mécanisme de cette corrosion est bien connu et des remèdes appropriés ont été proposés depuis longtemps (choix de nuances ou de traitements thermiques adaptés). Cependant, les prescriptions d'utilisation qui devraient permettre d'éviter ce risque de corrosion localisée ne sont pas toujours respectées [GRA 94]. Le phénomène intéresse surtout les aciers de la famille 18-10 à forte teneur en carbone.

Ce type de dégradation a été rencontré sur des assemblages combustibles de fabrication américaine. Après trois cycles d'irradiation en réacteur, ces assemblages ont été stockés pendant un an en piscine de désactivation, comme le prévoient les procédures, avant leur transfert à l'usine de retraitement de La Hague. Au cours du transfert, lors du levage, l'embout supérieur de plusieurs assemblages s'est rompu. L'origine des incidents a été attribuée sans ambiguïté à une corrosion intercristalline de manchons en acier AISI 304 qui, au cours de la fabrication, avaient subi un maintien à 650 °C. Le milieu primaire des REP (eau lithiée boriquée hydrogénée) n'avait pas eu d'influence sur la tenue de l'acier sensibilisé ; en revanche, le séjour prolongé, à température proche de l'ambiante, dans l'eau non désaérée et légèrement acide de la piscine de stockage avait suffi pour provoquer une corrosion intercristalline sur toute l'épaisseur des manchons.

Pour de tels incidents, l'expertise se borne à vérifier la cause de la corrosion (sensibilisation du matériau, utilisation d'un milieu oxydant). Les mesures correctives étant connues, elle n'exige pas nécessairement d'autres développements. Ici, le remède pratique le plus simple consiste à recommander l'emploi d'aciers à basse teneur en carbone. Pour les aciers 18Cr-10Ni ou 17Cr-12Ni-Mo, une teneur en carbone inférieure à 0,030 % élimine, en principe, tout risque de corrosion intercristalline pour les structures employées à moins de 400 °C. On peut d'ailleurs rappeler à ce sujet que la filière des réacteurs à eau bouillante a connu, dans le passé, de graves problèmes de corrosion intergranulaire sous contrainte dus à l'utilisation d'aciers de type 304 sensibilisés dans l'eau pure contenant de l'oxygène dissous (50-100 ppb). Ces réacteurs sont désormais construits en acier inoxydable à bas carbone et de l'hydrogène est ajouté au fluide caloporteur pour le rendre réducteur.

Il est cependant arrivé que l'utilisation d'aciers 18-10 à bas carbone conduise à l'apparition d'une corrosion intercristalline due, dans la plupart des cas, à une contamination superficielle des pièces. Ce type d'incident a été observé sur les tubes-guides d'un assemblage combustible : les tubes en acier 304 L avaient été hypertrempés sans dégraissage préalable, ce qui avait conduit à une carburation et à une précipitation intergranulaire de carbure de chrome sur une profondeur de 50 µm. Il arrive souvent que des carburations de ce genre, suivies de décapages en solution nitrofluorhydrique, donnent des pénétrations intergranulaires sur des aciers normalement à bas carbone.

## 4.7. La corrosion-érosion des aciers non alliés du circuit secondaire

Les dégradations dues à la corrosion-érosion des aciers au carbone dans le circuit secondaire des centrales sont nombreuses et responsables des principaux incidents rencontrés sur les matériels des postes d'eau. Elles ont concerné aussi les circuits eau-vapeur des centrales thermiques à flamme. L'événement le plus dramatique a été la rupture d'une tuyauterie d'eau alimentaire qui s'est produite en 1986 sur la centrale américaine de Surry et qui a fait prendre conscience aux exploitants étrangers de l'importance du phénomène.

La corrosion-érosion se manifeste, dans un domaine de température allant de 150 à 250 °C, par une perte d'épaisseur pouvant atteindre plusieurs millimètres par an, d'où un risque important pour l'intégrité des circuits et la sécurité du personnel. La corrosion-érosion des aciers au carbone dans l'eau désoxygénée est un phénomène maintenant bien compris [BOU 96], qui met en jeu simultanément deux mécanismes : un processus de corrosion pure du fer par une corrosion de type généralisé et la dissolution de la couche protectrice de magnétite par transfert de masse sous l'effet de conditions hydrauliques localement défavorables, notamment aux singularités des écoulements. Le phénomène se distingue de la corrosion « classique » du fer dans l'eau par le fait que la couche de magnétite, normalement protectrice, est mise en solution par l'eau en circulation. Les paramètres importants de la corrosion-érosion sont le pH et la pression partielle d'hydrogène, qui contrôlent la solubilité du fer, le coefficient de transfert de masse des ions fer de la surface vers la solution, qui contrôle la dissolution de la couche de magnétite, la température et la composition chimique de l'acier (le chrome, même en faible teneur, renforce considérablement la passivité du fer).

En appui aux multiples expertises effectuées sur les matériels des postes d'eau des centrales REP [MOU 90] et avant les graves incidents rencontrés sur des centrales étrangères, EDF a entrepris un vaste programme d'essais de laboratoire pour identifier les différents facteurs responsables des dégradations observées et mettre au point un modèle permettant de quantifier leur influence respective [BOU 96]. On ne détaillera pas l'ensemble des mesures prises pour protéger l'ensemble des tuyauteries de la corrosion-érosion (modification du conditionnement de l'eau, utilisation d'aciers contenant du chrome...), ni les études particulières réalisées pour étendre les formules de prévision des pertes d'épaisseur à des géométries complexes. Toute cette recherche-développement a permis d'élaborer des programmes de diagnostic prévisionnel, d'aide aux inspections et d'optimisation des modifications. Les producteurs d'électricité étrangers ont largement profité de l'expérience française.

## 4.8. Conclusion

Ces quelques exemples montrent la diversité des modes de dégradation des matériels des centrales nucléaires et illustrent la démarche appliquée par l'homme des matériaux pour résoudre les problèmes rencontrés. Certaines dégradations, qui peuvent être qualifiées de *maladies de jeunesse*, ont bénéficié rapidement d'actions correctrices, d'autres sont apparues avec le *vieillissement* des centrales.

La prévision de la cinétique des phénomènes oblige à des opérations de contrôle et de maintenance particulièrement exigeantes et nombreuses, associées à de vastes programmes de laboratoire en vue d'une modélisation semi-empirique dans un premier temps, théorique ensuite.

Ces problèmes ont conduit, depuis une vingtaine d'années, à une amélioration considérable des connaissances sur des phénomènes de corrosion qui avaient été en partie sous-estimés. Des progrès majeurs ont été réalisés dans la compréhension des mécanismes de corrosion, qui ont permis d'apporter des améliorations ou des remèdes pour une meilleure tenue des matériels en service ou futurs.

## 4.9. Bibliographie

[BER 92] BERGE P., *Corrosion sous contrainte : Phénoménologie et mécanismes*, D. Desjardins et R. Oltra (Eds.), Editions de Physique, p. 735-755, 1992.

[BER 97] BERGE P., *Materials Performance*, vol. 36, n° 11, p. 56-62, 1997.

[BOU 96] BOUCHACOURT M., SAINT-PAUL P., « Modeling of flow-accelerated corrosion », *Flow-Accelerated Corrosion in Power Plants*, EPRI-EDF, p. 4-1 à 4-119, 1996.

[GRA 87] GRAS J.M.*Materials Science and Engineering*, vol. 88, p. 47-52, 1987.

[GRA 94] GRAS J.M., *Corrosion Localisée*, F. Dabosi, G. Béranger, B. Baroux (dir.), Editions de Physique, p. 667-678, 1994.

[GRA 97] GRAS J.M., PINARD-LEGRY G., *Endommagement des matériaux dans les centrales nucléaires à eau pressurisée*, Ph. Berge et G. Zacharie (dir.), Eyrolles, p. 185-199, 1997.

[HER 94] HERTZ D., PEYRAN J.C., « Contribution des expertises sur matériaux à la résolution des problèmes rencontrés dans les REP », *SFEN, Colloque International Fontevraud III*, vol. 2, p. 752-759, 12-16 septembre 1994.

[HER 99] HERTZ D., « Méthodologie de choix de traitements de surface pour les grappes de commande des réacteurs nucléaires », *Revêtements et traitements de surface,* Presses Polytechniques et universitaires romandes, p. 633-644, 1999.

[LAI 90] LAIRE C., STUBBE J., SLAMA G. MICHAUT M., « Contribution des expertises sur matériaux à la résolution des problèmes rencontrés dans les REP », *SFEN, Colloque International Fontevraud II*, vol. 2, p. 362-368, 10-14 septembre 1990.

[MOU 90] MOUSSET P., *L'expertise métallurgique appliquée aux centrales thermiques*, Kirk, 1990.

[PRI 90] PRIEUX B., GRAS J.M., « Contribution des expertises sur matériaux à la résolution des problèmes rencontrés dans les REP », *SFEN, Colloque International Fontevraud II*, vol. 2, p. 559-567, 10-14 septembre 1990.

[SAI 93] SAINT-PAUL P., « Corrosion dans les centrales nucléaires à eau pressurisée », *Journal de Physique IV*, vol. 3, p. 707-717, 1993.

[SLA 94] SLAMA G., « Contribution des expertises sur matériaux à la résolution des problèmes rencontrés dans les REP », *SFEN, Colloque International Fontevraud III*, vol. 1, p. 289-299, 12-16 septembre 1994.

# Chapitre 5

# Corrosion des véhicules automobiles

## 5.1. Introduction

Les pièces constitutives d'un véhicule automobile, carrosserie ou mécanique, sont principalement réalisées avec des matériaux métalliques, bien que certaines pièces en plastique ou composite soient déjà intégrées sur les véhicules.

La corrosion des matériaux métalliques est un phénomène inéluctable puisque c'est le retour d'un métal de son état thermodynamique instable à l'état combiné stable, forme rencontrée dans la nature ; la corrosion peut être considérée comme la réaction inverse de l'élaboration métallurgique d'un métal à partir d'un minerai.

Les matériaux métalliques utilisés pour la fabrication des pièces des véhicules sont surtout à base de fer et d'aluminium. Des pièces à base de magnésium commencent à apparaître pour des raisons d'allégement. Le zinc et les produits à base de zinc sont également très utilisés en tant que protections… Les véhicules automobiles se corrodent, puisque constitués par ces matériaux métalliques réactifs qui ont une forte tendance à s'oxyder.

## 5.2. Le contexte corrosion

La protection contre la corrosion des véhicules automobile impose une évolution permanente ; les raisons sont multiples :

---

Chapitre rédigé par Alain JUSSIAUME.

– les conditions de roulage, car le consommateur veut pouvoir circuler en toute sécurité pendant toutes les périodes de l'année et dans toutes les régions. Pour assurer cette circulation, des produits de « déverglaçage » répandus sur les routes sont utilisés de manière intensive, en préventif et en curatif. Ces produits sont le plus souvent à base de chlorure de sodium et/ou de calcium mélangé à du sable pour une plus grande efficacité. Les poussières, la boue, le sable et les gravillons rencontrés sur les routes ou les chemins ont pour effet de dégrader les protections et par voie de conséquence de laisser se développer la corrosion ;

– les conditions atmosphériques qui sont dues aux « retombées acides » des régions industrielles, aux chlorures des embruns des régions côtières ou aux fortes humidités et températures de certaines régions ou pays tropicaux ;

– les contrôles techniques périodiques qui peuvent imposer aux propriétaires des réparations avec immobilisation des véhicules dans les cas graves de corrosion si la sécurité peut être affectée. L'image de marque du constructeur peut se dégrader si des corrosions d'aspect sont systématiquement signalées au cours de ces contrôles ;

– les garanties qui suivent ou anticipent les « codes anticorrosion » de plus en plus exigeants demandés par les pays. Des garanties de douze ans sans corrosion de perforation sont actuellement proposées par la plupart des constructeurs automobiles ;

– les attentes des clients qui demandent pour leur véhicule une durabilité plus longue et un aspect « comme neuf » pendant plusieurs années. Le client veut pouvoir revendre son véhicule sans décote excessive ;

– les évolutions des véhicules qui sont engendrées par l'allégement nécessaire de ceux-ci, pour réduire les consommations de carburant et les pollutions émises par les combustions. Les évolutions des caractéristiques mécaniques des aciers ont par exemple, permis l'utilisation de tôles de plus faibles épaisseurs. L'introduction de matériaux légers comme l'aluminium et le magnésium contribuent à l'allégement.

## 5.3. La corrosion des véhicules automobiles

Sur un véhicule, plusieurs sortes de corrosion sont définies :

– la corrosion d'aspect pour la carrosserie, les pièces mécaniques ou rapportées, qui est relative à ce que le client voit sur son véhicule, sur ses roues ou lors d'opérations d'entretien courant ;

– la corrosion de perforation des pièces en tôle que le client voit de l'extérieur sous forme de trou. Cette corrosion progresse le plus souvent de l'intérieur vers l'extérieur du véhicule ; son amorçage est difficile à détecter, elle peut affecter la sécurité et nécessite des réparations coûteuses ;

– la corrosion fonctionnelle qui peut se traduire par des dysfonctionnements, des réglages ou des « démontages » difficiles, entraînant des risques d'immobilité ou de sécurité du véhicule.

La corrosion est une réaction entre la surface d'un métal et un milieu environnant. Lutter contre la corrosion, c'est empêcher ou retarder son amorçage et/ou diminuer sa vitesse de développement. Les actions possibles pour y remédier sont d'agir sur le milieu environnant, sur la surface du métal ou d'empêcher le contact entre la surface du métal et le milieu. Agir sur le milieu environnant n'est possible que dans le cas des fluides en circuit fermé des véhicules en utilisant des inhibiteurs, comme par exemple dans le cas des liquides de refroidissement en contact avec des pièces en acier, en fonte ou en aluminium. Dans les autres cas, le milieu environnant est l'atmosphère ambiante et les projections polluées dues au roulage, sur lesquelles le constructeur automobile ne peut pas agir.

## 5.4. Les protections par peinture

Les peintures sont souvent utilisées pour isoler la surface d'un métal du milieu environnant. L'industrie automobile, pour la carrosserie, utilise comme gamme de peinture :

– un traitement de surface composé d'un dégraissage alcalin et d'une phosphatation au zinc « trication » (zinc, nickel et manganèse) pour assurer l'accrochage de la peinture. Les procédés de traitement de surface au trempé se généralisent au détriment des procédés par aspersion, ce qui permet le traitement de l'intérieur des corps creux ;

– une première couche de peinture appelée cataphorèse, déposée au trempé par électrophorèse, le véhicule étant en position de cathode ;

– une peinture dite apprêt, pour préparer l'aspect final ;

– des peintures dites base et vernis pour l'aspect final.

Ce sont le traitement de surface et la peinture cataphorèse qui assurent principalement la tenue anticorrosion. Les autres couches de peinture sont déposées au pistolet. Ainsi, les surfaces extérieures des tôles de carrosserie ont une gamme complète de peinture (environ 100 µm) alors que les surfaces intérieures des corps creux et les surfaces du soubassement n'ont qu'une monocouche de peinture cataphorèse (environ 20 µm).

La cataphorèse est une peinture déposée sous l'effet d'un champ électrique : la résine organique du bain est chargée positivement et se déplace entre des anodes auxiliaires et les surfaces métalliques du véhicule en cathode, où elle se décharge et coagule. Les sous-ensembles d'un véhicule, après leur assemblage et avant mise en peinture, présentent des corps creux et des zones d'accostage entre tôles. Le phénomène de cage de Faraday entraîne des épaisseurs de peinture cataphorèse inférieures à l'intérieur des corps creux, comparativement à celle de la peau extérieure, et surtout une mauvaise ou une non-déposition de la cataphorèse dans les interstices des accostages entre tôles : les surfaces de ces tôles sont mal ou ne sont donc pas protégées, elles sont sensibles à la corrosion car le milieu environnant, humidité et eau polluée, peut pénétrer dans l'interface et former un électrolyte.

Les peintures, cataphorèse et couches supplémentaires, se déposent mal sur les tranches de découpe des tôles, entraînant une faiblesse de la gamme peinture aux angles vifs de l'arête, où la corrosion s'initie prématurément. Cette faiblesse de la gamme peinture est d'autant plus prononcée que la découpe des tôles provoque des bavures de découpe plus ou moins importantes suivant l'état d'usure des outils.

Les agressions des véhicules ne sont pas uniquement de type chimique ou électrochimique. Des agressions mécaniques peuvent endommager la peinture et causer localement le développement de la corrosion. Lorsque la peinture d'une tôle d'acier est blessée jusqu'au support, comme par exemple par du gravillonnage, le milieu environnant entre en contact avec l'acier et cette zone devient anode avec formation de rouille rouge. Des molécules d'eau et d'oxygène du milieu environnant migrent à travers la peinture vers l'interface peinture-support qui est cathode. La formation d'ions hydroxyde à proximité de la blessure crée un milieu local basique qui dissout les phosphates du traitement de surface, provoquant une perte d'adhérence de la peinture. Ce mécanisme généralement admis est appelé délamination cathodique de la peinture. Avec le temps, la délamination de la peinture progresse en mettant à nu une surface du support de plus en plus importante qui se corrode.

En gamme complète de peinture, la corrosion à partir d'une blessure peut aussi se développer sous forme de fils et est appelée corrosion filiforme. Elle est rencontrée sur acier et surtout sur aluminium. L'amorçage et le mécanisme de ce type de corrosion ne sont pas encore parfaitement élucidés.

La peinture cataphorèse, d'épaisseur faible de l'ordre de 20 µm, est sensible aux impacts de gravillons. Le soubassement de la caisse qui n'a que la couche de cataphorèse et qui est très sollicité par les projections de gravillons et de liquides agressifs soulevées par le roulage, présente des risques de corrosion prématurée. Les pièces mécaniques rapportées sur les véhicules sont parfois protégées par des peintures de type poudre, de plus fortes épaisseurs, qui résistent mieux aux impacts de gravillons.

La corrosion prématurée rouge des arêtes de découpe ou à partir d'une blessure de la peinture est dite *cosmétique* et n'est pas tolérée par le client. Toute corrosion cosmétique peut à terme conduire à de la corrosion de perforation.

En plein panneau des tôles de carrosserie, les gammes actuelles de peinture monocouche cataphorèse ou complète avec couche de finition assurent une bonne protection anticorrosion de l'acier à condition que le traitement de surface avant peinture soit adapté et de bonne qualité et si la peinture n'est pas agressée mécaniquement par des impacts de gravillons ou par des phénomènes d'usure par frottement.

## 5.5. Les protections à base de zinc

En automobile, le zinc est principalement utilisé en tant que protection de l'acier en raison de son pouvoir sacrificiel : en milieu environnant aqueux, son potentiel électrochimique fait qu'il est plus réactif que l'acier ; il se consomme préférentiellement et empêche la corrosion rouge de l'acier. Ses produits de corrosion sont blancs et mieux admis par le client.

Les tôles préprotégées par des revêtements à base de zinc sont largement utilisées pour la protection anticorrosion des tôles acier de carrosserie. Un argument de vente actuel, par voie de publicité, est d'annoncer des carrosseries « 100 % galvanisées ». Ces tôles sont préprotégées en continu sur toute leur surface, chez les sidérurgistes, et arrivent chez le constructeur automobile sous forme de bobines. Après découpe en flans et mise en forme par emboutissage, les pièces sont assemblées entre elles pour former la carrosserie. Les zones non protégées par la mise en peinture ultérieure, comme les accostages de tôles sont ainsi protégées par le prérevêtement initial.

Pour des raisons économiques, de capacité d'installation industrielles et de cadence, les assemblages entre tôles sont généralement réalisés par des soudures électriques par points. Les protections à base de zinc, par leur constitution, constituent des résistances d'isolation électriques ou des pollutions de pointe d'électrode de soudage qui peuvent entraîner des non-conformités de qualité de tenue mécanique ou des entretiens des moyens de soudage trop fréquents. Les épaisseurs de prérevêtements à base de zinc ne peuvent généralement pas excéder une dizaine de micromètres.

Le revêtement des tôles préprotégées peut être en zinc pur (ou légèrement allié), déposé par électrolyse ou au trempé à chaud. Les dépôts électrolytiques permettent des protections sur une ou deux faces des tôles avec des épaisseurs homogènes et régulières. Les dépôts au trempé à chaud ne permettent que des protections sur les deux faces avec des épaisseurs moins homogènes bien que les procédés actuels de déposition, bien maîtrisés par les sidérurgistes, conduisent à des épaisseurs plus régulières. Des variations d'épaisseurs non contrôlées de revêtement de zinc entraînent des non-qualités des points de soudure.

Pour améliorer la tenue à la corrosion des tôles, en diminuant la vitesse d'attaque du zinc, le prérevêtement peut également être :

– un alliage zinc-fer obtenu par traitement thermique après galvanisation à chaud ou un alliage zinc-nickel déposé par électrolyse. Dans le premier cas, des risques de formation de cratères de la cataphorèse peuvent apparaître lors du dépôt ou de la cuisson ; dans le second cas, l'épaisseur de revêtement est faible ;

– du zinc pur ou un alliage zinc-nickel recouvert d'une couche de résine organique mince (ROM).

Les tôles prépeintes et tôles prérevêtues à base de zinc recouvertes d'une peinture sont peu utilisées en carrosserie. Ces tôles s'emboutissent sans endommagement de la protection mais sont chères, et la forte épaisseur de peinture joue un rôle d'isolant électrique pour l'assemblage par points de soudure. Utilisé pour toutes les pièces d'une carrosserie ou d'un sous-ensemble, avec des moyens d'assemblage autres que la soudure par point, ce type de tôle pourrait être une alternative au traitement de surface et à la mise en peinture cataphorèse.

Les protections à base de zinc sont également très employées pour les pièces mécaniques et celles rapportées sur la caisse peinte. Les dépôts sont souvent électrolytiques en vrac, au tonneau pour les petites pièces, ou à l'attache au cadre pour les autres pièces. Les revêtements peuvent être du zinc pur ou du zinc codéposé avec du nickel, du fer, du cobalt ou (en étude à l'heure actuelle) du manganèse. Les dépôts de zinc ont une finition de surface pour améliorer leur tenue anticorrosion, pour les critères d'aspect d'oxydation blanche et rouge. Ces finitions sont multiples et contiennent généralement du chrome hexavalent. Les réglementations européennes applicables à partir de juillet 2003, relatives au recyclage des véhicules et notamment concernant le chrome hexavalent, forcent les formulateurs à étudier et proposer de nouvelles finitions sans chrome hexavalent tout en conservant les tenues anticorrosion demandées.

Le procédé de dépôt électrolytique engendre la formation d'hydrogène qui peut migrer dans le métal constitutif de la pièce et provoquer des fragilisations avec ruptures différées si le métal est traité « haute résistance ». Dans ce cas, une opération de dégazage des pièces est obligatoire après le dépôt de protection.

Pour les pièces mécaniques ou rapportées, une autre protection consiste en un dépôt à froid d'un revêtement à base de zinc lamellaire par immersion ou par pulvérisation. Ce type de protection n'est pas fragilisant, d'autant plus qu'une cuisson du revêtement a lieu après le dépôt.

Depuis quelques années, certaines pièces métalliques assemblées comme des bras de roue ou des berceaux moteurs sont protégées par galvanisation à chaud. Ce procédé réalisé au trempé conduit à des épaisseurs de zinc plus importantes qu'avec les autres procédés, protège l'intérieur des corps creux de la pièce et les tranches de découpe, pénètre dans les accostages et/ou joue le rôle d'étanchéité en bordure des accostages. L'épaisseur de zinc déposé dépend de la composition de l'acier : les fortes teneurs en silicium et en phosphore provoquent des épaisseurs importantes de zinc, ce qui peut conduire à des tenues en fatigue diminuées. Le procédé de galvanisation doit être pris en compte dès la conception de la pièce, pour la pénétration et l'évacuation du zinc liquide et pour éviter le maximum de reprises.

## 5.6. Les protections complémentaires

Pour certaines zones du véhicule, fortement agressées par le milieu environnant, les protections par peinture ou au zinc ne sont pas suffisantes pour assurer les garanties et les objectifs de tenue à la corrosion. Des protections complémentaires sont alors nécessaires.

Dans les zones soumises aux gravillons et pour empêcher les impacts jusqu'à la tôle :

– pulvérisation de mastics antigravillonnage en soubassement, avec peinture en cataphorèse seulement, dans les zones de projections des roues ;

– utilisation d'apprêts antigravillonnages en gamme de finition peinture, avant base et vernis, dans les zones basses de la peau extérieure de la carrosserie ;

– utilisation de protecteurs plastiques jouant le rôle d'écran.

Pour des raisons de coût et d'assemblage par points de soudure, les épaisseurs de revêtement des tôles préprotégées ne peuvent pas excéder une dizaine de micromètres. Les interstices des accostages entre tôles, sans peinture, sont insuffisamment protégés pour assurer les garanties actuelles de douze ans contre la corrosion de perforation. Les protections complémentaires ont pour but d'empêcher que le milieu environnant agressif vienne en contact avec les surfaces métalliques non peintes :

– utilisation de colles ou de mastics dans les zones d'accostage en chaîne tôlerie, c'est-à-dire avant assemblage des éléments. Dans ce cas, le produit doit remplir tout l'interstice de l'accostage ou avoir un rôle d'étanchéité en lisière de l'accostage ;

– utilisation de mastics en lisière extérieure de l'accostage en chaîne peinture, c'est-à-dire après peinture cataphorèse. Le produit joue alors un rôle d'étanchéité vis-à-vis des projections extérieures. Le produit protège également contre la corrosion des bords de découpe des tôles sur lesquels une faiblesse de gamme peinture existe ;

– pulvérisation ou injection de cires à l'intérieur des corps creux. Le rôle du produit est soit d'isoler les surfaces s'il pénètre dans l'interstice de l'accostage, soit de réaliser l'étanchéité de la liaison interne de l'accostage d'un corps creux. Le produit améliore également la tenue à la corrosion des pleins panneaux internes des corps creux protégés par des épaisseurs plus faibles de peinture cataphorèse.

La corrosion par l'intérieur des corps de soubassement est causée par des liquides pollués dus aux projections lors du roulage, qui pénètrent par les trous nécessaires pour la dépose de la peinture cataphorèse et pour le montage de pièces comme par exemple la fixation des sièges. Pour limiter les pénétrations, les trous doivent être bouchés par des obturateurs. Un corps creux n'étant jamais parfaitement étanche à toute pénétration de liquide, des points d'évacuation doivent être prévus pour pallier tout risque de rétention.

## 5.7. Choix des protections

En dehors de la tenue anticorrosion intrinsèque des pièces, les problèmes à résoudre sont relatifs aux couplages galvaniques au niveau des assemblages entre matériaux de nature différente, par exemple : assemblage mixte entre deux pièces en aluminium, en magnésium, en acier ou en fonte et/ou également entre une pièce et son moyen de fixation. Le montage des pièces mécaniques est souvent réalisé par des fixations de type visserie. Ce type de fixation assure le contact électrique entre les pièces et, en contact avec le milieu environnant, le phénomène de corrosion galvanique se développe. Les choix du produit de protection et de la finition de surface sont très importants sur la tenue anticorrosion de l'assemblage.

La lutte contre la corrosion doit être prise en compte dès la conception. Pour chaque zone du véhicule, le dessin des pièces et des assemblages et la spécification des produits de protection doivent tenir compte du niveau d'agression « corrosion » de la zone, comme par exemple :

– forme et positionnement des accostages par rapport au sens de roulage du véhicule pour limiter les projections et pénétrations de liquides ;

– trous de corps creux bien orientés pour évacuer les liquides et éviter le remplissage des corps creux ;

– accessibilité des zones à protéger pour les produits complémentaires injectés, pulvérisés ou déposés ;

– nature et épaisseur des protections des tôles prérevêtues et des pièces mécaniques ;

– isolation électrique ou diminution de l'effet galvanique lors d'assemblage entre pièces en matériaux de nature différente...

Sur un véhicule, les phénomènes de corrosion étant très variés et les exigences de tenue de plus en plus longues, la lutte contre la corrosion est souvent assurée par des associations de protection. Le choix des protections est un compromis entre :

– l'obtention de la qualité pour assurer les exigences ;

– le coût d'achat des protections ;

– les moyens industriels existants ;

– la mise en œuvre industrielle et les coûts associés à cette mise en œuvre.

Chapitre 6

# Corrosion dans le génie civil, les ouvrages d'art et le bâtiment

Que ce soit dans le domaine des ouvrages d'art, du génie civil ou du bâtiment, les phénomènes de corrosion des armatures du béton sont les dégradations les plus fréquentes des ouvrages en béton armé. Ils entraînent des coûts importants de maintenance, de réparation, et peuvent dans certains cas mettre en cause la sécurité des structures.

Toutefois, la corrosion contribue à détériorer d'autres éléments des ouvrages et de bâtiments. La diversité des environnements (atmosphère, sols, eaux), des matériaux et le fait que bien souvent aucune action ne soit possible pour modifier ces milieux rendent les problèmes parfois complexes et nécessitent un strict respect des règles de construction et de mise en œuvre.

L'objet de ce chapitre est de décrire les principaux phénomènes de corrosion relatifs à ces grands domaines de la construction, en citant à chaque fois les principales règles appliquées.

## 6.1. Ouvrages d'art et génie civil

Les ouvrages d'art du génie civil tels que les ponts, ouvrages de soutènement, les portiques, les potences, les bâtiments de grande hauteur ou de grande portée ou les quais sont implantés dans des milieux naturels et sont ainsi exposés à l'action des

---

Chapitre rédigé par Guy TACHÉ et André RAHARINAIVO.

atmosphères, des eaux et des sols, avec lesquels ils sont en contact. Ces ouvrages nécessitent, par ailleurs, de grandes quantités de matériaux qui doivent donc être facilement disponibles et coûter le moins cher possible, compte tenu des exigences de durabilité et de l'aptitude au contrôle et à l'entretien de la structure. Ils sont donc très généralement en béton ou en acier non allié. Leur tenue dans le temps dépend fortement de leur résistance aux actions de leur environnement qui est très difficile à maîtriser. C'est pourquoi la protection contre la corrosion de ces ouvrages ne porte pas sur leur milieu environnant, comme dans l'industrie. Elle ne porte pas non plus sur la nuance des matériaux métalliques, parce que ceux-ci doivent être aussi économiques que possible. Les métaux utilisés sont le plus souvent des aciers non alliés, au sens de la norme NF EN 10021. Il s'agit des aciers pour béton armé, pour béton précontraint, pour construction métallique, pour palplanches ou pieux et des armatures de renforcement des sols. Pour quelques applications, des alliages d'aluminium et des aciers inoxydables sont mis en œuvre.

La réglementation s'appuie pour le choix, le contrôle et la composition des matériaux (métaux-bétons-matériaux de remblai) sur des essais conduisant à la certification de produits ou à l'aptitude de leur emploi pour un ouvrage ou une série d'ouvrages. Parmi ces essais, certains sont liés aux phénomènes de corrosion des métaux qui les affectent ou peuvent les affecter en cas de malfaçon ou d'insuffisance d'entretien. Ces phénomènes sont pris en compte dans la conception des ouvrages et le suivi de leur intégrité.

La durabilité des constructions de génie civil est ainsi fondée sur une bonne conception, sur leur mise en œuvre et leurs conditions de service.

### 6.1.1. *Types de corrosion affectant les métaux dans les ouvrages d'art*

#### 6.1.1.1. *Corrosion atmosphérique*

Presque partout, l'hygrométrie atmosphérique (taux d'humidité dans l'air) est en permanence ou périodiquement suffisamment élevée pour que les chutes de température nocturne provoquent la condensation d'eau sur les surfaces en contact avec l'atmosphère.

En France, les atmosphères sont classées vis-à-vis de leur corrosivité à l'égard des métaux, en quatre grandes classes :

– les atmosphères rurales : « peu corrosives »,

– les atmosphères urbaines : corrosives,

– les atmosphères industrielles et les atmosphères maritimes : « très corrosives ».

Ce classement global doit être nuancé par des particularismes locaux tels que :

– la proximité de plans d'eau, rivières ou estuaires et les zones de montagne où de très grandes quantités d'eau de condensation se forment ;

– la proximité de milieux où des matières organiques sont en décomposition : marais, décharges d'ordures ménagères...

6.1.1.2. *Corrosion des métaux immergés*

La corrosivité des eaux dépend de la nature de la teneur des divers éléments qui y sont dissous, de leur température et de leur vitesse de déplacement au contact des structures. Les eaux très pures sont agressives, à l'opposé, les eaux chargées en sels et plus particulièrement en chlorures et sulfates sont aussi très corrosives. Les eaux douces sont réputées peu corrosives en l'absence de pollution (pH neutre, faible conductivité, taux de sels dissous faibles).

Pour les ouvrages métalliques en site maritime, des données quantitatives concernant la corrosion des métaux, les méthodes de contrôle et les technologies de protection existent.

6.1.1.3. *Corrosion des ouvrages métalliques dans les sols*

Certains ouvrages enterrés comprennent des éléments métalliques qui sont au contact direct du sol. Il s'agit des buses, des tirants dits passifs, des pieux ou des éléments pour le renforcement des sols. Ces sols sont :

– soit des « terrains » en place dans lesquels les éléments métalliques tels que les pieux sont mis en place par fonçage ;

– soit des remblais rapportés et placés autour des éléments métalliques.

Il convient de remarquer que ces remblais ne doivent pas contenir de corps biologiques tels que des animaux (vers, etc.), des bactéries ou des racines. D'une façon générale, les sols pour ouvrages de génie civil sont nettement distincts des sols agricoles.

6.1.1.3.1. Les éléments mis en place par fonçage

Il est évident que les éléments métalliques mis en place par fonçage, tels que les pieux, ne peuvent pas être entretenus régulièrement. De plus, il est impossible de changer ces sols. La solution pour maîtriser la durabilité de ces ouvrages consiste donc à déterminer l'agressivité des sols concernés et à prendre les mesures les plus appropriées pour la protection des éléments métalliques. Cette protection est fondée sur le fait que les produits de corrosion des aciers au contact de sols non remaniés forment une gangue compacte qui ralentit progressivement la corrosion métallique. Il suffit donc en général de prévoir une épaisseur supplémentaire, dite « épaisseur d'acier sacrifiée », pour que les produits de corrosion finissent par annuler la vitesse de corrosion, lorsque cette gangue est assez épaisse.

6.1.1.3.2. Les éléments métalliques placés dans des remblais

Les remblais à placer autour d'éléments métalliques peuvent, dans une certaine mesure, être choisis. Ce choix se fait sur des critères tant mécaniques que physicochimiques pour assurer la stabilité et la durabilité des ouvrages. Ainsi, des mesures et analyses permettent de choisir les remblais qui ne dégradent pas trop vite les éléments métalliques à leur contact.

6.1.1.3.3. La conception des ouvrages enterrés prenant en compte la corrosion

Pour tous les ouvrages comprenant des éléments métalliques enterrés, il existe des normes qui permettent soit de prévoir les protections autour d'éléments mis en place par fonçage (norme expérimentale A 05-251), soit de choisir les remblais (norme expérimentale A 05-252). Ces documents spécifient les analyses et essais à effectuer.

### 6.1.2. *Les aciers utilisés et leurs protections*

6.1.2.1. *Les aciers pour constructions métalliques*

Les palplanches, pieux, tubes, buses, profilés, tôles, larges plats... sont en aciers non alliés, définis par les normes NF EN 10025, NF EN 10113, NF EN 10137 et NF EN 10155. Ces aciers sont revêtus de peintures s'ils sont exposés à l'atmosphère. Leur protection consiste alors en des revêtements par peintures, galvanisation ou métallisation. Il faut toutefois les associer à des dispositions constructives simples qui évitent la condensation ou la stagnation de l'eau et des poussières, les ruissellements et qui facilitent la mise en peinture.

Dans les sols et les eaux, ces aciers sont protégés de sorte que la durée de vie des ouvrages soit satisfaisante. Ces protection sont les suivantes :

– utilisation d'une épaisseur sacrificielle qui dépend de la durée de service prévue ;

– mise en place, sur toute ou partie des surfaces, d'un revêtement épais, de béton ou mortier, notamment en présence d'abrasion par les matériaux solides charriés par les eaux ;

– utilisation d'un revêtement métallique (galvanisation, métallisation au zinc, ou à l'alliage zinc-aluminium) ;

– mise en œuvre d'une protection cathodique à courant imposé ou à anodes sacrificielles dont l'efficacité et la longévité sont d'autant meilleures qu'elle est associée à un revêtement (peinture).

6.1.2.2. *Les câbles armatures et autres métaux à haute résistance*

Dans les ouvrages de génie civil, les câbles sont utilisés comme tirants d'ancrage actifs, câbles de précontrainte du béton ou câbles de suspension des ouvrages (haubans, câbles porteurs, suspentes).

Les aciers qui constituent les câbles sont généralement des aciers au carbone et manganèse et à haute limite d'élasticité (1 500 à 2 000 MPa). Chaque fil est obtenu par tréfilage à froid d'une structure perlitoferritique très fine ou par traitement de trempe martensitique ou de trempe bainitique. Des câbles de fils toronnés en aciers inoxydables sont également mis en œuvre dans les structures câblées porteuses de toitures ou servant au contreventement interne de parois vitrées.

Les câbles sont parfois remplacés, pour les éléments courts en béton précontraint, par des barres en aciers faiblement alliés durcies par traitement de trempe après laminage à chaud. Les autres éléments à haute résistance mis en œuvre en génie civil sont les éléments de liaison tels que les boulons à serrage contrôlé (acier 42 CD 4 trempé revenu) ou les axes (et goupilles) de fixation des chapes à œil (aciers 42 CD 4-30 CND 8-35 NCD 16 trempés ou trempés et revenus).

La principale forme de corrosion qui affecte ces éléments métalliques à haute résistance est la corrosion fissurante sous contrainte. Ils peuvent également être à l'origine de la formation de couples galvaniques (contact avec les gaines métalliques de précontrainte, etc.). Enfin, soumis à des contraintes relativement faibles mais variables, ils peuvent être le siège de phénomènes de corrosion généralisée ou sélective, de fretting-corrosion et de fretting-fatigue.

Les câbles de précontrainte sont protégés par injection des conduits qui les entourent à l'aide de coulis à base de ciment, de graisse ou de cire. Les câbles de suspension (hauban, etc.) sont protégés par un revêtement ou par injection de graisse et produit similaire dans une gaine qui les entoure.

Les boulons sont protégés par des revêtements métalliques (souvent de galvanisation) associés à une peinture ou une graisse.

6.1.2.3. *Les essais de qualification des aciers à haute résistance*

La sensibilité des aciers à haute résistance aux phénomènes de corrosion fissurante est déterminée par des essais conventionnels utilisant des milieux corrosifs adaptés aux applications particulières. Pour les aciers de précontrainte du béton, des seuils de durée de vie (avant rupture) sont imposés pour « homologuer » les productions des usines. Ainsi, les essais retenus en France pour la certification des armatures ou des systèmes de protection sont les suivants :

– l'essai de corrosion sous contrainte en présence d'une solution aqueuse de thiocyanate d'ammonium (200 g dans 800 g d'eau) portée à 50 °C (norme NF A 05 303) qui est un essai de fragilisation par l'hydrogène « dans la masse » ;

– l'essai de corrosion sous contrainte en présence d'eau distillée (NF A 05 302) qui est un essai plus long mais plus représentatif des conditions naturelles ;

– l'essai de traction lente en présence d'un milieu corrosif (ou fragilisant). Essai généralement utilisé pour connaître l'effet des gaz dissous ($H_2S$, $NH_3$, $SO_2$) et des traitements de protection (modification du pH) sur les tirants d'ancrage ;

– l'essai de polarisation cathodique d'un fil enroulé (sous contrainte) et immergé en milieu acide, spécifique des armatures utilisées pour la fabrication des tubes en béton précontraint.

Lorsque ces aciers comportent une protection, celle-ci est qualifiée par les essais suivants :

– l'essai en atmosphère humide saturée en $SO_2$ (NF T 30 055) appliqué pour les produits de protections (peintures) ;

– l'essai au brouillard salin (NF X 41 002) également pratiqué pour qualifier les systèmes de protection par revêtements.

6.1.2.4. *Les méthodes de contrôle des câbles en service*

Les techniques de contrôles non destructifs appliquées aux câbles pour évaluer leur intégrité ou suivre en temps réel leur évolution dérivent principalement des techniques de contrôle électromagnétique (courant de Foucault, variation de self, détection de fuites de champs électromagnétiques) et de celles d'émission acoustique (réception).

Le contrôle électromagnétique des zones de dissolution des couches d'un câble multitorons peut être effectué par la mesure de la self d'une bobine entourant le câble qui sert de noyau magnétique. Le champ magnétique peut être créé par un courant continu, par un aimant permanent ou par un courant alternatif. Il induit des courants de Foucault dont la valeur est perturbée par la conductivité des fils en fonction de leur degré d'oxydation (diminution de la résistivité des fils et de leur rouille).

La détection des fils rompus peut être effectuée de manière visuelle pour la couche externe ou par la détection des « fuites » de champs électromagnétiques provoquées par les discontinuités du noyau (câble) d'un circuit magnétisé par deux bobines et détecté par des capteurs à effet Hall ou des bobines déplacées parallèlement au câble.

Les zones non accessibles à ces techniques (ancrages, zone enrobée de béton, zone traversant un élément de structure) peuvent être contrôlées par endoscopie, radiographie ou à l'aide d'une chaîne d'écoute des émissions acoustiques qui sont provoquées par la rupture d'un fil ou la propagation d'une fissure.

## 6.2. Bâtiment

Les phénomènes de corrosion sont nombreux dans le domaine du bâtiment, du fait de la variété des métaux employés : acier (menuiserie, chauffage), acier galvanisé (canalisations d'eau sanitaire), aciers alliés (menuiserie), cuivre (canalisation d'eau et de gaz, couvertures), zinc (couvertures), aluminium (menuiserie, bardages).

Les plus complexes, car encore imparfaitement maîtrisés, sont ceux relatifs aux installations d'eau sanitaire en acier galvanisé ou en cuivre. Les problèmes de corrosion dans ces installations demeurent préoccupants malgré l'amélioration des règles de l'art et l'application de traitements d'eau. D'une manière générale, ils dépendent des paramètres suivants :

– la nature des matériaux (cuivre ou acier galvanisé) ;

– la qualité de l'eau ;

– les conditions de mise en œuvre ;

– le régime d'exploitation.

Pour les installations en acier galvanisé, il a été montré que la bonne tenue du revêtement est essentiellement due à la formation de couches protectrices à sa surface. Les meilleures conditions pour l'obtention de dépôts protecteurs sans amorce de corrosion locale sont une eau moyennement dure, bicarbonatée, en circulation continue, aérée, à température modérée (< 50 °C). Le dépôt est alors compact et adhérent même s'il présente de nombreuses discontinuités. En leur absence (eau peu aérée, stagnante...), des dépôts d'hydroxyde de zinc $Zn(OH)_2$ se forment. Or ceux-ci n'ont aucun caractère protecteur et le dépôt peut être poreux et perméable aux agents agressifs, tels que les chlorures.

Ces dépôts peuvent parfois se détacher des parois et être véhiculés dans l'installation. Il se forme alors ce que l'on appelle « l'*effet de sable* », bien connu des utilisateurs (obturation des filtres des robinets). Ce dépôt n'est en fait composé que de particules de carbonates basiques de zinc et est le signe avant-coureur de phénomènes de corrosion. Toutefois, si ces conditions ne sont pas réunies (installations mal entretenues ou présentant des zones à faible circulation), la corrosion peut s'amorcer (phénomène d'eau rouge, et enfin perforations).

Les canalisations en cuivre sont largement utilisées en distribution d'eau. Après avoir été dans les années 1960 et 1970 à la pointe de l'actualité en ce qui concerne les désordres occasionnés par la corrosion, dans les circuits d'eau sanitaire, les phénomènes de corrosion des tuyauteries en tube de cuivre, s'ils ont régressé, demeurent malgré tout préoccupants. En effet, ils représentent près de 90 % des sinistres recensés dans le domaine de la distribution d'eau sanitaire, eau froide et eau chaude. Près de la moitié des désordres a été attribuée à des erreurs de mise en œuvre et plus de 30 % à des vices de produit.

Le cuivre, comme tout métal, doit à la formation sur sa surface de couches uniformes, continues, adhérentes et protectrices, son excellente résistance à la corrosion. Toutefois, plusieurs types de corrosion sont à l'origine de percements se produisant à plus ou moins courts termes. Certains d'entre eux sont liés à la nature du tube (« pitting de type 1 » et matières carbonées), à l'installation elle-même (phénomène d'érosion), ou aux conditions de mise en œuvre des tubes (flux de brasures, hautes températures). Ils peuvent être facilement évités par le respect des règles de l'art.

Certains échappent toutefois aux cas traditionnellement rencontrés. Les paramètres communs à ces cas particuliers de corrosion sont l'utilisation de tubes écrouis (dont la provenance est variée), la réalisation d'un recuit local sur le chantier lors de la mise en œuvre de brasures à haute température (du type cuivre phosphore) ou d'opérations de cintrage, la position horizontale des canalisations, la formation de dépôts de malachite au faciès particulier (sous forme de cordon, ou d'amas de pustules, essentiellement sur la génératrice inférieure, l'attaque importante du cuivre sous ces dépôts, avec la présence de chlorure cuivreux et d'oxyde cuivreux, la présence à proximité de dépôts blancs de calcite, dont la morphologie ne permet pas de mettre en évidence leur provenance externe.

Par ailleurs, la nature de l'eau joue un rôle important. *Les eaux de forage* semblent présenter plus de risques. En effet, les eaux de surface, du fait de la présence de matières organiques, ont un pouvoir d'inhibition de la corrosion. Les conditions de mise en œuvre sont également primordiales. Les brasures sont un point faible dans l'installation. Il est mis en évidence le fait que l'utilisation *de brasage de type Cu P* induit une surchauffe locale se traduisant par la modification de la structure cristalline du cuivre sur une grande longueur, susceptible de modifier les couches protectrices et d'amorcer des phénomènes de corrosion. Enfin, comme pour le cas de l'acier galvanisé, il existe des installations à risque : celles dont les conditions d'exploitation sont irrégulières, présentant de longues périodes de stagnations notamment (ou à renouvellement aléatoire).

Ainsi, les solutions, afin d'éviter ces problèmes, sont d'utiliser modérément des brasures Cu/P et un recuit local à haute température, de proposer un type de tube ou de mise en œuvre en fonction de la qualité de l'eau, de mettre en œuvre des filtres en amont des installations, de nettoyer soigneusement les réseaux avant mise en service, d'attirer l'attention sur les installations à risque (à faible consommation ou à exploitation irrégulière), d'utiliser dans une même installation des tubes de provenance identique, et enfin de limiter la vitesse de circulation dans un circuit bouclé.

## 6.3. Ouvrages en béton armé

Le béton est un matériau de choix pour la construction des bâtiments :

– il résiste à l'eau ;

– il est aisément façonnable ;

– il ne coûte pas cher, les matières premières qui le composent étant présentes en quantité dans la nature ;

– sa maintenance est réduite ;

– associé aux armatures, il résiste à toutes sortes de sollicitations mécaniques (traction, flexion, etc.).

Ces qualités ont pourtant un revers, car le béton réagit en permanence avec le milieu environnant (température, gaz, sels agressifs) et vieillit. Sa durabilité est fonction de la conception de l'ouvrage, du choix des matériaux de la mise en œuvre et de son environnement. La corrosion des armatures est la principale cause d'accélération du vieillissement des ouvrages.

### 6.3.1. *Mécanisme*

Le béton offre une double protection aux armatures :

– une protection chimique, due à la solution interstitielle qui possède un pH très élevé (de l'ordre de 13). Dans ces conditions, l'acier est recouvert d'un film passif formé d'oxyhydroxydes plus ou moins hydratés, de faible épaisseur (10-20 Angströms), qui réagit en permanence avec l'environnement, notamment avec les chlorures ;

– une protection physique, l'enrobage jouant le rôle de barrière vis à vis de cet environnement (3 cm en milieu non agressif, 5 cm en milieu marin). La qualité de cet enrobage est essentielle (compacité, teneur en ciment...).

Toutefois, cet équilibre peut être rompu à la suite des processus suivants :

– la carbonatation : c'est le vieillissement naturel du béton. Le gaz carbonique de l'air neutralise la chaux du béton, qui constitue la réserve alcaline. La couche passive se dissout alors, dès que le pH devient inférieur à 9. La vitesse de carbonatation est fonction de la racine carrée du temps ;

– les chlorures. Les ions pénètrent au travers de la structure poreuse du béton. Lorsque leur teneur atteint ou dépasse 0,4 à 0,6 % par rapport au ciment, au droit de l'armature, la corrosion s'amorce, vraisemblablement par destruction de la couche passive, formation de cellules occluses et modifications locales du milieu (acidifications) entraînant la formation d'oxydes de fer.

L'attaque ainsi amorcée se poursuit ensuite en fonction de la teneur en humidité du béton et de la facilité de l'apport en oxygène. Des oxydes expansifs se forment, conduisant à la rupture de l'enrobage (fissures, éclats, épaufrures...).

Le mécanisme de la corrosion des armatures peut donc être décrit globalement en deux phases successives :

– phase d'amorçage : période pendant laquelle les éléments agressifs pénètrent jusqu'à l'armature au travers de la couverture de béton et induisent la corrosion ;

– phase de croissance : période pendant laquelle la corrosion se poursuit avec une certaine vitesse, conduisant à la formation de rouille et aux stades ultimes de dégradation.

### 6.3.2. *Types d'ouvrages concernés*

Les ouvrages concernés sont les suivants.

Bâtiments : les acrotères et les balcons, dans toutes les atmosphères, les éléments verticaux et terrasses, en milieu industriel et maritime, sont le plus fréquemment cités. Ce sont bien sûr les éléments les plus sensibles des bâtiments.

Bâtiments industriels : poteaux et dalles. Ces éléments sont en effet assez souvent soumis à des expositions d'agents chimiques. Il parait surprenant que les poutres ne soient pas plus souvent citées, étant un élément particulièrement sensible des constructions industrielles, car supportant parfois les dalles de plancher. Certaines sont parfois dans des états assez surprenants.

Parkings : poutres et dalles, en milieu maritime ou montagneux. Cela est lié dans les deux cas à la présence des chlorures (provenant respectivement de l'eau de mer et des sels de déverglaçage). Il faut savoir que nombre de dalles sont précontraintes, accroissant ainsi le danger de la corrosion.

Composants de structures préfabriquées : il ne semble pas que des problèmes importants soient à signaler dans cette rubrique, du fait probablement que les bétons sont mieux soignés et mieux mis en œuvre. Toutefois, les poteaux de lignes électriques semblent être un objet de préoccupation. Il faut savoir qu'il existe en France un parc immense de poteaux en béton armé (environ un pour deux habitants), dont les plus anciens ont plus de 60 ans. Il existe également une importante pathologie due à l'utilisation dans les années 1960-1980 d'accélérateurs de prise à base de chlorures de calcium. Cela concerne des panneaux de façade, des acrotères, etc.

Ponts et ouvrages d'art : dans cette catégorie de réponses, il semble que les zones les plus sensibles soient les tabliers, les appuis en superstructures et les équipements de tablier (ou l'influence des sels de déverglaçage est importante).

Réservoirs (enterrés, au sol, aériens). Le principal problème de ces structures est lié aux problèmes de fuites d'eau, qui sont dus soit à la présence de fissures (d'origines diverses : thermiques, mécaniques...), soit à celle de défauts des corrosions d'armature, notamment si le milieu contient des sels agressifs (chlorures). Sur les structures existantes souffrant de fissures ou de fuites diffuses, les réparations consistent à colmater les défauts ou à installer une étanchéité.

Silos : les silos pour le stockage des matériaux granuleux ou poudreux (céréales, ciments...) sont soumis à de fortes contraintes, notamment pendant les périodes de chargement et déchargement. Ces contraintes induisent des fissures, verticales ou horizontales. Celles-ci peuvent être à l'origine de pénétration d'eau, engendrant une corrosion des armatures.

Aéroréfrigérants industriels, de centrale nucléaire : ces structures sont soumises à un environnement sévère (brouillard d'eau sous forme de vapeur ou de gouttelettes entraînées à l'intérieur, soleil, pluie ou gel à l'extérieur) engendrant des contraintes amorçant des fissures. Par ailleurs, le fort gradient hydrique est à l'origine d'un transfert de vapeur d'eau pouvant être la source d'altération du béton.

Cheminées : les cheminées (industrielles notamment) sont soumises à un environnement très sévère, acide particulièrement (acides sulfurique et chlorhydrique). Le fût souffre donc de phénomènes dus à la neutralisation de l'alcalinité du béton d'une part et d'attaque sulfatique d'autre part (par formation de gypse). Cette attaque est parfois très profonde et souvent irrégulière en fonction de la hauteur.

Structures portuaires : celles situées en bord de mer souffrent de l'agression due aux chlorures. L'intensité de la corrosion est liée à l'agressivité du milieu (zone de marnage, d'éclaboussures, d'embruns). Des défauts d'enrobage ou de qualité du béton sont alors immédiatement mis en évidence.

Canalisations en béton armé et précontraint : la plupart sont enterrées et des ruptures surviennent lorsque la protection du b éton n'est plus suffisante (carbonatation, présence de chlorures).

Il faut également signaler les monuments historiques ou les bâtiments classés en béton armé, de plus en plus nombreux, qui possèdent leurs contraintes propres, notamment en termes de réparation.

Les principaux désordres relevés sont de plusieurs nature :

– fissures. Elles sont de plusieurs types : de retrait, thermiques, structurelles ou mécaniques, d'autodessiccation (pour les bétons à hautes performances), etc. ;

– défauts macroscopiques du béton. Ce sont les défauts susceptibles d'abaisser ses qualités telles que la résistance, augmenter sa porosité ;

– altérations de surface. Il peut s'agir d'attaques chimiques (dont les réseaux d'assainissement), de dégradations suite à un incendie, d'érosion, etc.

Par ailleurs, les maladies internes du béton, dues à ses propres constituants (alcali-réaction, ettringite différée...) sont des cas particuliers engendrant des désordres divers (fissuration, déformation).

### 6.3.3. *Protection naturelle*

#### 6.3.3.1. *Principes de la protection des armatures*

La confection d'un « bon béton », d'un enrobage suffisant sont les premières règles de la protection, ce qui nécessite donc un minimum de ciment (réserve alcaline), une protection suffisante par l'épaisseur de la barrière protectrice et un béton le plus compact possible pour résister aux actions de l'environnement. Cela se réalise par le respect de certaines règles de l'art précisées dans certains documents :

– DTU 23 : murs en béton banché ;

– DTU 21: exécution des travaux en béton (norme P 18201) ;

– Règles BAEL 91 et autres équivalentes.

#### 6.6.3.2. *Enrobage*

Il doit être de 5, 3, 2, ou 1 cm suivant les conditions de l'environnement et d'exposition : 3 cm dans les cas d'exposition courante, 5 cm dans le cas d'exposition aux embruns ou aux brouillards salins, en l'absence de protection complémentaire. Il faut préciser que l'enrobage a été porté de 4 à 5 cm (par rapport aux anciennes règles) sauf protection supplémentaire des armatures. Par ailleurs, « les enrobages doivent être strictement assurés à l'exécution », c'est-à-dire qu'ils ne comportent aucune tolérance en plus ou en moins par rapport à la valeur nominale.

#### 6.6.3.3. *Qualité du béton*

Elle est assurée dans un premier temps par une quantité suffisante de ciment. Il est à noter que la résistance n'est pas un paramètre de durabilité, bien qu'elle y soit lié. Un minimum de ciment est nécessaire. Il est précisé que « pour assurer un bon enrobage et une bonne protection des armatures..., les dosages usuels oscillent entre 350 et 400 kg de ciment par mètre cube de béton ». Il est vrai que la nature même du ciment n'est pas précisée. Bien évidemment, les règles de bonne construction doivent être respectées : facilité de mise en place du béton, cure, etc.

6.6.3.4. *Limitation de la fissuration*

Si les fissures peuvent compromettre l'aspect des parements, l'étanchéité des parois ou la tenue des armatures vis-à-vis de la corrosion, il apparaît qu'il n'est pas possible de fixer des ouvertures limites de fissures. En effet, les fissures peuvent, dans de nombreuses circonstances, se colmater (dépôts de calcite). Toutefois, dans des conditions dynamiques, ces dépôts peuvent ne pas se former et la corrosion peut s'amorcer. La durabilité ne parait liée qu'à un ordre de grandeur de l'ouverture des fissures, de l'ordre de quelques dixièmes de millimètres. Les paramètres suivants entrent en ligne de compte : l'environnement, la nature de la structure, l'utilisation de l'ouvrage, la limite élastique de l'acier. Des dispositions constructives sont basées sur une répartition convenable des armatures de peau, l'écartement des barres, la limite de contrainte de l'acier à la traction en service.

### 6.3.4. *Diagnostic*

Il existe des outils de diagnostic, appliqués de manière courante sur les ouvrages, avec chacune sa spécificité, ses limites et ses incertitudes.

La corrosion des armatures a souvent pour conséquences des symptômes visibles sur le parement, tels que des éclats, épaufrures, taches de rouille. Dans certaines circonstances également, une délamination dans le lit des armatures peut se produire, sans signes apparents. La forme, l'étendue des désordres, leur intensité dépendent à la fois de la position des armatures (enrobage et espacement), de la qualité du béton d'enrobage et de son homogénéité, de la nature de l'agent agressif. Ainsi, lorsqu'une corrosion devient visible, il est raisonnable de s'attendre à ce que les zones dégradées soient plus étendues que ce qui est apparent.

Dans la grande majorité des cas, l'origine des problèmes est liée aux trois paramètres suivants :

- l'enrobage des aciers,
- la qualité du béton,
- la nature et la pénétration de l'agent agressif (carbonatation, chlorures).

Le diagnostic a pour objectif général de répondre aux questions suivantes :

1) quelle est la nature des désordres ?

2) quelle est leur étendue ?

3) quelle est leur évolution probable ?

4) quelle est l'incidence de ces désordres sur la sécurité ?

5) l'ouvrage est-il réparable et par quelle méthode ?

Les techniques auxquelles le diagnostic fait appel sont nombreuses et variées : chimie, physique, microscopie, électrochimie, instrumentation et traitement du signal, mathématiques (modélisation).

En pratique, les outils suivants sont utilisés :

– mesures d'enrobage : les appareils de mesure sont fondés sur des principes magnétiques, radar, courant de Foucault (eddy current), ou utilisent des ondes ultrasonores ;

– mesures de perméabilité (à l'air, à l'eau) ;

– méthodes électrochimiques :

- mesures de potentiel : cette méthode permet la détection de la dépassivation des armatures. Elle peut être utilisée en inspection (elle permet alors la localisation de prélèvements, de mesures complémentaires), pendant les opérations de réparation (localisation précise des zones à réparer), après la réparation, comme outil de contrôle. En surveillance continue, elle autorise également la détection d'un phénomène bien avant qu'un désordre ne soit visible en surface et ainsi de mieux planifier les réparations. C'est par le tracé des cartographies et l'étude des gradients que, grâce au développement des méthodes informatiques et de stockage des données rendant les interprétations plus fiables et plus précises, les mesures de potentiel se sont développées. Il existe toutefois des restrictions, notamment pour le béton immergé ou enterré ;

- résistance de polarisation : cette méthode est basée sur la linéarité des courbes intensité/potentiel au voisinage du potentiel de corrosion libre. La pente de la droite $\Delta E/\Delta I$ exprime la résistance de polarisation Rp, qui est reliée au courant de corrosion par $I_{corr} = B/Rp*A$, où B est une constante et A la surface concernée par la polarisation. Malgré plusieurs restrictions, en mesurant Rp périodiquement, il est possible de contrôler l'évolution du processus de corrosion d'identifier les zones à forte activité corrosive et de prédire une durée de vie résiduelle pour la structure considérée. Une méthodologie est décrite par la RILEM. Une validation est nécessaire ;

- mesures de résistivité : ce type de mesure électrique est utilisé en parallèle avec les mesures de potentiel, pour affiner le diagnostic de la corrosion. En effet, la vitesse de corrosion est contrôlée par la facilité avec laquelle les ions passent au travers du béton, en solution, d'une zone anodique à une zone cathodique. Ainsi, de larges gradients de potentiel associés à de faibles résistivités seront caractéristiques de fortes vitesses de corrosion ;

- bruit électrochimique, impédances : ces méthodes consistent à traiter les signaux électrochimiques engendrés par le processus de corrosion (bruit électrochimique), ou les réponses à des signaux induits par l'opérateur (spectroscopie d'impédance). Ces fluctuations sont reliées aux processus de corrosion et des relations qualitatives sont possibles, ces relations sont dépendantes de chaque système. Méthodes de laboratoire, du fait du matériel sophistiqué pour le stockage et l'analyse des signaux, elles nécessitent un développement, visant sans doute à simplifier les procédures de mesure et d'exploitation ;

– estimation du degré de vieillissement du béton ou état de pollution :

- profondeur de carbonatation : parmi les méthodes de détermination de la profondeur de carbonatation, la plus simple à mettre en œuvre est le test à la phénolphtaléine. Il consiste à mesurer le front de coloration de ce colorant sensible au pH, que l'on pulvérise sur une coupe fraîche de béton. La méthode est adaptée de la méthode RILEM CPC 18. Des précautions sont toutefois nécessaires pour établir sa représentativité : il faut faire un suffisant grand nombre de déterminations, en tenant compte des orientations, de l'hétérogénéité possible du matériau, etc. Il n'existe pas à l'heure actuelle de méthode non destructive pour la détermination de la profondeur de carbonatation ;

- pénétration des chlorures : leur détermination est du plus grand intérêt. On distingue les *chlorures totaux* et *les chlorures libres*. Après avoir prélevé le matériau (la méthode la plus simple et la moins destructive consiste à utiliser une perceuse, munie de forêts ou de cloche) à des profondeurs croissantes, le dosage des chlorures totaux est effectué, après mise en solution acide. La détermination des chlorures libres, ou solubles dans l'eau, fait l'objet d'une procédure AFREM. Les teneurs en chlorures peuvent ensuite être rapportées à la teneur en ciment, en utilisant un élément traceur comme la silice soluble. Comme pour la profondeur de carbonatation, il n'existe pas de méthode non destructive pour l'évaluation de la pénétration des chlorures.

### 6.3.5. *Méthodes de protection*

#### 6.3.5.1. *Inhibiteurs de corrosion*

Plusieurs familles de produits sont disponibles. Les inhibiteurs de corrosion sont couramment utilisés dans l'industrie (chimique, pétrolière), dans des milieux très corrosifs, souvent acides. Les principes généraux d'action sont admis, même s'ils sont parfois complexes. Pour le béton armé qui est basique, ces produits ont fait leur apparition sur le marché depuis quelques années, en appoint à la réparation. Globalement, deux familles de produits existent :

– organiques, dont les molécules actives sont des amino-alcools ou des gluconates ;

– minéraux : à base de fluorophosphates.

Pour le béton armé en service, toutefois, le problème n'est pas simple. On demande en effet à ces produits :

– de pénétrer dans le béton et d'avoir une action rapide et vérifiable ;

– d'être performants pendant de nombreuses années ;

– d'être efficaces dans des bétons plus ou moins dégradés (carbonatation) et pollués (chlorures).

En outre, la pénétration au travers d'une couche de béton, matériau composite présentant d'importantes variations de qualité (compacité et humidité notamment), dépend de beaucoup de facteurs climatiques locaux. Toutefois, des études de laboratoire mettent en évidence des effets, même s'ils ne sont pas faciles à extrapoler sur ouvrages et plusieurs questions pratiques se posent encore. En outre, il n'existe pas de normes ou de certification quant à ces produits.

6.3.5.2. *Procédés électriques : protection cathodique, réalcalinisation, déchloruration*

La protection cathodique consiste à faire passer un courant électrique continu pendant toute la durée de vie de la structure, allant des armatures vers la surface du béton. Le courant est injecté à l'aide d'une alimentation, ou bien sous forme de pile galvanique (zinc projeté, feuilles de zinc collées, pastilles de zinc incorporées). Lors de la mise en œuvre, des précautions sont indispensables quant aux jonctions électriques entre les armatures, à la mise en place du treillis anodique. Quant à la maintenance, elle suppose la pose de sondes témoins dans le béton. Des contrôles du niveau du potentiel (si possible à plusieurs endroits) sont nécessaires.

La méthode de réalcalinisation concerne le béton dégradé par carbonatation (abaissement du pH), mais qui ne présente pas de grandes fissures, ni des épaufrures. Elle a pour but de rétablir une certaine alcalinité au sein du béton d'enrobage par l'intermédiaire d'un courant électrique, comme pour la protection cathodique, mais avec une valeur plus forte (de l'ordre de 1 $A/m^2$ d'acier contre 0,05 $A/m^2$). L'anode est enrobée d'une pâte à fibre de cellulose (en contact électrique avec le béton) imprégnée de solution basique (carbonate de sodium, etc.). Le courant est appliqué soit grâce à un générateur, soit à l'aide d'anodes sacrificielles en alliage d'aluminium. L'anode et tout le dispositif sont enlevés après le traitement. Les contrôles consistent à vérifier, à la fin du traitement, qu'une épaisseur suffisante de béton a retrouvé un pH assez élevé. Parmi les inconvénients de ce traitement, il faut noter les risques de fissuration du béton, notamment par « alcali-réaction » ou de fragilisations par l'hydrogène des aciers à haute résistance tendus (armatures de précontraintes par fils adhérents).

La technique de déchloruration de conception identique à la précédente a pour objet d'extraire les ions chlorures du béton. Le courant électrique est ici assez fort pour provoquer la migration des ions chlorures depuis les armatures vers la surface du béton. Il est à noter que si les chlorures sont fixés (non libres) au ciment ou s'ils ont pénétré au-delà des armatures, ils ne peuvent pas migrer. Les contrôles consistent à déterminer la concentration en chlorures après traitement.

Ainsi, les traitements de réalcalinisation et de déchloruration ont pour but de remettre le béton à son état initial. Ils doivent être complétés par des mesures additionnelles de réparation.

## 6.4. Conclusions

Le bâtiment, les travaux publics, le génie civil ne font pas appel le plus souvent à des matériaux sophistiqués. Les métaux notamment (acier, zinc, aluminium, cuivre principalement) sont des nuances courantes. Les environnements sont la plupart du temps naturels (eaux, sols, atmosphère). Toutefois, la diversité des situations fait que les problèmes de corrosion sont nombreux et variés.

Ils sont, la plupart du temps, pris en compte de manière directe ou indirecte dans la plupart des règles de construction, dont le respect permet d'éviter la plupart des problèmes :

– documents techniques unifiée (et normes correspondantes) ;

– cahiers des prescriptions techniques ;

– règles professionnelles ;

– etc.

Ces règles définissent :

– la nature et la qualité des matériaux et leur compatibilité avec les environnements,

– la mise en œuvre des produits,

– la surveillance et l'entretien.

Toutefois, les phénomènes de corrosion sont une part importante de désordres survenant sur des ouvrages, conduisant parfois à des expertises, et en tous cas à des réparations coûteuses. Une bonne connaissance des processus, des matériaux et des environnements est nécessaire pour mieux les appréhender.

## 6.5. Bibliographie

[CAR 97] CALGARO J., LACROIX R., *Maintenance et réparation des ponts*, Presses de l'ENPC, 1997.

[RAH 98] RAHARINAIVO A., ARLIGUIE G., CHAUSSADENT T., GRIMALDI G., POLLET V., TACHÉ G., *La corrosion et la protection des aciers dans le béton*, Presses de l'ENPC, 1998.

[TAC 98] TACHÉ G., GUDIN T., CRESSON R., *Corrosion et protection des métaux dans le bâtiment*, Cated, 1998.

# Chapitre 7

# Corrosion des biomatériaux

Un biomatériau est *un matériau non vivant utilisé et conçu pour interagir avec des systèmes biologiques*. Les biomatériaux sont au service des hommes dont ils tentent de préserver l'intégrité et le confort de vie à la suite de déficiences fonctionnelles ou de graves blessures. Ils peuvent être implantés dans le corps humain (prothèses, substituts de pertes de substances…) ou utilisés dans la construction des appareils d'assistance extracorporelle.

Les premières tentatives d'emploi de (bio)matériaux remontent à plus de 2 000 ans (pied artificiel, main articulée découverts en Egypte). Malgré les travaux d'Ambroise Paré au milieu du XVI$^{e}$ siècle (ligature des artères), ce n'est que vers 1950 que les biomatériaux ont conquis leur place. En ce début de XXI$^{e}$ siècle, les domaines d'emploi des biomatériaux concernent toutes les fonctions vitales de l'homme.

De manière non exhaustive, on peut citer les domaines de l'ophtalmologie, de l'odontologie-stomatologie (restauration dentaire, orthodontie, implants), reconstruction maxillo-faciale, de la chirurgie orthopédique (prothèses articulaires, comblement osseux, réparation des fractures, ligaments artificiels, cartilages…), de la chirurgie cardiovasculaire, de l'urologie, de l'endocrinologie, de la chirurgie esthétique…

Les matériaux élus à la vocation de biomatériaux se trouvent dans toutes les familles de matériaux : métaux et alliages, céramiques, polymères. Leur origine peut

---

Chapitre corrigé par Alain CORNET et Jean-Marc MEYER.

être synthétique ou naturelle (nacre, corail...). Depuis 1994, les biomatériaux sont « surveillés » par la Commission nationale de matériovigilance qui intervient sur tout incident constaté.

Dans cet ouvrage, consacré à la corrosion, nous nous limiterons à une classe particulière de biomatériaux constituée par les métaux et alliages utilisés en chirurgie ostéoarticulaire (prothèses d'articulations), pour la réparation des fractures (clous et plaques) et par ceux utilisés en chirurgie dentaire. Ces matériaux, comme la plupart des biomatériaux, sont multifonctions : comportement mécanique statique et dynamique, bon comportement au frottement, tenue à l'usure...

## 7.1. Emploi des biomatériaux métalliques

### 7.1.1. *Dentaire*

Outre les amalgames dentaires[1] qui sont utilisés pour obturer des cavités, on emploie des alliages à couler, parmi lesquels on distingue :

– les alliages à base de métaux nobles (alliages Au-Cu, Au-Pt, Pd-Ag et alliages à base de Pd) ;

– les alliages non nobles (ou non précieux) qui sont généralement à base de nickel et de chrome pour les prothèses fixées et à base de cobalt et chrome pour les prothèses partielles amovibles.

Les implants dentaires sont exclusivement en titane commercialement pur.

### 7.1.2. *Chirurgie ostéoarticulaire*

Les implants articulaires sont réalisés en acier inoxydable 316 L, en alliages cobalt-chrome ou en alliage de titane TA6V.

Les plaques et vis d'ostéosynthèse sont réalisées en TA6V ou en acier inoxydable 316 L.

1. Le comportement des amalgames dentaires est très controversé en raison de la présence du mercure. En fait, la stabilité des amalgames dentaires modernes (sans phase corrosive étain-mercure gamma-2) fait que la quantité de mercure relargué est faible.

### 7.2. Corrosion et biocompatibilité

Le corps humain est un milieu agressif en raison de la présence de chlorures et d'un pH voisin de 6,5 susceptible de varier, en particulier après implantation d'une prothèse.

Le milieu buccal est également très agressif en raison de la présence d'un électrolyte salivaire. Cet électrolyte contient des chlorures et son acidité varie selon le débit salivaire ; cette acidité peut aussi varier avec la consommation d'aliments plus ou moins acides, avec les médicaments, sous l'effet de régurgitations...

Pour étudier la corrosion, on utilise les méthodes potentiostatiques classiques mais ceci suppose, pour réaliser ces expériences *in vitro*, de disposer de milieux électrolytiques représentatifs.

En dentaire, on dispose de quelques électrolytes normalisés qui permettent de tracer des courbes intensité-potentiel et de classer les matériaux selon leur comportement (solution saline ISO 10993 et solution ISO 1562 contenant du chlorure de sodium 1M et de l'acide lactique 1M). L'interprétation des résultats est plus délicate. Dans le domaine industriel, on évalue la durée de vie d'une installation en fonction du courant de corrosion ; dans le corps humain, on doit se préoccuper de la nature et de la concentration des ions relargués par la corrosion.

Cette détermination est à la base des études de biocompatibilité[2].

### 7.3. Quelques exemples dans le domaine dentaire

A partir de 1988, des travaux ont été entrepris afin de « mettre en évidence les interactions entre la dégradation en bouche des alliages dentaires nobles et les effets que les produits de dégradation peuvent avoir sur l'organisme, tant au niveau de la cavité buccale que sur l'organisme entier » [MEY 96].

L'aspect original du travail était de corréler la corrosion, source des ions potentiellement dangereux, et la biocompatibilité, conséquence de la dissémination de ces ions dans l'organisme.

---

2. La biocompatibilité est la capacité d'un matériau à fonctionner dans un organisme vivant (notion de biofonctionnalité) avec une réponse appropriée de l'hôte (notion de biosécurité). Pour être déclaré biocompatible, un matériau doit satisfaire, selon son utilisation, à des tests biologiques prévus par les normes françaises ou européennes.

L'étude de la biocompatibilité commence par des essais sur cultures cellulaires en contrôlant très précisément le développement des cultures cellulaires, en étudiant l'effet de divers ions sur des cultures de fibroblastes et en mettant en évidence des corrélations entre nature des ions relargués et cytotoxicité.

On peut ainsi mettre en évidence des relations entre doses d'ions et survie des cellules et créer une échelle non linéaire de cytotoxicité des alliages, en fonction du taux de survie des cellules. Cette échelle permet de classer les alliages :

– groupe A : survie 90 à 100 % non cytotoxique ;

– groupe B : survie 70 à 89 % faiblement cytotoxique ;

– groupe C : survie 45 à 69 % moyennement cytotoxique ;

– groupe D : survie < à 44 % cytotoxique.

Cette méthode est particulièrement sensible : en comparant huit alliages constitués essentiellement d'or et de platine et contenant un peu de zinc, il a été montré que les alliages avec une teneur en zinc supérieure à 1,6 % sont cytotoxiques alors que ceux contenant moins de 1,6 % de zinc sont cytocompatibles. Ceci n'était certainement pas évident sur les courbes intensité-potentiel.

## 7.4. Chirurgie ostéoarticulaire : exemple de la prothèse totale de hanche

La prothèse totale de hanche (PTH) est la prothèse articulaire la plus fréquente (on en a posé plus de 110 000 en 2000). Elle s'adresse aux personnes qui souffrent, entre autres, de coxarthrose et consiste à remplacer la tête du fémur et le cartilage correspondant au niveau de la hanche par une articulation rapportée. Cette opération nécessite l'ablation de la tête fémorale et l'usinage du canal médullaire du fémur ; dans ce canal, on place la tige fémorale d'une PTH que l'on scelle avec un « ciment » à base de polymétacrylate de méthyle. Sur le bassin, on enlève le cartilage que l'on remplace par un cotyle artificiel que l'on scelle également avec le ciment acrylique (figure 7.1).

Les PTH sont réalisées en acier inoxydable 316 L, en alliages à base cobalt (Co-Cr-Mo-Ni) et en alliages de titane type TA6V. Les alliages à base cobalt résistent mieux à la corrosion que les aciers inoxydables mais, comme eux, présentent l'inconvénient d'un module d'élasticité trop élevé par rapport à celui des os. Les alliages de titane ont un module inférieur de moitié à celui des aciers et sont réputés résister à la corrosion ; en fait, ils ont une tenue à l'usure médiocre et l'on considère que le vanadium serait responsable de réactions d'intolérance, d'où la création de nuances dans lesquelles le vanadium est remplacé par du niobium.

Le cotyle est généralement réalisé en polyéthylène haute densité (UHMWPe) et c'est la tête métallique qui s'use en premier, car les débris d'usure s'enchâssent dans le polyéthylène selon un mécanisme bien connu. Pour résoudre ce problème, on peut :

– soit utiliser une prothèse en alliages cobalt qui résiste assez bien à l'usure,

– soit utiliser une prothèse à tête céramique rapportée, assemblée par emmanchement conique (voir détail sur la figure 7.1).

En pratique, les alliages de cobalt résistant à l'usure sont élaborés par coulée et ceux résistant à la fatigue par forgeage : on procède à un assemblage par soudure [REC 01]. Les têtes fémorales en céramique sont réalisées en alumine ou en zircone, mais on préfère souvent la zircone moins fragile.

Sur le plan de la corrosion, on a affaire à des systèmes complexes présentant différents risques de corrosions localisées [JAC 98, WIL 66]. Au niveau de la tige fémorale (repère C sur la figure), on observe une usure du métal provoquée par les micromouvements dus aux différences entre les modules d'élasticité. Dans le cas des alliages de titane, cette dégradation peut être très importante. On considère que l'opacifiant placé dans le ciment pour permettre le contrôle radiographique de l'opération ($ZrO_2$ ou $BaSO_4$) joue un rôle néfaste.

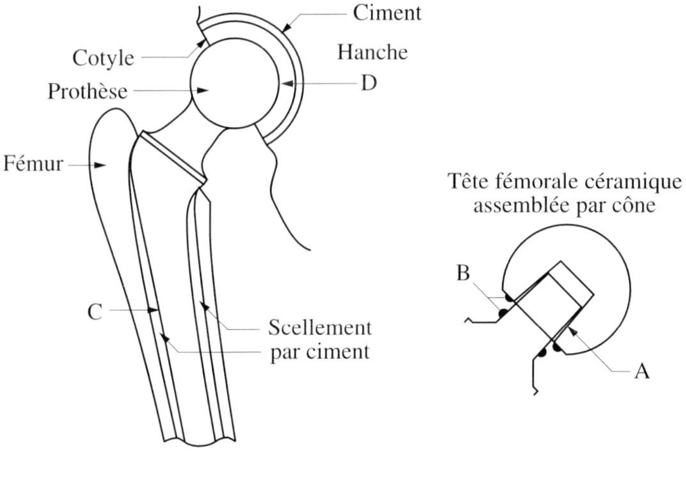


**Figure 7.1.** *Prothèse totale de hanche scellée par ciment acrylique. Le détail représente le cas d'une tête fémorale en céramique assemblée par cône. Les repères A, B, C et D sont commentés dans le texte*

Au niveau de l'emmanchement conique, on rencontre divers problèmes :

– en A, on observe une corrosion par crevasses (surface dégradée, présence d'oxydes et de chlorures) ;

– en B, on observe des dépôts de produits de corrosion venant des crevasses.

Ces difficultés n'amènent heureusement qu'un nombre limité d'échecs des PTH qui soulagent de nombreuses personnes mais nous montrent qu'il faut encore travailler sur l'amélioration des matériaux, des ciments, de la conception des prothèses.

## 7.5. Conclusions

Les courbes intensité-potentiel permettent de faire un préclassement des biomatériaux métalliques, mais les résultats doivent être validés par des tests de biocompatibilité.

En service, les implants réalisés avec ces biomatériaux subissent des sollicitations mécaniques qui agissent en synergie avec les phénomènes de corrosion. Cette corrosion devient essentiellement une corrosion localisée associée aux éléments en contact (usure-corrosion, corrosion de contact, corrosion sous dépôt, corrosion aux interstices).

Pour traiter correctement un problème de biomatériaux, il faut avoir une approche globale du système biomécanique ; ainsi, une prothèse totale de hanche doit être étudiée avec le cotyle, la tête rapportée, le ciment de scellement du cotyle, le ciment de scellement de la prothèse, le comportement de l'os, le milieu biologique, le devenir des produits d'usure de la tête fémorale et de tous les composants… Les opérations de stérilisation et les conditions de mise en place de la prothèse, par exemple les conditions de polymérisation du ciment à base de polymétacrylate de méthyle (réaction fortement exothermique), doivent également être prises en compte.

## 7.6. Bibliographie

[JAC 98] JACOBS J.J., GILBERT J.L., URBAN R.M., « Corrosion of metal orthopaedic implants », *J. of Bone and Joint Surgery*, vol. 8OA, n° 2, 1998.

[MEY 96] MEYER J.M., Corrosion et biocompatibilité : la deuxième étape. Bilan de huit années de recherche, *Métalor*, Neuchâtel (Suisse), septembre 1996.

[REC 01] RECLARU L., LERF R., ESCHLER P.-Y., MEYER J.-M., « Corrosion behavior of a welded stainless-steel orthopedic implant », *Biomaterials*, 22, 2001.

[WIL 66] WILLERT H.-G., BROBACK L.-G, BUCHHORN G. H., JENSEN P. H., KOSTER G., LANG I., OCHSNER P., SCHENK R., *Clinical orthopaedics and related research*, n° 333, 1996.

Chapitre 8

# Contrôles non destructifs pour la surveillance de la corrosion

## 8.1. Introduction

Dans la pratique industrielle, l'application judicieuse de méthodes de contrôles non destructifs (CND) est susceptible de permettre d'apprécier, sans destruction, l'état de santé des pièces et des structures et de formuler un avis sur leur aptitude à remplir la fonction à laquelle elles sont destinées [LAM 94a]. Considérée sous cet aspect d'aptitude au bon fonctionnement, cette définition suppose une bonne connaissance de tous les phénomènes mis en jeu, en particulier de leur nocivité et de leur évolution dans le temps. Elle nécessite également une bonne connaissance des techniques d'investigation mises en œuvre.

En règle générale, les méthodes de CND s'appliquent bien à la détection de la corrosion, de ses conséquences (pertes d'épaisseurs, développement de fissures...) ou bien de phénomènes associés (dégagement d'hydrogène).

Les paragraphes suivants correspondent à une présentation synthétique des méthodes de CND actuellement utilisées dans le cadre d'applications pour le contrôle et la surveillance de corrosion dans l'industrie. Nous examinerons notamment les principes (magnétiques, ultrasonores, électrochimiques...) sur lesquels reposent les différentes techniques en faisant ressortir pour chacune d'elles les avantages et les limitations rencontrés dans leur mise en œuvre.

---

Chapitre rédigé par Didier CARON, Mohammed CHERFAOUI, Henri WALASZEK.

## 8.2. Le contrôle non destructif par ressuage

Le contrôle par ressuage [LAS 93] repose sur le principe suivant. Après un nettoyage soigné de la surface, la zone à contrôler est soumise à l'action d'un liquide d'imprégnation qui diffuse dans le défaut (par exemple : fissures). On procède ensuite au rinçage de l'excès du pénétrant en surface. Le pénétrant contenu dans le défaut diffuse alors sur le révélateur appliqué sur la surface. La tache résultante est alors observée sous un éclairage adapté (rayonnement visible ou ultraviolet).

Le contrôle par ressuage peut être utilisé lors des inspections périodiques de structures autorisant un accès facile de la surface à inspecter dans une gamme de température de 10 à 50 °C. Cette gamme de température peut être étendue de – 35 °C à + 240 °C au détriment de la sensibilité. C'est dans les secteurs de pointe où la sécurité joue un rôle important que la méthode trouve son plein épanouissement. A titre d'exemple, on la retrouve pour la révision des moteurs des compagnies aériennes ou le contrôle des soudures de tuyauterie primaire des centrales nucléaires.

La méthode a pour avantage d'être très simple de mise en œuvre. Elle permet une localisation précise des défauts de surface et une appréciation de leur longueur. C'est la seule méthode globale en CND autorisant un examen de la totalité de la surface de la pièce sans influence notable de l'orientation du défaut par rapport à la direction du faisceau de la source utilisée pour l'excitation.

Par contre, elle présente l'inconvénient d'autoriser uniquement la mise en évidence des défauts débouchant à la surface du matériau. Par ailleurs, l'appréciation de la profondeur des défauts n'est pas possible et l'interprétation dans la phase de révélation reste délicate. L'utilisation du ressuage nécessite un nettoyage très poussé des surfaces et un temps de pénétration suffisant.

## 8.3. Les méthodes magnétiques

### 8.3.1. *Le contrôle non destructif par magnétoscopie*

Le principe de cette méthode est simple [BAR 93, BAR 94]. La pièce est aimantée, partiellement ou totalement, et les particules magnétiques contenues dans le révélateur s'accumulent au droit du défaut par suite de la perturbation locale des lignes d'induction. Le spectre magnétique résultant est alors observé sous éclairage adapté à l'œil avec des aides optiques telle qu'une loupe ou un endoscope.

Le contrôle par magnétoscopie trouve son application pour les pièces en acier moulé, en acier forgé, pour les tôles et tubes en acier et les joints soudés. Il permet une localisation précise des défauts de surface ou légèrement sous-jacents (soufflures, retassures, fissures...) et une appréciation de leur longueur.

Cette méthode a pour avantage d'être relativement simple de mise en œuvre. Il s'agit d'une technique fiable pour la détection de fissures débouchantes sous réserves d'une préparation de surface adaptée (arasage, meulage, mise en peinture contrastante...), d'une instrumentation optimisée permettant entre autres le contrôle *in situ* de l'intensité du champ induit, des produits et des modes de projection adaptés.

Le principal inconvénient du contrôle par magnétoscopie est qu'il ne s'applique qu'à des matériaux ferromagnétiques. Sa sensibilité est dépendante de l'orientation du défaut par rapport à la direction générale des lignes d'induction. De plus, la profondeur des défauts ne peut pas être estimée par cette méthode. L'interprétation dans la phase de révélation reste parfois très délicate.

### 8.3.2. *Le contrôle non destructif par courants de Foucault*

Le contrôle par courants de Foucault repose sur le principe suivant [LAM 94]. La pièce à contrôler est soumise à l'action d'un champ magnétique variable dans le temps de manière à induire des courants en opposition de phase dans deux sections voisines du matériau. En l'absence de défaut, en regard des bobines d'excitation, le système est équilibré. La présence d'un défaut en regard d'une des bobines modifie la répartition des courants induits et provoque un déséquilibre du système. Une signature caractéristique de déséquilibre du signal au passage du défaut dans les bobines est alors observée par l'opérateur sur un écran de visualisation.

Les courants de Foucault peuvent être utilisés pour la détection de fissures débouchantes ou sous-cutanées par variation locale de la conductivité électrique ou éventuellement de la perméabilité électromagnétique. La méthode a pour avantage de bien se prêter pour le contrôle des produits de révolution de grande longueur (tube...). Une appréciation de la profondeur du défaut est possible.

Cette méthode implique la comparaison de la réponse terrain avec une réponse de référence (pièce saine par exemple). Cette méthode ne s'applique qu'aux matériaux conducteurs de l'électricité. La profondeur d'investigation sous la surface est limitée par l'effet de peau des courants induits. La mise en œuvre est délicate pour les pièces de forme complexe. La sensibilité est influencée par l'entrefer entre bobine et produit. L'interprétation des signaux est délicate.

### 8.3.3. *Le contrôle non destructif par courants de Foucault pulsés*

Les courants de Foucault pulsés [CHO 99, WAS 01] reposent sur l'utilisation de bobines excitées par des courants de faible durée et de fortes amplitudes qui génèrent de nombreuses basses fréquences.

Cette technique permet de générer des courants de Foucault à une grande distance du capteur. L'épaisseur résiduelle de la structure est mesurée à partir de la durée d'amortissement d'un courant de Foucault à travers la paroi. Ce temps d'arrivée est comparé à celui obtenu sur un échantillon de référence (exempt de défauts).

Cette méthode peut être utilisée pour des structures revêtues par un calorifuge, un ignifuge ou un béton. Elle ne permet pas la distinction entre les défauts d'origine interne de ceux d'origine externe.

De nombreux facteurs interviennent dans le résultat des mesures, notamment les propriétés électriques et magnétiques du matériau mais également la température. La méthode peut s'appliquer pour un large domaine de températures, jusqu'à 500 °C. Au-delà de cette température, la diminution de la perméabilité magnétique dans le métal ne permet plus son utilisation. De manière générale, la méthode ne détecte que les plages de corrosions généralisées. Elle ne permet pas la détection de phénomènes isolés comme la piqûration ou la fissuration.

### 8.3.4. *Le contrôle non destructif par courants de Foucault à champ lointain*

La méthode des courants de Foucault à champ *lointain (Remote Field Eddy Current)* est un outil d'inspection interne des canalisations qui a fait l'objet de nombreux travaux [ATH 86, ATH 88, ATH 95, FUK 01, KRZ 90, MAC 96, MAC 97, SCH 88, SUL 89]. L'instrumentation est constituée de deux bobines séparées par une distance constante. L'une des bobines, celle servant d'émetteur, émet un signal alternatif dont une partie atteint la bobine réceptrice en passant par la paroi du tube examiné (figure 8.1).

Le champ lointain est modifié (amplitude et phase) par la présence d'un défaut. En règle générale, afin d'obtenir une bonne discrimination des indications, les outils utilisés comprennent une bobine émettrice et plusieurs bobines réceptrices. La distance entre la bobine émettrice et les bobines réceptrices est d'environ deux à cinq fois le diamètre de la canalisation à inspecter.

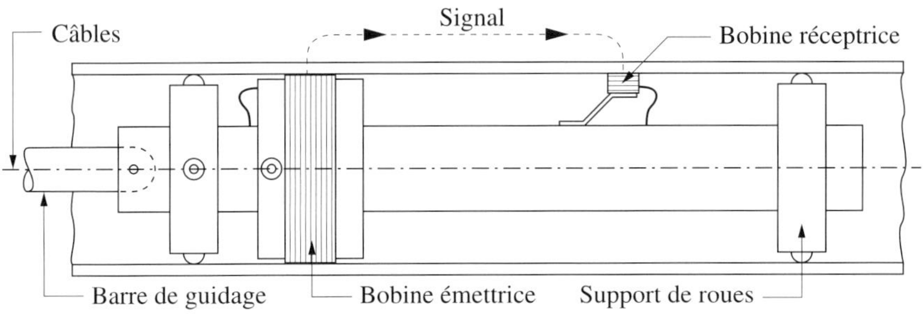


**Figure 8.1.** *Schéma de principe du contrôle non destructif par courants de Foucault à champ lointain*

Cette méthode permet la détection des défauts interne et externe avec la même précision. De plus, au contraire des courants de Foucault « conventionnels » limités à la recherche de défauts surfaciques ou sous-cutanés, la méthode des courants de Foucault à champ lointain est capable de contrôler la totalité de la paroi d'un tube.

L'épaisseur résiduelle est déterminée à partir de la mesure du décalage de phase entre les signaux reçus et ceux émis sous réserve d'un étalonnage préalable.

La technique des courants de Foucault à champ lointain est une méthode utilisable pour la détection des pertes d'épaisseur des tubes ferromagnétiques et non magnétiques. Ses principales applications sont le contrôle des échangeurs de vapeur et des canalisations.

### 8.3.5. *Le contrôle non destructif par détection de fuite de flux magnétique*

Les méthodes par fuite du flux magnétique utilisées pour le contrôle non destructif des matériaux ferromagnétiques utilisent des aimants permanents très puissants pour magnétiser la partie de la structure à inspecter à un niveau proche de la saturation.

Un flux magnétique longitudinal est induit dans l'épaisseur de paroi entre les pôles d'un aimant. Tout manque de métal survenant dans la paroi des tubes provoque une distorsion des lignes de champ à l'extérieur de la paroi du tube (figure 8.2). Cette fuite du flux magnétique est détectée par un capteur qui génère alors un signal électrique indiquant la perte de métal. Ces signaux sont traités par des systèmes électroniques sophistiqués et les données résultantes sont stockées pour une analyse informatique approfondie [PII 01].

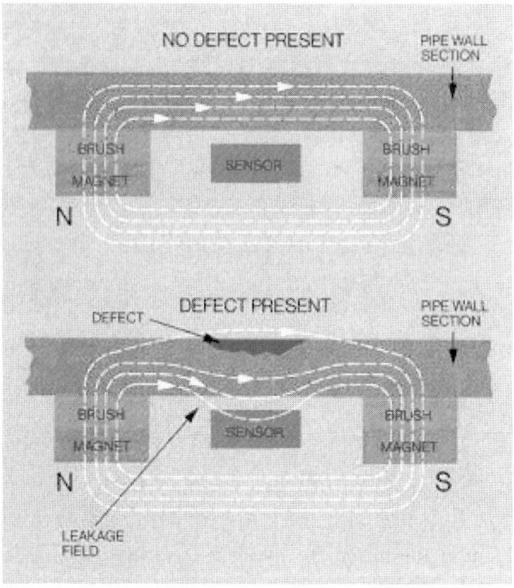


**Figure 8.2.** *Principe de détection de fuite de flux magnétique (MFL) [PII 01]*

La détection de fuite de flux magnétique permet la détection des corrosions internes et externes, de rayures, de rainures, des délaminages, de grosses inclusions non métalliques, d'enfoncements, des défauts de fabrication.

Par contre, la méthode ne convient pas à la détection d'endommagements en fil d'eau, de profils de corrosion à pente très douce, de défauts plans (fissures), de petites piqûres et de défauts dans les soudures.

## 8.4. Les méthodes ultrasonores

### 8.4.1. *Le contrôle non destructif par ultrasons*

Les méthodes ultrasonores utilisent des ondes dont la fréquence est comprise entre 20 kHz à 15 MHz. Ces ondes sont de deux natures. Il existe les ondes de volumes et les guidées. Les premières peuvent être de mode « longitudinal » ou « transversal ». Les secondes comprennent les ondes de « Rayleigh » et les ondes de « Lamb ».

Une vibration mécanique de moyenne fréquence est engendrée par un transducteur de type piézoélectrique [BOS 96, LAM 91, LAM 94b, LAM 95, LAM 97]. Cette vibration se propage dans la section de la pièce en se réfléchissant sur les faces de la structure. En présence d'un défaut telle qu'une fissure de corrosion sous tension, une partie du faisceau acoustique est interceptée par le défaut et renvoyée vers le transducteur qui convertit la vibration en signal électrique.

Pour la mesure de l'épaisseur résiduelle d'une paroi métallique, on utilise la durée de propagation de l'onde dans le matériau, connaissant la vitesse de propagation des ondes ultrasonores à la température d'essai pour le matériau donné [AND 98, DIX 00, MRA 96].

Pour la recherche de défauts localisés, la sensibilité de la méthode est fortement influencée par l'orientation de la surface du défaut vis-à-vis de la direction principale du faisceau acoustique. Par ailleurs, il est nécessaire d'interposer un milieu de couplage intermédiaire entre le transducteur et la pièce pour assurer la continuité de la propagation des ondes.

Pour certaines conditions d'utilisation, notamment lors d'un contrôle à hautes températures, l'usage des capteurs piézoélectriques peut se trouver limité et présenter certaines difficultés (tenue dans le temps de l'élément piézoélectrique et/ou du couplant...). Les ultrasons sans contact, avec couplage électromagnétique ou aérien, en sont une alternative.

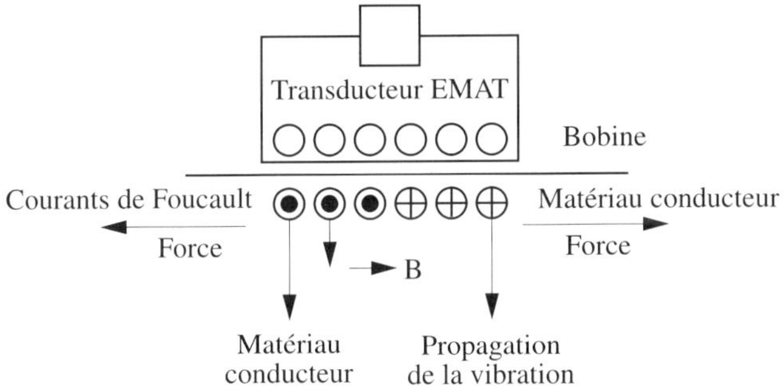


**Figure 8.3.** *Schéma de production d'ondes ultrasonores par EMAT [WAL 01]*

Les ultrasons avec couplage électromagnétique reposent sur l'interaction entre des courants de Foucault produits par un bobinage et le champ magnétique produit par un aimant (figure 8.3) [CRO 97, WAL 01]. Une impulsion électrique de haute énergie est envoyée dans le bobinage. Ce bobinage, ainsi que l'aimant, sont placés près de la surface à inspecter qui doit être conductrice d'électricité.

La combinaison des courants de Foucault pulsés et du champ magnétique permanent produit une force appelée force de Lorentz. Cette force est impulsionnelle comme les courants de Foucault qui lui ont donné naissance. Cette force entraîne la propagation d'ultrasons à partir de la surface du matériau où les courants de Foucault ont été créés. Par mécanisme EMAT inverse, les échos réfléchis par la face opposée de la structure sont détectés par le transducteur et traités comme des signaux ultrasonores conventionnels.

Les récepteurs EMAT sont simples à mettre en œuvre. Ils permettent de s'affranchir de la contrainte du couplage. Cependant, la distance matériau/EMAT ne peut excéder 3 mm et la meilleure sensibilité est obtenue au contact.

Les ultrasons avec couplage aérien peuvent travailler avec de plus grandes distances que les EMAT entre l'objet et la sonde. Pour cela, le contrôle doit être réalisé à basse fréquence ultrasonore.

Le principe du contrôle par ultrasons est couramment utilisé avec certains outils reliés par ombilical ou autonomes (racleurs instrumentés) pour l'inspection interne des tubes ou des canalisations exploitées dans l'industrie du nucléaire, pétrochimique ou gazière.

### 8.4.2. *Le contrôle ultrasonore par ondes guidées*

La méthode des ondes guidées [ALL 00, SAL 99] est une technique émergente pour une inspection globale et rapide des structures tubulaires. Cette méthode consiste à envoyer des ondes ultrasonores le long de la canalisation et analyser les réflexions provenant des défauts. Les ondes ultrasonores se propagent si la section totale du tube est égale à leur longueur d'onde ou à un multiple de celle-ci, produisant un effet de résonance. Elles sont guidées par la géométrie de la tuyauterie et se propagent entre les deux interfaces (parois de la tuyauterie) en suivant ces interfaces. Les ondes peuvent se propager sous différents modes : mode longitudinal (L), de flexion (F) et de torsion (T).

Si la courbure de l'interface devient trop aiguë ou si l'épaisseur de la tôle s'éloigne de la valeur de la longueur de l'onde de Lamb, il y a réflexion partielle ou totale de l'onde. L'onde est réfléchie lorsque la section du tube varie en moins (cas d'une corrosion) ou en plus (présence d'une soudure, d'un support, d'un piquage...).

Un relevé préalable des particularités de la ligne doit être fait pour permettre l'identification des échos dus à des causes « normales » (piquage, soudure...). Ces échos naturels peuvent alors servir d'étalons d'amplitude et de distance. Lorsque l'on voit un écho là où il n'y a pas de raison d'en avoir un ou bien lorsque l'écho attendu n'a pas l'aspect habituel, on peut en conclure qu'il y a probabilité de corrosion, et donc qu'il faut conduire une investigation plus approfondie par d'autres méthodes.

Dans la méthodologie existante, les ondes sont générées par une série de capteurs disposés sur plusieurs rangées et montés sur un collier appliqué sur une partie accessible de la tuyauterie. Les ondes US sont générées dans une bande de fréquence étroite, ce qui assure une bonne amplitude et la non-dispersion sur de longues distances. De plus, leur fréquence est très basse (50 à 150 kHz), ce qui permet de poser les capteurs directement sur une peinture en bon état.

La distance d'inspection de cette méthode est fonction du coefficient d'amortissement des ondes qui dépend de la nature du revêtement et du fluide transporté. La propagation des ondes est stoppée par la présence de brides.

La méthode avec capteurs piézoélectriques est utilisable pour des structures tubulaires de diamètres supérieures à 50 mm et pour des températures de surface de – 40 °C à + 80 °C. Pour des mesures à des températures plus élevées, des capteurs EMAT peuvent être substitués aux capteurs piézoélectriques conventionnels.

La génération d'ondes guidées peut également se faire par magnétostriction [KWU 01]. Pour cela, un courant pulsé est introduit dans une bobine émettrice encerclant un matériau ferromagnétique. La modification locale de l'aimantation du matériau s'accompagne d'une déformation du matériau dans une direction parallèle au champ magnétique appliqué. Cette déformation, qui correspond à l'effet magnétostrictif (aussi appelé effet Joule), génère une onde mécanique de quelques kHz à quelques centaines de kHz qui se propage à la vitesse du son dans le matériau.

Lorsque cette onde est réfléchie par la présence d'un défaut et atteint la bobine réceptrice, cela modifie le flux magnétique dans cette bobine résultant de l'effet magnétostrictif inverse (aussi appelé effet de Villari). Ce changement induit un courant électrique dans la bobine « réceptrice » qui est proportionnel à l'amplitude de l'onde mécanique. Ce courant est ensuite amplifié, conditionné et analysé. Un unique capteur peut être utilisé à la fois comme émetteur et récepteur à condition d'utiliser une électronique adaptée.

L'utilisation de la magnétostriction pour générer des ondes guidées présente de nombreux avantages. La méthode ne nécessite ni couplant, ni contact direct. La méthode pourrait être utilisée à haute température du moment que celle-ci ne dépasse pas la température de Curie du matériau pour laquelle le matériau perd ses propriétés ferromagnétiques.

## 8.5. Les méthodes d'imagerie

### 8.5.1. *Le contrôle non destructif par radiographie*

La radiographie permet la détection de défauts par différence d'absorption locale de photons X ou $\gamma$ dans le matériau.

Dans le cas de la radiographie avec film argentique [GAR 93, GAR 94, RIV 94], la pièce est interposée entre la source de rayonnement et le film photographique. Une image latente se forme sur le film après exposition au rayonnement pendant un temps donné. Après développement, le film, convenablement éclairé, est interprété à l'œil.

La méthode se prête bien à la détection des défauts localisés dans le volume de la pièce avec une bonne résolution. La nature des défauts décelés peut être appréciée et l'archivage du résultat est garanti par la présence du cliché. Cette technique permet par exemple d'évaluer l'état corrodé des tuyauteries sans préparation particulière (décalorifugeage, préparation des états de surface). Malheureusement, elle est coûteuse en investissement et développement de films.

Par ailleurs, elle nécessite le respect des règles de sécurité en vigueur pour le personnel soumis aux rayonnements ionisants. La pénétration du rayonnement est limitée et la source doit être sélectionnée en fonction de l'épaisseur du matériau à contrôler. La localisation de l'anomalie dans la section n'est pas garantie. La sensibilité de la méthode est influencée par l'orientation de la surface du défaut vis-à-vis de la direction principale du rayonnement émis par la source.

Un nouveau procédé de radiographie met en œuvre des écrans photostimulables [BLE 01]. A titre d'exemple, la figure 8.4. représente une image obtenue par radiographie numérique pour contrôler l'état de corrosion d'une canalisation. Il est possible d'observer sur l'image que l'assemblage est constitué de deux tubes raboutés par soudage et que la tuyauterie de gauche présente un taux important de corrosion. Son épaisseur résiduelle peut être mesurée sur les bords.

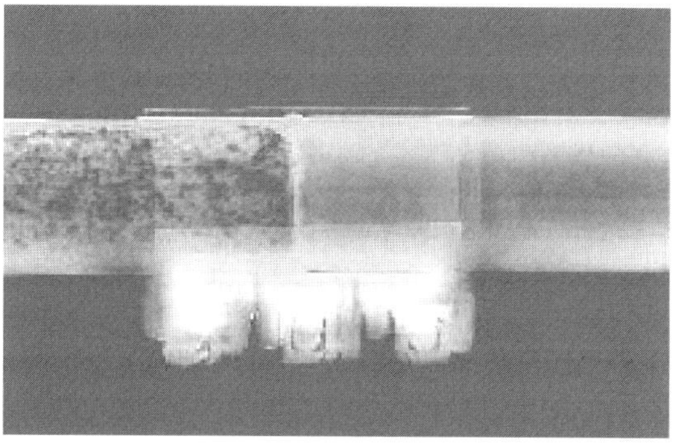

**Figure 8.4.** *Contrôle de l'état corrodé d'une tuyauterie avec un collier d'étanchéité noyé de résine [BLE 01]*

La radiographie numérique présente de nombreux avantages par rapport à la radiographie avec film argentique. Parmi les principaux, nous pouvons citer :

– un support réutilisable qui nécessite une exposition moins longue des films ;

– la réduction des débits de dose, ce qui permet d'envisager le contrôle de jour ;

– la suppression des traitements chimiques ;

– une mesure des épaisseurs résiduelles directement sur l'image après étalonnage.

### 8.5.2. *Une technique d'imagerie ultrasonore : le TOFDT*

Une des applications des méthodes d'imagerie ultrasonore est la méthode de diffraction par temps de vol TOFDT (*Time Of Flight Diffraction Technique*) [BOS 01, FLO 01]. Cette méthode consiste à éclairer l'intérieur du matériau avec un faisceau très divergent, ce qui permet de contrôler toute l'épaisseur en un seul balayage. La technique TOFD repose sur l'interaction d'ondes ultrasonores avec les bords des discontinuités. L'énergie diffractée est reçue par un transducteur à faisceau de grande ouverture.

Cette technique permet le dimensionnement complet de défauts comme les fissures. Elle permet de mesurer aussi bien les défauts débouchants en face externe ou interne des tubes que les défauts inclus dans le métal.

La technique TOFD peut être utilisée en tant que méthode d'examen des pièces à la fabrication, mais aussi sur des équipements en service. Dans certains cas, cet outil peut remplacer des méthodes de contrôle traditionnelles telle que la radiographie. Un couplage soigné permet d'obtenir des images ultrasonores reproductibles de bonne qualité.

Ainsi, par comparaison d'images, l'évolution du défaut peut être suivie au cours du temps. Mis à part cet élément de comparaison, l'examen par TOFDT peut être effectué sans précautions supplémentaires telles que celles qui sont indispensables lors d'un tir gammagraphique (radioprotection…). Les résultats sont obtenus en temps réel.

Cette méthode peut être utilisée pour la détection et le suivi, notamment de la corrosion généralisée et des fissures. A titre d'exemple, une image TOFDT d'une fissure de fatigue est donnée sur la figure 8.5.

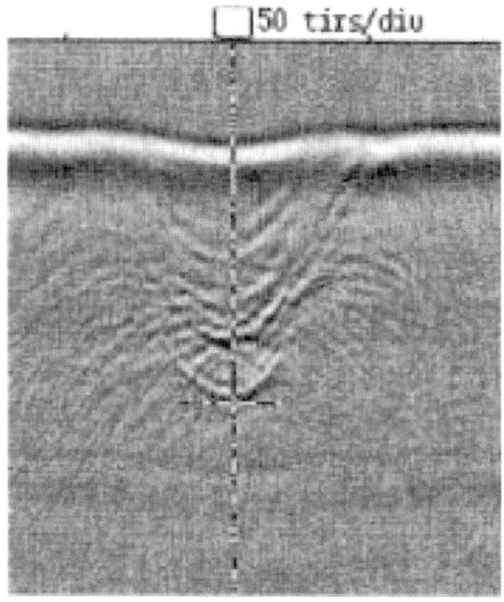


**Figure 8.5.** *Suivi d'une fissure de fatigue par échographie TOFDT – BSCAN [BOS 01]*

### 8.5.3. *Le contrôle non destructif par thermographie infrarouge*

Lorsqu'une structure est traversée par un flux thermique, la présence d'une anomalie provoque une interruption dans la propagation de la chaleur [DEO 01, GRI 01]. Cela engendre un écart de température $\Delta T$ sur la surface opposée. L'anomalie est décelée au sein de l'image thermique de la surface.

La méthode s'utilise lors d'inspections périodiques sous flux thermique induit ou en service sur des installations thermiquement actives. L'avantage de cette méthode repose sur le mode de détection des anomalies. La caméra IR est portable, de grande sensibilité et permet des mesures rapides à distance, sans contact avec l'installation.

Lors d'un contrôle par thermographie « impulsionnelle », l'échauffement de la face avant de la structure à contrôler est obtenu grâce à une lampe flash de forte énergie. Une caméra infrarouge rapide suit la décroissance de la température après cet échauffement. Une diminution locale de l'épaisseur due à la corrosion se traduit alors par une augmentation du niveau thermique final et une atteinte plus rapide de l'équilibre.

Toutefois, la thermographie infrarouge est limitée dans ses applications. La source de chaleur à l'origine de l'excitation doit être aussi homogène que possible et le champ d'investigation est limité. De plus, l'équipement est onéreux.

L'application de la thermographie infrarouge impulsionnelle pour la détection de la corrosion requiert l'utilisation de revêtements à placer sur la structure à inspecter dans le cas où l'absorptivité optique de celle-ci et/ou son émissivité infrarouge est trop faible.

## 8.6. La méthode électrochimique

Cette méthode est la plus couramment utilisée pour localiser les zones de corrosion des armatures métalliques du béton armé [RAH 01]. Elle s'applique aux aciers au carbone non ou peu alliés et revêtus. Le principe de la mesure est illustré sur les figures 8.6 et 8.7. Lorsqu'une armature se corrode, il apparaît une zone de dissolution (anodique) et des zones dites cathodiques (sans dissolution) à l'interface acier/béton. Si elles sont séparées par du béton, dont la résistance électrique est assez élevée, le potentiel d'électrode de la zone anodique est différent de celui de la zone cathodique.

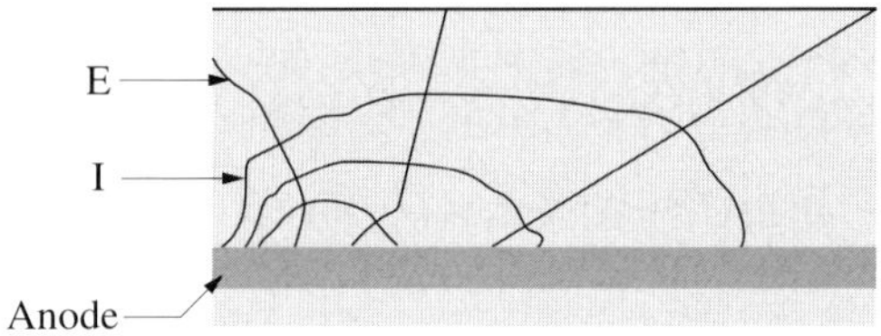


**Figure 8.6.** *Lignes de courant (I) et surfaces équipotentielles (E) entre les zones anodique (anode : dissolution) et cathodique d'une armature. Les lignes de courant sont perpendiculaires aux surfaces équipotentielles [RAH 01]*

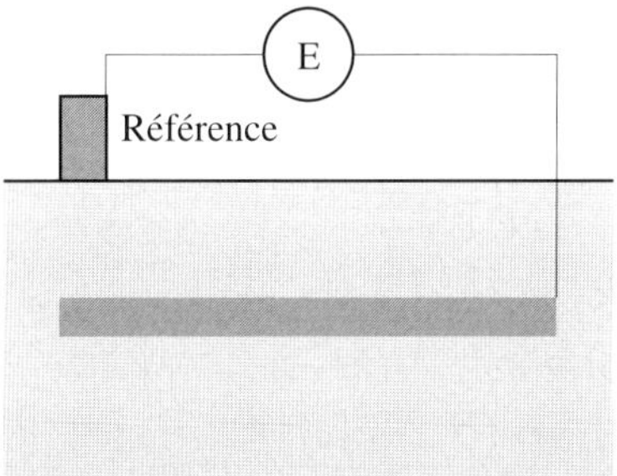


**Figure 8.7.** *Schéma de la mesure de potentiel d'électrode E des armatures dans le béton à l'aide d'un millivoltmètre et d'une électrode de référence [RAH 01]*

Les résultats des mesures de potentiel d'électrode sont reportés sur une « carte » qui représente la surface auscultée. Elle est obtenue en traçant les courbes « équipotentielles », c'est-à-dire d'égales valeurs du potentiel d'électrode. En effet, les armatures qui sont dans le même état de conservation ont pratiquement le même potentiel d'électrode et les potentiels les plus négatifs correspondent généralement aux armatures rouillées. La vitesse de corrosion peut ensuite être déterminée par des mesures de la résistance de polarisation [KED 02, RAM 02].

## 8.7. Une solution adaptée pour la détection *in situ* des endommagements actifs : l'émission acoustique

### 8.7.1. *Principe*

D'après la norme NF EN 1330-9 [ASS 89], l'émission acoustique (EA) est définie comme étant un « phénomène de création d'ondes élastiques transitoires, résultant de microdéplacements locaux internes à un matériau ». Tout changement structural interne d'un matériau correspond à une modification du champ local des contraintes. L'apparition d'un microdéplacement agit comme le centre d'émission d'une onde acoustique qui se propage dans le matériau. L'EA est donc une technique qui permet de déceler l'existence de défauts actifs.

La détection du signal d'EA se fait au niveau d'un capteur constitué d'une céramique piézoélectrique qui sert à convertir l'onde élastique transitoire générée par l'événement d'EA en un signal électrique. Ce signal est ensuite amplifié et filtré.

L'émission acoustique est une méthode qui peut être utilisée lorsque la matière se déforme sous l'effet d'une contrainte extérieure (déformation plastique, amorçage et croissance de fissure, etc.). A ce titre, elle est couramment employée pour la détection de défauts à caractère évolutif dans les équipements sous pression. Dans ce type de contrôle, la structure est sollicitée mécaniquement de manière à faire évoluer légèrement le défaut pour le rendre « émissif » d'un point de vue de l'émission acoustique mais sans risquer d'altérer l'intégrité de la structure. C'est cette méthodologie qui est suivie classiquement pour la détection de défauts à caractère « évolutif » lors des épreuves hydrostatiques (en liquide) ou pneumatiques (en gaz) [CHE 89, CHE 91, HER 97, NAK 80].

Depuis quelques années, la méthode a trouvé des applications dans la détection et le suivi de la corrosion. Dans ce domaine, ce sont le phénomène d'endommagements et/ou des phénomènes associés qui constituent la ou les sources émissives. Dans le cas de la corrosion en milieu aqueux, l'activité acoustique est liée à des mécanismes essentiellement électrochimiques. Il peut s'agir selon les cas (figure 8.8) d'un dégagement d'hydrogène, de la formation et/ou de la rupture des produits de corrosion…

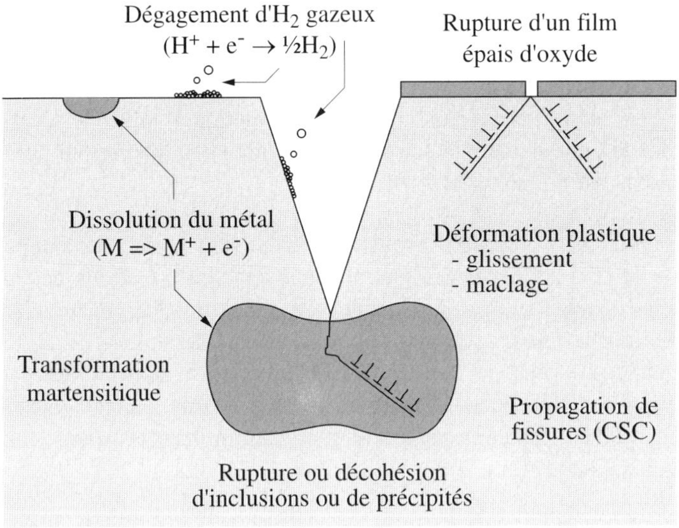


**Figure 8.8.** *Sources susceptibles d'émettre pendant les phénomènes de corrosion électrochimique [YUY 83]*

### 8.7.2. *Etat de l'art de l'émission acoustique pour le suivi et la détection de la corrosion*

L'émission acoustique est une technique qui est de plus en plus appliquée pour le contrôle préventif de la corrosion. Une base de données recensant tous les travaux effectués dans ce domaine a été réalisée par le CETIM en collaboration avec l'INSA de Lyon et de l'UTC [CAR 01]. Cette étude montre que l'émission acoustique peut s'appliquer aussi bien en laboratoire que sur site industriel dans des conditions normales de service, sans variation des contraintes de fonctionnement des appareils. Autrement dit, dans ce cadre, son utilisation n'engendre pas de pertes d'exploitation.

L'utilisation de l'émission acoustique a connu une forte croissance avec une nette accélération dans la dernière décennie, que ce soit dans le domaine de la corrosion électrochimique (aussi appelée corrosion humide) que dans celui de la corrosion par les gaz à haute température (aussi appelée corrosion sèche). L'évolution des systèmes d'acquisition et de traitement des signaux d'EA, ainsi que de meilleures connaissances des mécanismes physicochimiques mis en jeu ont permis une évolution de la nature des phénomènes de corrosion détectés, des matériaux et des milieux étudiés.

Les travaux les plus nombreux concernent la détection et le suivi des corrosions fissurantes assistées par les contraintes statiques ou cycliques (figure 8.9), telles que la corrosion sous contrainte, la fatigue corrosion, la fissuration sous (ou par) hydrogène, qui s'accompagnent d'EA très énergétique [BRI 76, BUT 89, COX 74, DAI 88, GER 88, GRE 82, PAD 84, PRO 92, THA 84, WAN 91, WAN 93, YUY 82]. Des modes de corrosion moins énergétiques tels que la piqûre ou la corrosion bactérienne et même la corrosion uniforme sont de plus en plus détectés et caractérisés par EA [CAK 99, IDR 00, MAZ 95].

L'utilisation de l'émission acoustique n'est pas aussi développée dans le domaine de la corrosion par les gaz à haute température. Dans ce domaine, les travaux ont commencé plus tardivement et il y a très peu d'applications industrielles de la méthode en raison des conditions environnementales (haute température, milieu gazeux). De plus, le capteur doit être couplé à la structure par un guide d'onde, ce qui peut modifier le signal acoustique d'origine et générer des signaux parasites qu'il faut éliminer en localisant et en discriminant les sources au moyen de plusieurs voies d'acquisition.

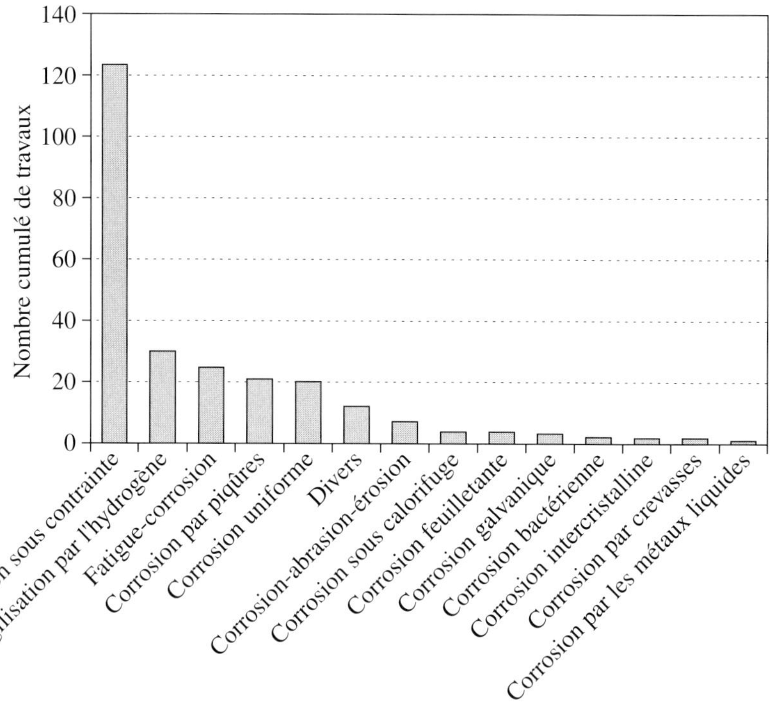


**Figure 8.9.** *Etat de l'art des phénomènes de corrosion électrochimique détectés par émission acoustique [CAR 01]*

Les matériaux qui ont été les plus étudiés sont ceux utilisés dans les industries nucléaire, aéronautique, chimique et pétrochimique. Il s'agit, entre autres, des aciers au carbone, des aciers inoxydables, du nickel et de ses alliages, de l'aluminium et de ses alliages.

### 8.7.3. *Champs d'application de l'émission acoustique en corrosion*

Pour le contrôle de la corrosion active, l'EA est une méthode d'observation passive particulièrement adaptée pour obtenir des informations d'ordre dynamique sur l'endommagement. Cette technique se révèle très efficace pour :

– la détection de l'amorçage dans certains cas et/ou de la propagation de la corrosion dans d'autres cas ;

– la localisation des sites de corrosion active par la mesure des temps d'arrivée des ondes entre les capteurs ;

– l'estimation de l'importance de l'endommagement par le suivi de l'activité acoustique et/ou de son intensité ;

– l'identification des mécanismes de corrosion, des modes de fissuration ou des écarts de procédés qui activent la corrosion.

### 8.7.4. *Exemples*

Des applications industrielles de l'EA se développent dans la pétrochimie, le nucléaire, mais aussi dans l'aéronautique. L'émission acoustique a en particulier été utilisé dans le domaine des appareils à pression, des bacs de stockage, des tuyauteries, des structures offshore, etc. A titre d'exemple, cette méthode peut être utilisée pour contrôler la corrosion des aciers sur les installations de production et le stockage d'acide [IDR 01].

Dans le domaine du nucléaire, des travaux ont montré que l'émission acoustique pouvait détecter l'amorçage et la propagation des fissures de corrosion sous contrainte dans le matériau constitutif des circuits primaire et secondaire des centrales à réacteurs à eau sous pression, et ce dans les conditions de fonctionnement de ces installations (330 °C, 150 bar) [CAR 00a, CAR 00b, CAS 99].

Par ailleurs, dans de nombreux cas, l'activité et/ou l'intensité de l'émission acoustique peut être reliée à la vitesse de fissuration. Ainsi, des paramètres d'émission acoustique peuvent être reliés (nombre de coups, nombre d'événements, énergie cumulée des signaux…) et peuvent être utilisés pour traduire l'état de corrosion du matériau.

La figure 8.10 montre l'évolution de l'énergie cumulée lors de la propagation de la fissuration par corrosion sous contrainte dans un alliage de nickel, pour deux niveaux de chargement mécanique. Moyennant un étalonnage préalable reliant la surface fissurée à l'énergie cumulée des salves d'émission acoustique, la vitesse de propagation des fissures a pu être estimée.

Le tableau 8.1 rassemble les valeurs des vitesses de propagation de fissures, calculées à partir des signaux d'émission acoustique et les valeurs réelles des vitesses déterminées par l'observation métallographique des surfaces fissurées : les valeurs des vitesses calculées à partir des signaux d'émission acoustique sont proches de valeurs réelles.

| $K_I$ (MPa$\sqrt{m}$) | 15 | | 30 | |
|---|---|---|---|---|
| Energie cumulée (unités arbitraires) | 11 600 | | 61 700 | |
| Surface fissurée ($mm^2$) | 0,5 | | 2,8 | |
| Vitesse moyenne de propagation de fissure ($m.s^{-1}$) | Calculée $4.10^{-11}$ | Mesurée $7.10^{-11}$ | Calculée $20.10^{-11}$ | Mesurée $25.10^{-11}$ |

**Tableau 8.1.** *Comparaison entre les valeurs réelles des vitesses de propagation et celles déterminées à partir des signaux d'émission acoustique [CAR 00a]*

L'émission acoustique peut être également utilisée pour vérifier l'efficacité d'une réparation d'un appareil et/ou d'inhibiteurs de corrosion. A titre d'exemple, cette méthode a été utilisée pour vérifier l'intégrité d'un décanteur en acier inoxydable remis en service après réparation [FER 00]. Des capteurs d'émission acoustique ont été implantés sur le fond du décanteur le long d'une linéaire (figure 8.11).

Au lendemain du « redémarrage », des corrosions localisées (piqûres, corrosion sous contrainte) s'activent (figure 8.12). L'appareil est condamné à percer, ce qui s'est produit quelques semaines plus tard.

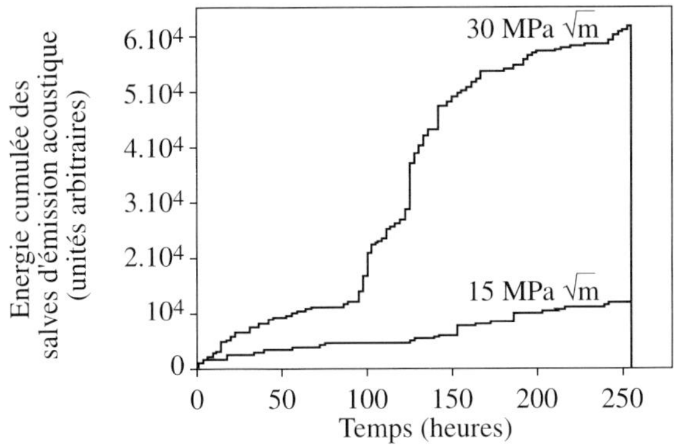


**Figure 8.10.** *Influence de la sollicitation mécanique sur l'énergie cumulée des salves d'émission acoustique lors de la propagation de fissures de corrosion sous contrainte de l'Inconel 600 en milieu primaire à 330 °C et 30 mL d'$H_2$ par kg d'eau STP [CAR 00].*

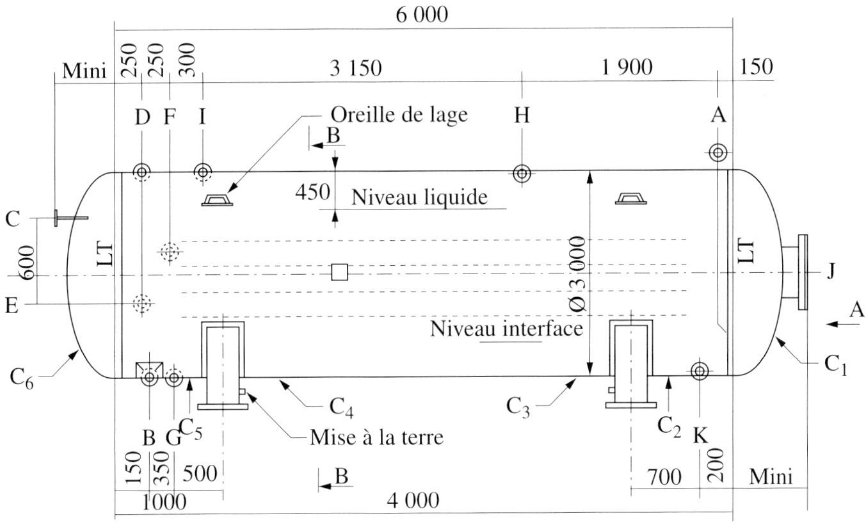


**Figure 8.11.** *Position des capteurs d'émission acoustique sur un décanteur en acier inoxydable (316 L) contenant un milieu organique et phase aqueuse acide non chlorurée à une température de 90 °C après réparation [FER 00]*

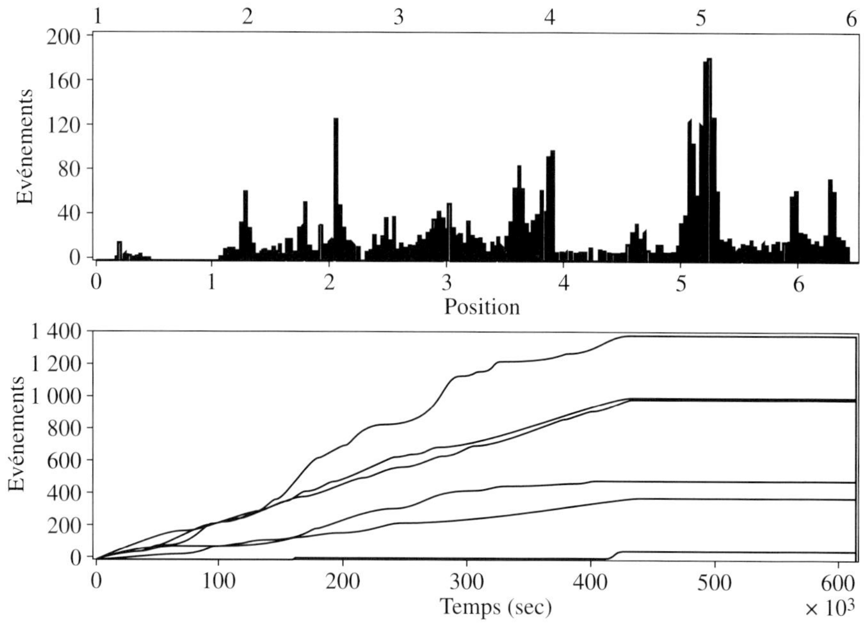


**Figure 8.12.** *Localisation et évolution de l'activité acoustique enregistrée lors de la remise en service du décanteur [FER 00]*

## 8.8. Conclusions

Les méthodes de contrôle non destructif font progressivement leurs preuves pour détecter la corrosion d'une pièce ou d'une structure métallique et en suivre l'évolution. Un large éventail de méthodes est aujourd'hui à la disposition des industriels. Toutefois, en matière de corrosion, chaque cas est un peu particulier. Cela ne rend aucune méthode universelle. Le choix de la méthode à utiliser dépend des formes de corrosion que l'on souhaite surveiller et des conditions dans lesquelles se fait le contrôle.

Certaines méthodes sont plus adaptées à la détection des défauts de surface et/ou débouchant. D'autres permettent un diagnostic concernant les défauts contenus dans le volume du matériau. Avec la technique des ondes guidées, l'émission acoustique s'avère être l'une des techniques de CND les plus prometteuses. En effet, ces deux méthodes peuvent permettre dans certaines conditions une surveillance globale des structures métalliques, même de grande taille. Les coûts d'inspection s'en trouvent donc considérablement réduits.

Toutefois, contrairement aux techniques de CND locales, ces méthodes, lorsqu'elles sont applicables, ne permettent pas de décrire la géométrie d'un défaut, mais en réalisent la détection et la localisation. Une évaluation de la sévérité de l'endommagement peut également être obtenue.

Ces techniques sont donc essentiellement complémentaires et non concurrentielle des autres méthodes. L'endommagement supposé doit ensuite être confirmé et dimensionné par d'autres méthodes, comme le TOFDT.

## 8.9. Bibliographie


[ALL 00] ALLEYNE D., PAVLAKOVIC B., LOWE M. *et al.*, « Rapid Long range Inspection of Chemical Plant Pipework Using Guided Waves », *Proceedings of the 15th WCNDT*, Rome, 2000.

[AND 98] ANDERSON M., « Using Ultrasound to gauge internal Corrosion, Factors to consider when selecting and using ultrasonics gauges to measure remaining pipe and tank wall thickness », *Maintenance Technology magazine*, octobre 1998.

[ASS 89] ASSOCIATION FRANÇAISE DE NORMALISATION, Essais non destructifs – Emission acoustique – Principes généraux, Association Française de Normalisation (AFNOR), 1989, NF A 09-390.

[ATH 86] ATHERTON D.L., SULLIVAN S., « The Remote-Field Through-Wall Electromagnetic Inspection Technique for Pressure Tubes », *Materials Evaluation*, vol. 44, n° 13, p. 1544-1550, 1986.

[ATH 88] ATHERTON D.L., SULLIVAN S., DALY M., « A Remote Field Eddy Current Tool for Inspecting Nuclear Reactor Pressure Tubes », *British J. Non-Destructive Testing,* vol. 30, n° 1, p. 22-28, 1988.

[ATH 95] ATHERTON D.L., « Remote Field Eddy Current Inspection », *IEEE Trans. on Magnetics*, vol. 31, n° 1, p. 4142-4147, 1995.

[BAR 93] BARBARIN A., WACHE G., GUILPIN C. *et al.*, *Magnétoscopie. Niveau 1* (2e édition), CETIM, 1993.

[BAR 94] BARBARIN A., WACHE G., MANGEOT B. *et al.*, *Magnétoscopie. Niveau 2* (3e édition), CETIM, 1994.

[BLE 01] BLETTNER A., CHAUVEAU D., GRENET F., « La radiographie numérique avec écran photostimulable et la corrosion. Applications industrielles », *Congrès COFREND*, Reims, 2001, CND & Corrosion, Cédérom, 2001.

[BOS 96] BOSSUAT B., *Ultrasons : techniques particulières de contrôle. Niveau 2* (2e édition), CETIM, 1996.

[BOS 01] BOSSUAT B., WALASZEK H., « Les techniques d'imagerie ultrasonore : intérêt industriel et application au contrôle de corrosion », *Congrès COFREND*, Reims, 2001, CND & Corrosion, Cédérom, 2001.

[BRI 76] BRIHMADESAM J.S., MCORMICK N.J., « Acoustic emission analysis of stress corrosion cracking in type 304 stainless steels », *Nuclear Technology*, vol. 29, p. 127-135, 1976.

[BUT 89] BUTTLE D.J., SCRUBY C.B, « Acoustic emission monitoring of a fatigue crack in 50D steel in a sea water environment », *NDT International*, vol. 22, n° 2, p. 81-96, 1989.

[CAK 99] CAKIR A., TUNCELL S., AYDIN A., « AE response of 316L SS during SSR test under potentiostatic control », *Corrosion science*, vol. 41, n° 6, p. 1175-1183, 1999.

[CAR 00a] CARON D., Influence de l'hydrogène sur la vitesse de propagation des fissures de corrosion sous contrainte dans l'Alliage 600 en milieu primaire des réacteurs nucléaires à eau sous pression, Thèse de l'INSA de Lyon, n° 2000 ISAL 0064, 2000.

[CAR 00b] CARON D., DARET J., LEFEVRE Y. *et al.*, « A study of the correlation between the crack growth rate susceptibility of alloy 600 and the nature of surface film formed in primary water », *Eurocorr'2000*, septembre 2000, Londres.

[CAR 01] CARON D., GAILLET L., ROTHEA C. *et al.*, « L'Emission Acoustique en corrosion humide et sèche : état de l'art et de l'intérêt d'une base de données », *Congrès COFREND*, Reims, 2001, CND & Corrosion, Cédérom, 2001.

[CAS 99] CASSAGNE T., CARON D., DARET J. *et al.*, « Alloy 600 stress corrosion crack growth studies in high temperature water », *14th International Congress on Metallic Corrosion*, Le Cap, Afrique du Sud, octobre 1999.

[CHE 89] CHERFAOUI M., « Etude du remplacement de certaines épreuves hydrauliques par des épreuves pneumatiques surveillées par émission acoustique », *6e Journée d'étude sur les appareils à pression*, Paris, vol. 2, p. 264-273, octobre 1989.

[CHE 91] CHERFAOUI M., COLIN M., « Etude du remplacement de certaines épreuves hydrauliques par des épreuves pneumatiques surveillées par émission acoustique », *Chaudronnerie tôlerie*, p. 19-23, 1991.

[CHO 99] CHON M., GARUD Y., DE RAAD J., « Software and pulsed Eddy Current Analysis enhance detection of flow accelerated corrosion », *Power Engineering*, p. 18-124, 1999.

[COX 74] COX B., « A correlation between acoustic emission during SCC and fractography of cracking of the Zircaloy », *Corrosion*, vol. 30, n° 6, p. 191-202, 1974.

[CRO 97] CROWTHER P., KENNY S., « Ultrasonic thickness measurement of power station boiler tubes using electromagnetic acoustic transducers », *Insight*, vol. 39, n° 9, p. 618-621, 1997.

[DAI 88] DAI G., ZHANG B.Q., JIN G.L., *Acoustic emission during stress corrosion cracking on 16 MnR steel. Progress in Acoustic emission IV* - The Japanese Society for NDI, p. 566-573, 1988.

[DEO 01] DEOM A., GARDETTE G., GOUYON R., « La corrosion cachée dans les structures aéronautiques, étude comparatives de différentes méthodes de CND », *Congrès COFREND*, Reims, CND & Corrosion, Cédérom, 2001.

[DIX 00] DIXON S., EDWARDS C., PALMER S., « High-temperature thickness gauging using a highly deformable dry couplant material », *Insight*, vol. 42, n° 11, p. 734-736, 2000.

[FLO 01] FLOTTE D., RAGUENET T., CHAUVEAU D., « Techniques d'imagerie ultrasonores pour la détection et la quantification d'endommagement par corrosion », *Congrès COFREND*, Reims, CND & Corrosion, Cédérom, 2001.

[FER 00] FERRER F., « Applications de l'EA dans la recherche et le suivi de corrosion », *Journée AFIAP*, octobre 2000.

[FUK 01] FUKUTOMI H., TAKAGI T., NISHIKAWA M., « Remote field eddy current technique applied to non-magnetic steam generator tubes », *NDT International*, vol. 34, n° 1, p. 17-23, 2001.

[GAR 93] GARBARZ J., RIVENEZ J., *Radiologie : bases physiques. Niveau 2* (2e édition), CETIM, 1993.

[GAR 94] GARBARZ J., RIVENEZ J., *Radiologie : sources de rayonnement X et γ. Niveau 2* (2e édition), CETIM, 1994.

[GER 88] GERBERICH W.W., JONES R.H., FRIESEL M.A. *et al.*, « Acoustic emission monitoring of stress corrosion cracking », *Materials science and engineering*, vol. 103, n° 1, p. 185-191, 1988.

[GRE 82] GREEN G., MCINTYRE P., *A study of SCC in high strength steels using AE techniques*, Pergamon Press Ltd, p. 2049-2057, 1982.

[GRI 01] GRINZATO E., VAVILOV V., BISON P.G. *et al.*, « Pulsed IR Thermographic evaluation of corrosion in steel », *Congrès COFREND*, Reims, CND & Corrosion, Cédérom, 2001.

[HER 97] HERVE C., « Contrôle par émission acoustique. Appareils à pression : essais plus sûrs », *Cetim-Informations*, n° 153, p. 49-50, avril 1997.

[IDR 00] IDRISSI H., DERENNE J., MAZILLE H., « Detection of pitting corrosion of aluminium alloys by acoustic emission technique », *Proceedings 24th European Conference on Acoustic Emission Testing*, Senlis, France, p. 409-416, 2000.

[IDR 01] IDRISSI H., BOULIF R., MAGHNOUI J., « Study and monitoring by acoustic emission coupled with electrochemical techniques of steel and rubber steel corrosion in acid medium », *Congrès COFREND*, Reims, 2001, CND & Corrosion, Cédérom.

[KED 02] KEDDAM M., MILLET J-P., « Caractérisation électrochimique de la corrosion », *Corrosion des métaux et alliages,* G. Béranger et H. Mazille (Eds.), chapitre 5, Hermès, 2002.

[KRZ 90] KRZYWOSK K., DAU G., « Comparison of electromagnetic techniques for nondestructive inspection of ferromagnetic tubing », *Materials evaluation*, vol. 48, n° 1, p. 42-45, 1990.

[KWU 01] KWUN H., KIM, S.-Y., LIGHT G., Long-Range Guided Wave Inspection of structures using the magnetostrictive sensor, Applied Physics Division, Department of NDE Science and Technology, Southwest Research Institute, San Antonio, Texas, Etats-Unis, 2001.

[LAM 91] LAMBERT A., *Ultrasons : principes généraux du contrôle. Niveau 2*, CETIM, 1991.

[LAM 94a] LAMBERT A., RIVENEZ J., WACHE G., *Les contrôles non destructifs : généralités*, CETIM, (3e édition), 1994.

[LAM 94b] LAMBERT A., PRALUS Y., RIVENEZ J., *Ultrasons : propagation des ondes ultrasonores. Niveau 2* (3e édition), CETIM, 1994.

[LAM 95] LAMBERT A., CHERFAOUI M., *Ultrasons : principes généraux du contrôle. Niveau 1*, CETIM, 1995.

[LAM 97] LAMBERT A., PRALUS Y., RIVENEZ J., *Ultrasons : propagation des ondes ultrasonores. Niveau 1* (2e édition), CETIM, 1997.

[LAS 93] LASNIER J., WACHE G., GUILPIN C. *et al.*, *Ressuage. Niveau 1*, CETIM, 1993 (3e édition) et *Niveau 2* (2e édition), CETIM, 1993.

[MAC 96] MACKINTOSH D.D., ATHERTON D.L., SCHMIDT T.R. *et al.*, « Field Experience Using Remote Field Eddy Current for Examination of Ferromagentic Tubes », *Materials Evaluation*, vol. 54, n° 6, p. 652-657, 1996.

[MAC 97] MACKINTOSH D.D., ATHERTON D.L., « Evaluation of Superimposed Flaws Using the Remote Field Eddy Current Technique », *Proc. 1997 ASNT Spring Conf.*, Houston, 1997.

[MAZ 95] MAZILLE H., ROTHEA R., TRONEL C., « An acoustic emission technique for monitoring pitting corrosion of austenitic stainless steels », *Corrosion Science*, 1995, vol. 37, n° 9, p. 1365-1375.

[MRA 96] MRASEK H., GOHLKE D., MATTHIES K. *et al.*, « High temperature ultrasonics transducers », *NDTnet*, vol. 1, n° 9, 1996.

[NAK 80] NAKANO M., « Mesure d'émission acoustique sur un récipient d'essai en acier à 2,25 CR-1Mo et corrélation avec l'analyse de son comportement à la rupture », *5th Int Acoustic Emission Symposium*, Tokyo, p. 510-520, 1980.

[PAD 84] PADMANABHAN R., IYAYOTHIN N., WOOD W., « Analysis of Acoustic emissions generated during stress corrosion cracking », *Journal of Testing and Evaluation*, vol. 12, n° 5, p. 280-287, 1984.

[PII 01] PII, *In-Line Inspection*, http://www.piigroup.com, 2001.

[PRO 92] PROUST A., FLEISCHMANN P., MAZILLE H. *et al.*, « Acoustic emission monitoring of stress corrosion cracking on ferritic, austenitic and duplex stainless steels », *Int. Conf. on Corrosion-Deformation Interactions*, CDI 92, Fontainebleau, Edition de Physique, p. 830-839, 1992.

[RAH 01] RAHARINAIVO A., GRIMALDI G., MIERZEJEWSKI C., « Caractérisation de la corrosion des aciers dans le béton par des méthodes électrochimiques », *Congrès COFREND*, Reims, CND & Corrosion, Cédérom, 2001.

[RAM 02] RAMEAU J.J., « La corrosion : phénomène de nature électrochimique », *Corrosion des métaux et alliages*, G. Béranger et H. Mazille (Eds.), chapitre 4, Hermès, 2002.

[RIV 94] RIVENEZ J., GARBARZ J., *Radiologie : radioprotection, notions essentielles. Niveau 2* (2e édition), CETIM, 1994.

[SAL 99] SALZBURGER H.J., « Long Range detection of Corrosion by guided Shear Horizontal (SH-) Waves », *Proceedings of the 7th European Conference on Non-Destructive Testing*, Copenhague, 1999.

[SCH 88] SCHMIDT T.R., ATHERTON D.L., SULLIVAN S., « Experience with the Remote Field Eddy Current Technique », *Pro. 3rd Nat. Sem. on Nondestructive Evaluation of Ferromagnetic Materials*, Houston, 1988.

[SUL 89] SULLIVAN S., ATHERTON D.L., « Analysis of the Remote Field Eddy Current Effect in Non-Magnetic Tubes », *Materials Evaluation*, vol. 47, n° 1, p. 80-86, 1989.

[THA 84] THAULOW C., BERGE T., « Acoustic emission monitoring of corrosion fatigue crack growth in offshore steel », *NDT international*, vol. 17, n° 3, p. 147-153, 1984.

[WAL 01] WALASZEK H., CLORENNEC D., ROYER D., « Ultrasons sans contact : revue des nouvelles approches menées au CETIM », *Congrès COFREND,* Reims, CND & Corrosion, Cédérom, 2001.

[WAN 91] WANG Z.F., ZHU Z., KE W., « Behavior of acoustic emission for low-strength structural steel during fatigue and corrosion fatigue », *Metallurgical Transactions A.*, vol. 22A, n° 115, p. 2677-2680, 1991.

[WAN 93] WANG Z.F., LI J., KE W., ZHU Z., « Dependence of Acoustic emission for low strength steels upon the embrittlement and the plastic zone reduction at the crack tip during corrosion fatigue crack propagation », *Fatigue & fracture of engineering materials & structures*, vol. 16, n° 4, p. 441-451, 1993.

[WAS 01] WASSINK C., ROBERS M., DE RAAD J. *et al.*, « Condition monitoring of inaccessible piping », *Insight*, vol. 43, n° 2, p. 86-92, 2001.

[YUY 82] YUYAMA S., HISAMATSU Y., KISHI T., « Corrosion fatigue characteristics of 304 Stainless steel and AE analysis during the process (Monitoring of cracking and AE sources) », *J. Japan Inst. Metals*, vol. 46, n° 1, p. 85-93, 1982.

[YUY 83] YUYAMA S., KISHI T., HISAMATSU Y., « AE analysis during corrosion, stress corrosion cracking and corrosion fatigue processes », *Journal of Acoustic Emission*, vol. 2, n° 1-2, p. 71-93, 1983.

DEUXIÈME PARTIE

# Anticorrosion

# Chapitre 9

# Anticorrosion et choix des matériaux

La résistance à la corrosion n'est pas une propriété intrinsèque d'un métal donné. Elle dépend du milieu environnant ; ce milieu est défini par un ensemble de paramètres. De plus, le comportement en corrosion dépend de l'état de surface et plus précisément de l'interface matériau-milieu. La résistance à la corrosion est donc celle d'un système matériau-surface-milieu, soumis à des sollicitations diverses, physicochimiques, thermiques et mécaniques.

| **Elément** | **Action** |
|---|---|
| Matériau | Choix approprié,<br>Traitements thermomécaniques ou thermochimiques,<br>Elaboration… |
| Surface | Traitements de surface, préparation, nettoyage,<br>Revêtements… |
| Milieu | Inhibiteurs,<br>Contrôle des paramètres physicochimiques (température, pH, aération, teneur en gaz dissous, en impuretés…) |
| Ensemble du système | Protection cathodique<br>Passivation anodique |

**Tableau 9.1.** *Actions spécifiques sur les éléments du système matériau-surface-milieu*

---

Chapitre rédigé par Gerard BÉRANGER et Henri MAZILLE.

On en déduit que tout moyen d'action pour prévenir et/ou lutter contre la corrosion concernera l'un des trois éléments du système, voire son ensemble (tableau 9.1).

Parmi ces différentes « actions », nous allons nous intéresser, dans ce chapitre, à l'action sur le matériau. Partant du principe (rappelé ci-dessus) que la résistance à la corrosion n'est pas intrinsèque à un matériau, il convient tout d'abord de connaître parfaitement le milieu, donc de le caractériser, y compris en ce qui concerne les éléments ou composés présents à l'état de traces. C'est seulement quand le milieu est bien identifié que l'on peut procéder au choix approprié du matériau. Toutefois, trois possibilités restent offertes en termes de choix :

– choisir un matériau résistant à la corrosion dans les conditions définies ;

– choisir un matériau ne résistant pas par lui-même à la corrosion et lui adjoindre un moyen de protection (voir tableau 9.1 et chapitres 10 à 14 du présent ouvrage) ;

– choisir un matériau ne résistant pas par lui-même à la corrosion mais assurer un suivi (*monitoring*, traduit en français par « monitorage ») et procéder au changement du matériau quand il convient.

Très souvent, le choix définitif n'est pas seulement d'ordre technique ; l'incidence économique est généralement primordiale.

Dans l'analyse économique comparée de plusieurs situations, outre les coûts directs des travaux proprement dits (remplacement de la matière, main-d'œuvre, maintenance, contrôles, etc.), il est important de prendre en compte les coûts relatifs aux arrêts de production (pertes d'énergie, contamination de produits, augmentation du coefficient de sécurité, etc.), dits coûts indirects. L'analyse est donc complexe et le choix final doit prendre en compte la durée D de vie prévue. Cette durée de vie est présente dans l'expression de coût global G :

$$G = \frac{M + Cp + R + Co}{D} + F + E$$

où :

G = coût global,

Cp = coût de conception,

Co = coût du contrôle,

R = coût de recherche,

M = coût du matériau,

F = coût du fonctionnement,

E = coût de l'entretien,

D = durée de vie.

En fait, l'objectif du concepteur d'un système est d'assurer une fonction au coût global minimal par unité de temps.

La figure 9.1 illustre de façon simplifiée plusieurs situations possibles suivant la durée de vie prévue ($D_1$, $D_2$ ou $D_3$), à savoir court, moyen ou long terme [CRO 82].

On constate que :

– le scénario 1, caractérisé par un investissement initial $I_1$ assez faible mais avec des interventions de maintenance fréquentes, se révèle économiquement intéressant pour des durées courtes, comme $D_1$. Toutefois, à très long terme ($D_3$), ce scénario peut redevenir intéressant ;

– le scénario 2, qui implique un investissement initial $I_2$ plus élevé mais avec des opérations d'entretien moins fréquentes et moins onéreuses que dans le cas précédent, s'avère intéressant pour des durées moyennes (par exemple $D_2$).

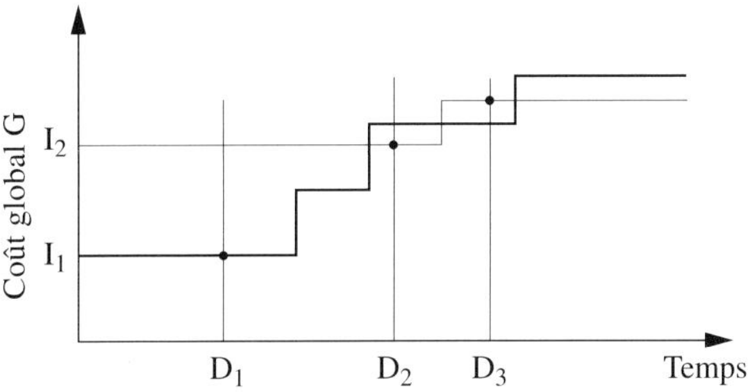


**Figure 9.1.** *Frais cumulatifs selon le choix « anticorrosion » effectué lors de l'investissement*

Cependant, il faut noter que l'analyse économique doit être affinée, car les coûts initiaux sont du ressort de l'investissement (en anglais CAPEX pour *capital expenditure*), alors que ceux pour les travaux d'entretien correspondent à du fonctionnement (en anglais OPEX pour *operational expenditure*) [CRO 99]. De plus, ce schéma économique n'intègre pas nécessairement la totalité des coûts. En pratique, on recherche un optimum entre les coûts de la corrosion et ceux de la protection (par exemple en choisissant un matériau plus résistant, donc plus allié et plus coûteux). La figure 9.2 montre de façon schématique que le coût dû uniquement à la corrosion d'un matériau M est d'autant plus faible que les moyens mis en jeu pour le protéger ou le rendre plus résistant, par exemple par addition d'éléments d'alliages ou par revêtement (cas de la figure 9.2), sont importants ; mais de ce fait, plus on protège le matériau (ou plus on augmente sa résistance à la corrosion), plus le coût de protection est élevé. Si l'on fait la somme de ces deux coûts, la courbe passe par un minimum qui correspond au choix optimal, mais uniquement en termes économiques. Dans la suite, nous allons nous placer uniquement dans le contexte technique du choix du matériau le plus adapté, donc le plus résistant au milieu du travail.

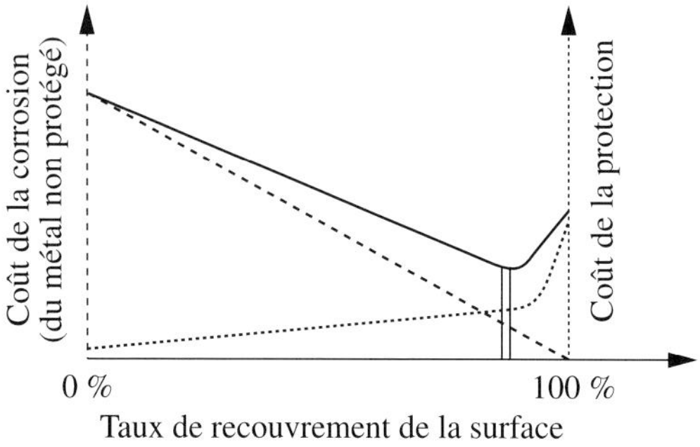


**Figure 9.2.** *Coûts cumulatifs résultant du coût de la corrosion du métal non protégé (- - - -) et de celui dû à la protection par revêtement (....)*

Il existe des bases de données et des systèmes d'aides à la décision. Ainsi, pour les principaux matériaux métalliques, un premier tri peut être fait en considérant les milieux oxydants ou réducteurs, avec ou sans chlorures (figure 9.3).

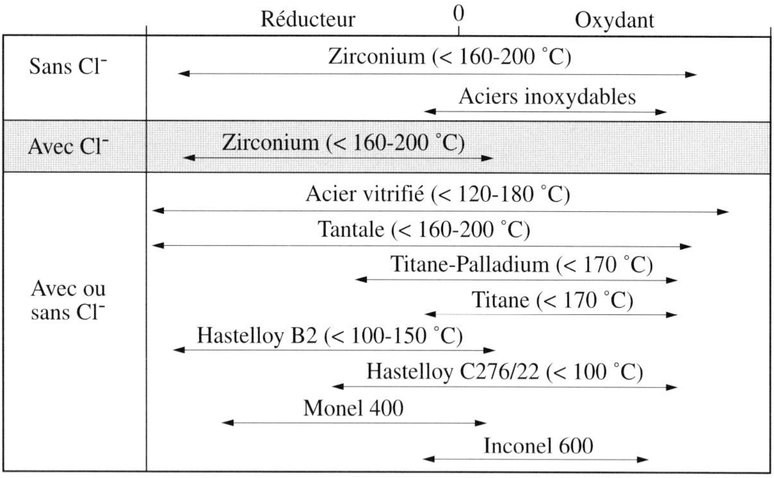


**Figure 9.3.** *Domaines d'utilisation de quelques métaux et alliages en milieux acides (oxydant ou réducteur, avec ou sans chlorures)*

Il existe par ailleurs de nombreux ouvrages ou documents techniques commerciaux, dans lesquels la plupart des milieux identifiés ont été reportés [HAM 74, KOR 92, MAZ 02, MEL 71, RAB 68, UHL 61]. Les figures 9.4 et 9.5 illustrent deux exemples empruntés à la documentation technique.

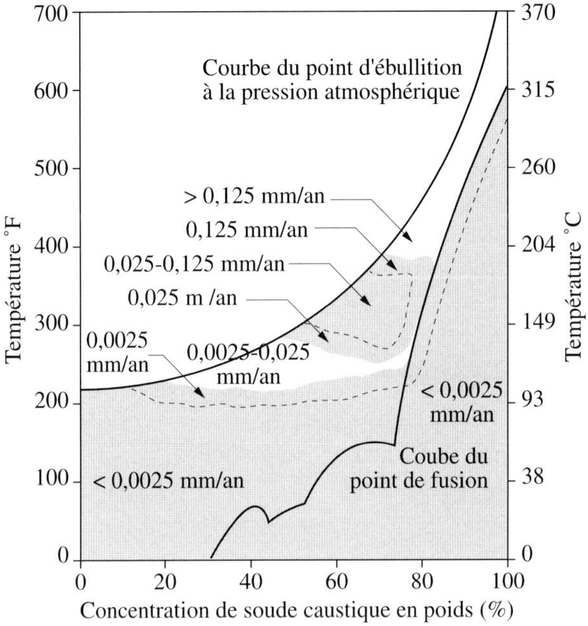


**Figure 9.4.** *Comportement du nickel en milieu soude (document commercial H.Wiggin & Co Ltd)*

Certains ouvrages ou bases de données sur cédérom présentent les résultats sous forme de tables dans lesquelles ces milieux sont reportés [BOG 92, HAM 74]. Pour chaque milieu sont indiqués en regard les principaux matériaux métalliques ferreux ou non et parfois non métalliques. Pour chaque milieu et chaque matériau, il existe une matrice à plusieurs rangées et plusieurs colonnes correspondant respectivement à des incréments de température et de concentration du composé considéré, en prenant généralement l'eau comme solvant de référence. A chaque case de la matrice correspond une vitesse de corrosion exprimée en perte d'épaisseur par an (figure 9.6).

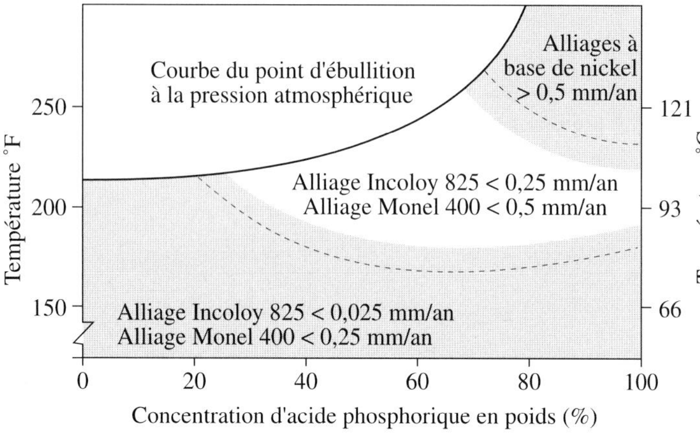


**Figure 9.5.** *Comportement d'alliages de nickel en milieu phosphorique (document commercial H.Wiggin & Co Ltd)*

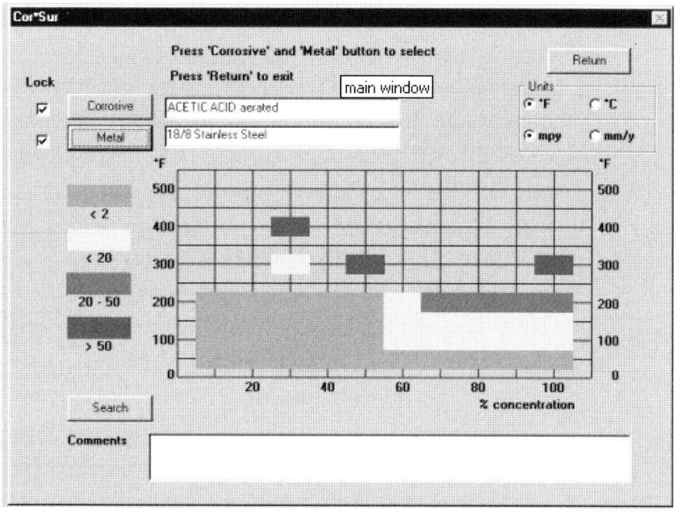


**Figure 9.6.** *Exemple de matrice température-concentration dans laquelle sont reportées les vitesses moyennes de corrosion d'un matériau (acier inoxydable 18/8) dans un milieu donné (acide acétique) [BOG 92]*

Rappelons qu'il s'agit de corrosion généralisée ou uniforme. Ces vitesses moyennes d'attaque, exprimées en micromètres par an et donc en pertes d'épaisseurs Δe, sont réparties en quatre catégories, à savoir :

– $\Delta e < 50\ \mu m$,

– $50\ \mu m < \Delta e < 500\ \mu m$,

– $500\ \mu m < \Delta e < 1\ 270\ \mu m$,

– $1\ 270\ \mu m < \Delta e$.

Il s'agit de valeurs approchées, car elles sont transposées des unités anglo-saxones utilisées, à savoir *des milliinches per year* (ou mpy). Ces valeurs limites peuvent être aisément converties en pertes de masse connaissant la masse volumique du matériau et l'aire de la surface exposée [MAZ 02].

Plusieurs remarques, ayant valeur de mise en garde, se doivent cependant d'être faites :

– le milieu est considéré comme pur bien qu'il s'agisse d'un composé mis en solution dans l'eau. Les éléments ou composés étrangers, même en quantité très faible, pouvant induire des réactions d'oxydoréduction, donc susceptibles de modifier considérablement le comportement du matériau, ne sont pas pris en compte ;

– la forme de corrosion impliquée est « uniforme » ; or, on sait que cette forme de corrosion, même si elle peut être spectaculaire, n'est pas dangereuse car souvent maîtrisée en termes de vitesse, et donc contrôlée. Par contre, les autres formes de corrosion peuvent être excessivement dangereuses comme la corrosion localisée par piqûres, par exemple. Notons toutefois que dans certains cas, les risques de corrosion localisée sont mentionnés ;

– des effets de synergie peuvent intervenir comme dans le cas de la corrosion sous contrainte, de la fatigue-corrosion ou de la corrosion-abrasion. Parfois, l'influence du milieu ou celle des contraintes résiduelles ou appliquées n'induit aucun effet destructeur ; par contre la simultanéité des deux sollicitations peut devenir excessivement néfaste.

*En clair, les tables précédentes peuvent constituer un indicateur mais ne peuvent en aucun cas servir d'élément décisionnel.* Une fois un premier tri effectué, il est prudent de procéder à des essais en laboratoire pour affiner le choix, en se plaçant dans des conditions de simulation les plus proches possibles de celles de la réalité, ou en réalisant des essais accélérés.

Lorsqu'un matériau est choisi pour un emploi donné, il peut s'avérer utile d'ajuster sa composition, sa structure, sa texture, sa propreté inclusionnaire, de contrôler les contraintes résiduelles ou les taux de déformation liés à la mise en forme par exemple. Tous ces paramètres sont étroitement dépendants de « l'histoire » du matériau depuis son élaboration jusqu'à sa mise en œuvre.

La figure 9.7 illustre par exemple l'influence (favorable, défavorable ou néfaste) de divers éléments d'alliages sur la résistance à la corrosion par piqûres des aciers inoxydable en milieu chloruré.

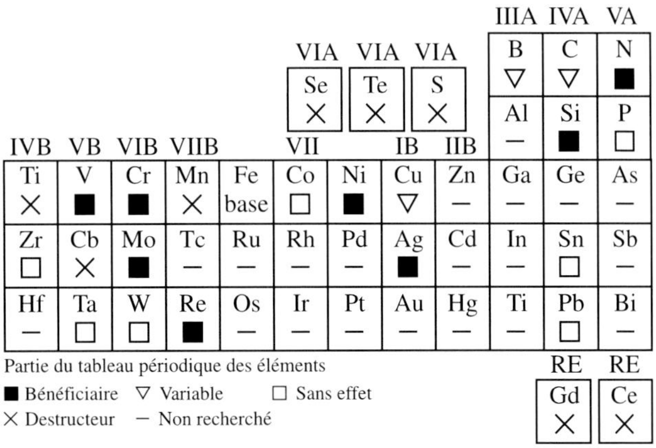


**Figure 9.7.** *Influence de divers éléments sur la résistance à la corrosion par piqûres des aciers inoxydables en milieu chloruré (d'après A.D. Sedriks [SED 79])*

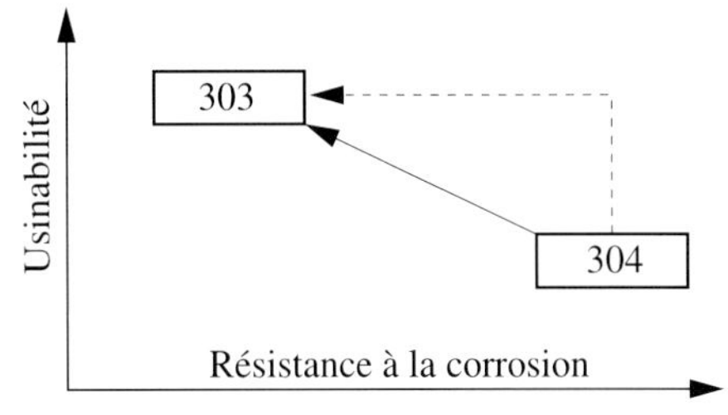


**Figure 9.8.** *L'ajout de soufre à l'acier inoxydable austénitique AISI 304 (NEX7CrNi18-10 ou NFZ7CN18-10) pour donner l'acier de même structure AISI 303, augmente son aptitude à l'usinage mais réduit sa résistance à la corrosion*

La figure 9.8 concerne la double influence de l'élément soufre sur l'aptitude *favorable* à l'usinage et *défavorable* en corrosion, lorsqu'il se trouve à l'état résiduel ou contrôlé dans la matrice d'un acier inoxydable austénitique. Il est en effet possible d'agir sur la nature, la forme, la taille, la distribution, le caractère biphasé des inclusions au stade de l'élaboration. C'est le cas du soufre qui peut donner naissance à des sulfures, notamment de manganèse. On pourrait *a priori* penser qu'il suffit alors de diminuer la teneur de cet élément pour réduire le nombre et la taille des inclusions, sites potentiels d'amorçage des piqûres. Ce n'est pas aussi simple :

– d'abord en termes d'élaboration,

– ensuite, tous les sulfures ne sont pas néfastes. Leurs caractéristiques physicochimiques, solubilité notamment, doivent être prises en compte.

La figure 9.9 est relative à l'influence d'un autre élément, le silicium, sur la vitesse de corrosion uniforme ou localisée (attaque intergranulaire) de l'acier inoxydable austénitique en milieu nitrique concentré chaud.

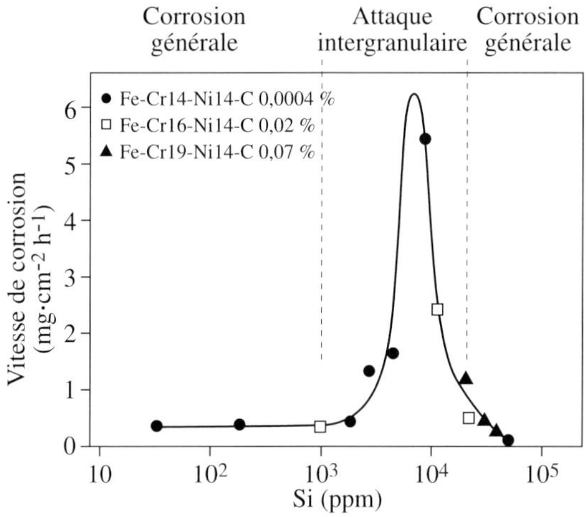


**Figure 9.9.** *Influence du silicium sur la vitesse de corrosion de l'acier inoxydable austénitique en milieu nitrique concentré chaud (d'après A.J. Sedriks [BER 90])*

Ces quelques exemples montrent l'influence des éléments mineurs, ce qui milite en faveur d'un choix rigoureux de la nuance la mieux adaptée pour résister à la corrosion dans un milieu donné. Le schéma 9.10, dans cet esprit, peut servir de guide dans le choix d'une famille ou d'une nuance d'un alliage inoxydable pour un besoin spécifique et selon les conditions de sollicitation.

La sélection d'un matériau repose en fait sur une approche multicritère. Il serait illusoire, voire dangereux, de ne considérer que la résistance à la corrosion. Afin de faciliter la décision, il est souvent nécessaire de procéder à une hiérarchisation des critères. Or, ceux-ci sont nombreux, comme en témoigne la figure 9.11.

Il existe maintenant des méthodologies et des logiciels d'aide à la sélection des matériaux appropriés pour un usage donné [ASH 00, ASH 01]. Cette sélection est étroitement associée à celle des procédés. Elle se traduit souvent, grâce à une rationalisation de l'approche, à un compromis, qui, outre les aspects techniques et économiques, doit nécessairement prendre en compte l'environnement. Le choix optimal de matériaux et de procédés associés constitue un enjeu majeur de la conception maîtrisée de produits industriels pour lesquels la notion de durabilité prend toute son importance. Dans le contexte du développement durable des biens manufacturés, tel que défini au sommet de Rio de Janeiro en 1992 d'une part, et des conséquences de l'emploi de tel ou tel matériau pour réaliser un objet donné d'autre part, nous disposons maintenant d'outils de choix et de gestion en procédant à une analyse des cycles de vie, ACV (en anglais LCA, *life cycle analysis*). Leur emploi n'est pas encore très répandu, car les outils sont en cours d'ajustement ; il convient cependant, d'ores et déjà, de les promouvoir, notamment au stade de la conception.

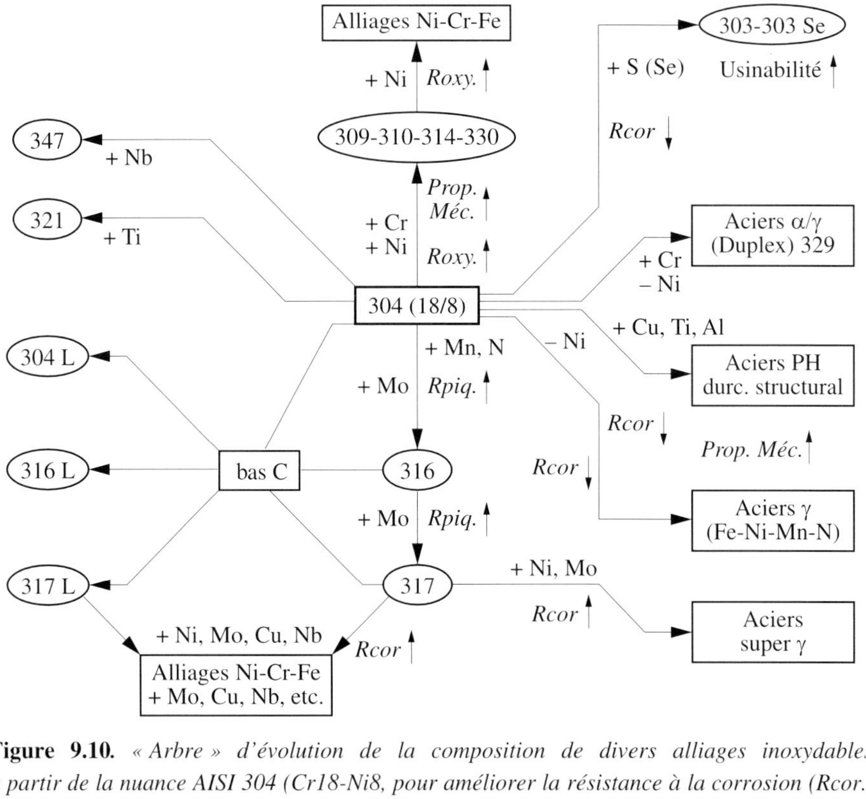


**Figure 9.10.** *« Arbre » d'évolution de la composition de divers alliages inoxydables à partir de la nuance AISI 304 (Cr18-Ni8, pour améliorer la résistance à la corrosion (Rcor., Rpiq.) ou les propriétés mécaniques (Prop. Méc.)). Traduit de A.J. Sedriks [SED 79] et complété.*

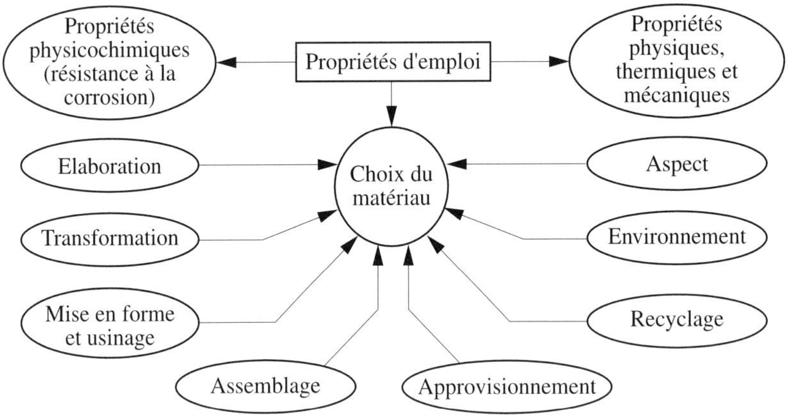


**Figure 9.11.** *Approche multicritère du choix des matériaux pour un emploi donné (fonctionnalité et cahier des charges)*

## Bibliographie

Les références signalées dans le chapitre sont complétées par celles de quelques ouvrages de synthèse dans lesquels le lecteur pourra trouver des compléments détaillés sur les divers moyens de lutte contre la corrosion et plus particulièrement ceux faisant appel au choix du matériau.

[ASH 00] ASHBY M.S., *Choix des matériaux en conception mécanique*, Dunod, 2000.

[ASH 01] ASHBY M.S., BRECHET Y., SALVO L., *Sélection des matériaux et des procédés de mise en œuvre*, Presses Polytechnique Universitaires Romandes, 2001.

[AUD 89] AUDISIO S., CAILLET M., GALERIE A., MAZILLE H., *Traitements de Surface et Protection contre la Corrosion*, Editions de Physique 1989, Ecole CNRS Aussois, 1987.

[AUD 99] AUDISIO S., CAILLET M., GALERIE A., MAZILLE H., *Revêtements et Traitements de Surface, Fonctionnalités, durabilités, procédés*, Presses Polytechniques et Universitaires Romandes, 1999, Ecole CNRS Les Hauts de Marquay, 1988.

[AUD 99] AUDISIO S. *et al.*, *Le livre multimédia de la corrosion*, Cédérom, Laboratoire de Physicochimie Industrielle de l'INSA de Lyon, 1999.

[BER 82] BÉRANGER G., DABOSI F., *Corrosion et protection des métaux*, Editions du CNRS, 1982, Ecole CNRS Les Houches, 1981.

[BER 90] BÉRANGER G., CHARBONNIER J-C., « La corrosion intergranulaire des aciers inoxydables », chapitre 11 dans [LAC 90], p. 411-434, 1990.

[BER 02] BÉRANGER G., MAZILLE H. (dir.), *Corrosion des métaux et alliages*, Hermès, Traité MIM, 2002.

[BOG 92] BOGAERT W.F., AGEMA K.S., *Active Library on Corrosion*, Cédérom, Nace, Elsevier, 1992.

[CAP 88] CAPLAIN R., DAVID D., *Caractérisation des Surfaces – Matériaux, méthodes et technologies*, EDP Sciences, 1988, Ecole CNRS St Valéry/Somme, 1988.

[CRO 82] CROLET J-L., « Choix d'une politique de lutte contre la corrosion », dans [BER 82], p. 330-339, 1982.

[CRO 82] CROLET J-L., « Savoir mesurer les succès et les échecs », *Bulletin de liaison du Cefracor*, n° 12, 1999.

[DAB 92] DABOSI F., BÉRANGER G., BAROUX B., *Corrosion localisée*, Editions de Physique, Ecole CNRS, Banyuls, 1992.

[DES 92] DESJARDINS, OLTRA R., *Corrosion sous contrainte ; phénoménologie et* mécanismes, Editions de Physique, Ecole CNRS Bombannes, 1990.

[DUR 88] DURING E.D.D., *Corrosion Atlas*, A Collection of Illustrated Case Histories, 2 volumes, Elsevier, 1988.

[FON 67] FONTANA M.G., GREENE N.D., *Corrosion Engineering*, McGraw Hill, New York, 1967.

[HAM 74] HAMNER N.E., *Corrosion Data Survey*, 5$^{e}$ edition compiled by NACE, Houston, 1974.

[KOR 92] KORB L.G. *et al.*, *ASM Metals Handbook*, vol. 13, ASM International, 1992.

[MEL 71] MELLAN I., *Corrosion Resistant materials Handbook*, 2$^{nd}$ edition, Noyes Data Corp, 1971.

[LAC 90] LACOMBE P., BAROUX B., BÉRANGER G., *Les aciers inoxydables*, Editions de Physique, 1990.

[LAN 93] LANDOLT D., *Corrosion et chimie de surfaces des métaux*, Presses Polytechiques et Universitaires Romandes, 1993.

[LEM 98] LEMAITRE C., PÉBÈRE N., DABOSI F., *Biodétérioration des métaux*, EDP Sciences, 1998, Ecole CNRS St Avit de Vialard, 1995.

[MAR 95] MARCUS P., OUDAR J., *Corrosion mechanisms in theory and practice*, Marcel Dekker Inc., 1995.

[MAZ 02] MAZILLE H., BÉRANGER G., « Modes de corrosion et prévention », dans [BER 02], 2002.

[RAB 68] RABALD E., *Corrosion Guide*, 1$^{st}$ edition, Elsevier Publishing Co, New York, 1968.

[SED 79] SEDRIKS A.J., *Corrosion of stainless steel*, John Wiley and Sons Inc., 1979.

[SHR 79] SHREIR L.L., *Corrosion*, 2 volumes, Newnes Butterworths, 1979.

[UHL 61] UHLIG H.H., *Corrosion Handbook*, 7$^{th}$ edition, J. Wiley & Sons, New York, 1961.

[UHL 85] UHLIG H.H., REVIE W., *Corrosion and corrosion control. An introduction to corrosion science and engineering*, John Wiley and Sons, 1985.

[WRA 72] WRANGLEN G., *An introduction to corrosion and protection of metals*, Butler & Tannner Ltd, Londres, 1972.

# Chapitre 10

# Revêtements et traitements de surface pour l'anticorrosion

Les traitements et revêtements de surface ont de nombreuses applications en matière d'anticorrosion. En particulier pour la protection des matériaux métalliques, mais aussi pour celle des non métalliques comme les composites, les plastiques... Les matériaux métalliques demeurent toutefois les substrats métalliques les plus concernés par la protection anticorrosion au moyen des divers types de traitements et de revêtements de surface. Parmi ces matériaux, on trouve en premier lieu les métaux ferreux (aciers doux et inoxydables), ensuite les cuivreux et les alliages légers, ainsi que le zamack®.

Le choix d'un traitement ou d'un revêtement anticorrosion dépend de nombreux critères, parmi lesquels les propriétés d'emploi du matériau traité. Aux propriétés anticorrosion s'ajouteront donc d'autres propriétés souhaitées : cosmétiques, décoratives, fonctionnelles (électriques, tribologiques, dureté superficielle...), etc.

Au préalable, il paraît toutefois utile de rappeler quelques généralités.

---

Chapitre rédigé par Jean-Claude CATONNÉ et Marcel SAURAT.

## 10.1. Généralités sur les traitements et revêtements de surface appliqués à l'anticorrosion

### 10.1.1. *Rôle joué par les traitements et revêtements de surface dans l'anticorrosion*

La réponse tient dans l'analyse détaillée des mécanismes : analyse abordée de façon détaillée dans cet ouvrage, en particulier au chapitre 4, dont il convient de souligner ici les points forts.

Si la corrosion se développe, c'est qu'un phénomène d'origine électrochimique se déroule entre l'interface métallique et un agresseur externe. Dans ces conditions, une pile de corrosion débite un courant électrique dont l'intensité exprime la vitesse avec laquelle se propage la corrosion. Cette pile électrochimique présente deux caractéristiques essentielles : sa force électromotrice et sa résistance interne. La force électromotrice de la pile exprime une contribution d'origine thermodynamique, dans laquelle tant le rôle de l'agresseur que celui de « l'agressé » doivent être pris en compte par le biais de grandeurs réversibles (les potentiels d'équilibre). La résistance interne d'une pile de corrosion exprime deux contributions différentes : une contribution cinétique matérialisant l'irréversibilité des phénomènes d'oxydation du substrat et/ou de réduction de l'agresseur et une contribution d'origine ohmique, liée aux propriétés de l'électrolyte mouillant l'interface en situation de corrosion.

D'une manière générale, pour un matériau donné au contact d'un agresseur donné dans une ambiance donnée, il y a trois moyens différents de traitements de surface possibles pour lutter contre la corrosion :

– un moyen d'ordre thermodynamique, consistant par exemple à modifier les propriétés électrochimiques de l'extrême surface par un revêtement métallique, de façon à diminuer la valeur de la force électromotrice de la pile – f.e.m. – (dépôt de zinc sur aluminium, de nickel sur acier, d'argent sur cuivre), voire à inverser sa valeur (le cuivre est un bon protecteur de l'acier contre sa corrosion par l'eau, car la réaction de couplage n'étant pas spontanée, la f.e.m. du couple $Cu/H_2O$ est négative :

$$Cu + H_2O \rightarrow CuO + H_2$$

– un moyen d'ordre cinétique susceptible d'augmenter l'impédance apparente du transfert de charge de l'une ou l'autre des deux réactions électrochimiques d'oxydation ou de réduction, par le biais :

- d'un revêtement métallique doté de propriétés spécifiques propices à l'atténuation du courant d'échange de la réaction cathodique (cas de $H_2O/H_2$ sur Cd, Zn ou Hg par exemple),
- d'un traitement de surface destiné à « recouvrir » l'interface métallique par une couche mince (une dizaine de micromètres au plus) dotée de propriétés

hydrophobes, élaboré par voie humide (phosphatation, chromatation) ou par voie sèche (traitements de surface par voie physique : PVC, CVD). Ces films, qui présentent un caractère plutôt hydrophobe, contribuent à atténuer la mouillabilité de l'interface ; ce qui augmente d'autant l'impédance de transfert lors de l'initialisation de la corrosion tant par rapport à la réduction de l'eau qu'à celle de l'oxygène dissous. En revanche, ces films sont mécaniquement fragiles et pour certains, chimiquement instables ;

– un moyen d'ordre strictement ohmique enfin, consistant à élaborer une barrière interfaciale à caractère organique et hydrophobe (Rilsan®, peintures, vernis...). Par principe, cette barrière est imperméable à l'eau et s'oppose à la diffusion de l'oxygène dissous vers l'interface. Toutefois, s'il s'agit d'une peinture par exemple, des courts-circuits de diffusion peuvent limiter l'efficacité du film. Dans le cas particulier où des charges d'origine minérale sont ajoutées alors que la liaison charge-liant n'est pas parfaitement assurée, ces charges peuvent s'hydrater superficiellement et conduire à terme au court-circuit redouté : l'hydratation locale apparaît alors comme un chemin de percolation possible pour la diffusion de l'oxygène dissous à travers une matrice organique réputée imperméable.

### 10.1.2. *Que fait-on comme traitements et revêtements de surface en anticorrosion ?*

Jusqu'à un passé récent et en dehors de la peinture qui constitue un moyen de protection spécifique, les traitements et revêtements anticorrosion se déclinaient en deux grandes familles : « les traitements à chaud » et ceux « à froid ». La famille des traitements à chaud rassemblait – et rassemble toujours – l'ensemble des procédés par immersion ou bien par projection de métal en fusion, tandis que celle des traitements à froid regroupait principalement les traitements en phase aqueuse, également appelés traitements de surface par voie humide (TSVH).

Le développement relativement récent des procédés physiques (PVD) et chimiques (CVD) de dépôt enrichit la panoplie des traitements anticorrosion. Comme ils se pratiquent également à chaud, mais en « phase vapeur », un consensus s'est alors progressivement établi pour classer ces derniers procédés dans la famille des traitements par voie sèche (TSVS).

Les traitements de surface par voie humide sont d'origine électrochimique. Ils se répartissent en quatre branches principales, respectivement caractérisées par leur nature (chimique ou électrolytique) et leur caractère (anodique ou cathodique).

La famille des traitements à chaud rassemble les traitements classiques de galvanisation à chaud et les projections à chaud et autres traitements « à la flamme ». En raison des mécanismes liés aux processus d'élaboration puis d'adhérence du revêtement protecteur, les traitements à chaud ont une forte affinité avec la métallurgie. L'adhérence est assurée par diffusion d'origine thermique entre le substrat et le dépôt.

La famille des traitements de surface par voie sèche réunit deux branches distinctes : celle des dépôts chimiques (CVD : *Chemical Vapor Deposition*) et celle des dépôts physiques (PVD : *Physical Vapor Deposition*). La branche des traitements par PVD présente de nombreuses analogies avec celle des traitements électrolytiques de la famille des TSVH. Le principe des traitements par CVD est thermodynamiquement comparable à celui des « traitements chimiques » dans la famille des TSVH : ils ne sont possibles que parce que la variation d'enthalpie libre de la réaction souhaitée est négative. Il s'agit généralement d'une conversion interfaciale au terme de laquelle le substrat peut jouer le rôle de catalyseur (ses propriétés intrinsèques contribuent à diminuer la barrière d'activation d'une réaction donnée) ou bien jouer le rôle de catalyseur et de réactif (comme dans le cas de la phosphatation par exemple). Pour cette raison, la CVD s'apparente à la famille des traitements thermiques de conversion (nitruration, carburation, carbonitruration, chromisation par exemple).

Que faire ? Comment faire ? Et pourquoi faire ? sont les trois questions fondamentales qu'il convient de se poser lorsque l'on doit choisir un traitement ou un revêtement de surface anticorrosion. Examinons donc succinctement chacun de ces trois points sans oublier de traiter la question connexe des conséquences environnementales de la gestion des déchets.

### 10.1.3. *Comment fait-on un traitement de surface anticorrosion ?*

La réalisation d'un traitement de surface nécessite la mise en œuvre d'une gamme opératoire et de moyens d'applications.

La gamme opératoire se décline en termes d'opérations unitaires, chaque opération ayant un rôle particulier respectivement dédié à la préparation du substrat, à son traitement proprement dit et/ou à sa finition :

– le dégraissage et le décapage sont des préparations théoriquement praticables par voie sèche ou par voie humide. Le but est d'assainir l'interface de ses souillures diverses (graisses ou huiles de protection d'une part, calamines ou couche d'oxydation superficielle de l'autre), mais aussi de modifier l'état de surface initial, soit en minimisant la rugosité (polissages chimiques ou électrolytiques), ou bien en la maîtrisant (décapages chimiques ou physiques – traitements au laser) ;

– les finitions peuvent avoir des vocations multiples : esthétiques (coloration, patine) ou bien fonctionnelles (renforcement du pouvoir anticorrosion par une conversion superficielle, élimination des risques de fragilisation par l'hydrogène au moyen d'un « dégazage »).

Les gammes opératoires mises en œuvre sont généralement beaucoup plus simples et réputées moins polluantes par voie sèche que par voie humide. Pour quelle raison ? Principalement parce que le succès d'un traitement de surface par voie humide nécessite un interface hydrophile et parce que cet état de surface ne peut être obtenu qu'après une préparation par voie humide. Cette opération se révèle d'autant plus lourde et polluante qu'elle nécessite d'incorporer entre chaque réacteur d'une même séquence (de préparation, de traitement proprement dit et de finition) une série de rinçages efficaces, destinés à éviter la pollution des bains de l'aval par ceux de l'amont. Par voie sèche, cette contrainte n'existe plus puisqu'il suffit d'un décapage mécanique pour assainir l'interface. Cette approche reste toutefois controversée, car l'expérience montre qu'il est souvent utile de préconiser une préparation par voie humide avant d'appliquer un traitement à chaud, de quelque nature soit-il.

Il existe deux moyens possibles pour appliquer un traitement de surface : *in situ* et *ex situ* :

– les traitements anticorrosion *ex situ* concernent principalement la mécanique et en particulier la recharge métallique ou la protection sélective. Ils se pratiquent sur site, à partir d'un outillage spécifique. Les traitements à la flamme et ceux par projection pour la voie sèche, les traitements sélectifs hors cuve ou ceux au tampon pour la voie humide sont les plus répandus ;

– dans un traitement *in situ*, les pièces ou matériaux à traiter le sont dans des ateliers dédiés, équipés de réacteurs dont la capacité nominale peut varier de plusieurs centaines de mètres cubes (500 $m^3$ et au-delà pour une unité de décapage en continu de tôles d'acier) à quelques litres (traitement anticorrosion de pièces aux dimensions millimétriques dans des réacteurs en vrac).

Le mode d'application d'un traitement de surface anticorrosion varie selon les cas et en fonction des conditions d'exploitation. Trois situations peuvent se présenter selon que les pièces à traiter sont stationnaires ou non :

– une charge est dite stationnaire quand elle est introduite dans un réacteur et qu'elle y demeure immobile. Dans ces conditions, des verrous réactionnels d'origine cinétique peuvent se manifester et limiter le vitesse de la réaction, en particulier dans le cas d'un défaut de renouvellement du réactif (ou l'évacuation des sous-produits de réaction) à l'interface. Une convection par circulation forcée est donc nécessaire pour faire sauter ce verrou et c'est ce que l'on pratique dans le cas des traitements électrolytiques à l'attache, du traitement thermique de bottes de fil dans un four, de la PVD ou de la CVD dans des enceintes confinées ;

– si la charge à traiter est dispersée dans un réacteur en rotation ou en translation, ce sont les pièces qui sont mises en mouvement. Le traitement est dit « en vrac » et s'applique aussi bien par voie humide (traitements au tonneau) que par voie sèche (cas du dépôt de zinc par PVD au tonneau). La galvanisation à chaud et l'étamage se pratiquent également sous cette forme (boulonnerie pour les pylônes EDF dans le premier cas, pièces de très petit format pour l'électronique dans le second) ;

– enfin, dans les traitements au jet ou par projection, on parvient à concilier l'avantage des traitements stationnaires avec ceux des traitements en vrac. Tel est le cas typique du dégraissage phosphatant au jet qui se pratique en continu, dans un « tunnel » de traitement de surface dans lequel défilent pièces attachées à des balancelles solidaires d'un manège. Pratiqué avant poudrage sur des tubes d'acier, ce traitement est en réalité une préparation de surface, dont la gamme de mise en œuvre nécessite au moins quatre séquences consécutives : un prédraissage à l'aide d'une solution « acide » ou alcaline, chargée en tensioactif et en phosphate libre jouant le rôle de complexant du fer (élimination des oxydes superficiels), un dégraissage de finition chargé de mettre en émulsion les huiles résiduelles, un rinçage à l'eau déminéralisée et un dernier étage dit de « passivation », destiné à asperger les pièces ainsi nettoyées afin de les envelopper d'une pellicule de réactif à partir duquel une couche d'oxyde stœchiométrique se développera spontanément au cours d'un étuvage judicieusement dimensionné (température et temps de séjour moyen des pièces dans l'étuve). La cohérence de la structure de cet oxyde et sa composition déterminent la qualité physicochimique du film de conversion, et en particulier son adhérence au substrat. D'autre part, ces poudres étant déposées par projection électrostatique puis passées « en cuisson », il est clair que ces mêmes propriétés déterminent la nature et l'énergie des liaisons physicochimiques entre ce continuum interfacial et les poudres ainsi déposées.

### 10.1.4. *Comment choisir un traitement de surface anticorrosion ?*

L'anticorrosion n'est pas la seule vocation des traitements et revêtements de surface, car d'autres fonctionnalités complémentaires sont généralement préconisées, comme des propriétés tribologiques, électriques, dureté superficielle, cosmétiques, esthétiques… En conséquence de quoi le choix sera dicté par les propriétés d'emploi du matériau.

### 10.1.5. *Impact environnemental et gestion des déchets*

D'une manière générale, les traitements de surface sont réputés pour leur pouvoir polluant et leur capacité à engendrer des déchets. Ces défauts rédhibitoires sont davantage marqués pour les traitements humides que pour les traitements par voie sèche, mais l'expérience montre qu'une saine gestion des procédés suffit pour rendre « propres » la plupart des technologies de traitements de surface par voie humide.

Pour y parvenir, les exploitants font appel aux bonnes pratiques du génie chimique : la modélisation des réacteurs et leur gestion ont fait l'objet de réels progrès depuis une dizaine d'années. Sait-on par exemple que le laquage en continu des tôles d'acier se pratique dans des salles quasi blanches ; que la peinture par électrophorèse cathodique (cataphorèse) d'une caisse automobile se fait avec un rendement matière de plus de 98 %, sans autres rejets que ceux que l'on évacue dans les « fumées » de cuisson ; enfin, que les bains de dégraissage phosphatant ont actuellement des durées de vie de dix à vingt fois plus longues que ceux que l'on exploitait il y moins de dix ans ?

Ces progrès récents sont obtenus au prix d'une évolution irréversible, fondée sur l'idée que les réacteurs d'un atelier de traitement de surface peuvent être exploités comme une machine-outil. Ces réacteurs peuvent êtres pilotés et gérés de façon fonctionnelle et économique, à condition qu'ils soient instrumentés de façon « intelligente ». Dans ces conditions, cette machine-outil peut fonctionner en émettant des rejets valorisables.

Les déchets engendrés par les traitements de surface d'anticorrosion ont une origine fortuite ou fatale :

– les déchets fortuits sont accidentels ou bien systématiques. Selon leur nature et leur fréquence, ils fournissent un excellent outil d'évaluation quant à la qualité du traitement fait. Donc, sur la qualité du produit fini, c'est-à-dire sur les propriétés anticorrosion du traitement ou du revêtement souhaité. Ainsi, l'expérience montre que deux revêtements de zinc exécutés sur les mêmes produits et les mêmes nuances d'acier, à partir d'électrolytes identiques (en électrozingage) ou de bains de même composition (en galvanisation à chaud) peuvent présenter des défauts d'adhérence, des piqûres, voire des résistances au brouillard salin très différentes les unes des autres. Pourquoi ? Parce que le dépôt ou le revêtement peuvent être souillés d'impuretés généralement accumulées dans les réacteurs sous formes de boues ou de pollutions diverses. C'est donc pour éviter ce genre d'accident que les bains sont coupés ou bien renouvelés. Opération coûteuse et polluante, car une coupure de bain nécessite de renouveler le capital détruit et d'investir en produit et procédés de « détoxication » ;

– les déchets fatals dépendent du choix du procédé et sont d'origine stœchiométrique. A titre d'exemple, citons le cas des décapages qui se chargent en fer soluble (décapages chlorhydriques ou sulfuriques des aciers), en aluminium ou en zinc (décapage alcalin des alliages d'aluminium ou dégraissage alcalin des aciers prérevêtus). Les traitements modernes de ces déchets font appel à la mise en œuvre de procédés de séparation et de concentration, applicables tant pour les concentrés que pour les rinçages dilués, à partir desquels on peut recycler tout ou partie du réactif de base et valoriser ou bien régénérer les sous-produits fatals, ce qui permet de réduire, voire d'éliminer dans certains cas les déchets ultimes.

## 10.2. Protection anticorrosion par traitements et revêtements de surface par voie humide

Les traitements de surface par voie humide se pratiquent sur de nombreux substrats, métalliques ou non. Dans les applications anticorrosion des métaux, le substrat le plus répandu est évidemment l'acier en raison du comportement du fer. Toutefois, mais pour des raisons différentes, le cuivre et ses alliages ainsi que l'aluminium et ses alliages ou le zinc (zamak®) sont également de bons candidats. Dans les non-métaux, les traitements anticorrosion se pratiquent surtout sur des composites (aviation, automobile...) et sur des matériaux organiques (métallisation de l'ABS par exemple).

L'élaboration d'un revêtement protecteur ou d'une couche de conversion nécessite généralement quatre étapes successives : la phase de préparation avant TSVH, le traitement proprement dit, ainsi qu'une étape dite de finition, éventuellement complétée par une étape de posttraitement.

La phase de préparation conditionne la qualité du traitement et celle du revêtement protecteur : une mauvaise préparation est la porte ouverte aux désordres de corrosion. Dans le cas d'un revêtement protecteur, le but d'une préparation est de créer un continuum physicochimique entre le substrat et le revêtement, c'est-à-dire d'une part de débarrasser l'interface de ses souillures originelles (huiles, graisses, calamines ou oxydes divers) et d'autre part de conditionner l'interface en vue de lui conférer une affinité pour les TSVH et en particulier de rendre cette interface parfaitement hydrophile. Le rôle joué par la phase de finition est exactement à l'opposé du précédent : au caractère franchement ou partiellement hydrophile du revêtement ainsi élaboré, on substitue un caractère franchement hydrophobe, soit par une « passivation », soit par une « conversion », éventuellement complétées par un posttraitement « hydrofuge ». Dans ces conditions, l'eau s'adsorbe difficilement sur les pièces en service car le matériau présente une mouillabilité réduite. Les risques de corrosion sont atténués puisque l'oxygène qui est le principal agresseur des matériaux métalliques, qui n'agit qu'à l'état dissous, ne peut plus diffuser vers l'interface hydrophobe.

Dans certains cas, le traitement de surface et la préparation constituent une seule et même opération (décapage avant peinture, dégraissage-phosphatant avant poudrage électrostatique, polissage électrolytique...). Ce qui nous amène donc à examiner plus précisément l'ensemble de la palette des TSVH présentés ci-dessus. Cette matrice des TSVH est organisée en fonction de la nature (chimique ou électrolytique) et caractère (anodique ou cathodique) de l'opération.

| | Chimique | Electrolytique |
|---|---|---|
| Anodique | Dégraissage<br>Décapage<br>Passivation<br>Phosphatation<br>Chromatation<br>Usinage, gravure chimiques<br>Démétallisation | Dégraissage<br>Décapage<br>Anodisation<br>Polissage-brillantage<br>Anaphorèse<br>Démétallisation |
| Cathodique | Dépôts chimiques<br>Dépôts par déplacement<br>Cémentation | Revêtements métalliques<br>Cataphorèse |

### 10.2.1. *Traitements chimiques*

Les traitements chimiques pratiqués dans le domaine de l'anticorrosion dépendent de l'opération que l'on souhaite exécuter sur l'interface ; ils présentent un caractère anodique s'il s'agit d'une oxydation ou cathodique dans le cas des réductions.

#### 10.2.1.1. *Traitements chimiques de caractère anodique*

Il s'agit principalement de traitements de préparation avant traitement de surface (dégraissage, décapage, voire démétallisation des rebuts), ou de conditionnement (phosphatation plus savonnage avant tréfilage ou déformation à froid), ou d'usinage (usinage chimique des alliages d'aluminium, gravure chimique des circuits imprimés). Examinons ci-dessous quelques cas intéressants.

##### 10.2.1.1.1. Dégraissage chimique

La qualité d'un dégraissage chimique est un critère parmi les plus sévères en matière d'anticorrosion. Si un dégraissage n'est pas de bonne qualité, une hétérogénéité locale persiste et un couplage corrosion finira par se manifester. Au sens premier du terme, un dégraissage a pour but d'éliminer les souillures interfaciales faites de matières grasses apportées lors des opérations en amont de mise en forme. Actuellement, la plupart de ces matières grasses sont élaborées à partir de coupes pétrolières, sous forme de produits essentiellement émulsifiables et très faiblement saponifiables.

Les « huiles émulsifiables » présentent la particularité d'être composées de macromolécules au squelette linéaire, généralement fonctionnalisées aux extrémités ou sur certains « bourgeons » de leur squelette. Sur cette structure, dite

« amphiphile », aucune affinité n'existe entre les molécules d'eau et le squelette carboné, alors qu'une forte affinité peut au contraire se manifester entre l'eau et les sites fonctionnalisés. Si ces sites sont ionisables, des liaisons se créent entre le substrat et les macromolécules et si ces liaisons ne sont pas rompues sous l'effet de la température et de la pression, alors ces macromolécules jouent le rôle de lubrifiant.

Le dégraissage de ces produits implique la rupture des liaisons interfaciales entre les deux matériaux. L'une des méthodes consiste à créer une émulsion, c'est-à-dire une structure physicochimique thermodynamiquement plus stable que la liaison entre le substrat et les macromolécules. Cette émulsion peut se développer spontanément par des appoints contrôlés de tensioactifs (TA) dans les électrolytes de dégraissage dont le pH et la température doivent êtres strictement contrôlés. Les tensioactifs sont des produits amphiphiles de masse moléculaire plus faible que celle des huiles avec lesquelles ils forment des colloïdes à l'origine de l'émulsion.

L'émulsion huile-TA est réversible, aussi l'élimination de l'huile interfaciale est favorisée par le déplacement vers la droite de l'équilibre [10.1]. Lorsque cet équilibre est déplacé, l'interface est dégraissée sans toutefois être hydrophile en raison de la création d'une liaison entre le substrat et le tensioactif. Pour rompre cette liaison et aboutir à une interface dégraissée et hydrophile, il faut pratiquer un rinçage abondant afin d'abaisser la concentration pondérale du tensioactif à une valeur inférieure à celle d'un seuil critique appelé « concentration micellaire critique » (cmc). Un tel rinçage doit se pratiquer avec de l'eau déminéralisée afin de contribuer à l'hydratation de l'interface conformément à [10.2] puis, par dilution [10.3] de désagréger les liaisons assurant la stabilité colloïdale du tensioactif quand sa concentration devient inférieure à la valeur de cmc (figure 10.1) :

$$\mathrm{Me}\cdots\mathrm{Huile} + \mathrm{TA}_{\mathrm{soluble}} \Leftrightarrow \mathrm{Me}\cdots\mathrm{TA} + \mathrm{Huile}\cdots\mathrm{TA}_{\mathrm{émulsion}} \quad [10.1]$$

$$\mathrm{Me}\cdots\mathrm{TA} + n\mathrm{H_2O} \Leftrightarrow \mathrm{Me}\cdots(\mathrm{H_2O})_n + \mathrm{TA}_{\mathrm{insoluble}} \quad [10.2]$$

$$\mathrm{TA}_{\mathrm{insoluble}} + \mathrm{H_2O} \Leftrightarrow \mathrm{TA}_{\mathrm{soluble}} \quad [10.3]$$

Sur les matériaux industriels, la liaison huile-substrat se fait par le biais d'un troisième corps, généralement un oxyde plus ou moins hydraté, qu'il convient donc d'éliminer par voie chimique simultanément au dégraissage. De la solution préconisée dépend la qualité du résultat escompté.

Si l'oxyde présente des propriétés très hydrophobes (base galvanisée, aciers nitrurés ou carbonitrurés, bases cuivre...), il faut pratiquer un décapage. Dans le cas contraire, on pratique un dégraissage désoxydant ou un dégraissage phosphatant. La fonction dégraissage d'un dégraissage-phosphatant est assurée par un tensioactif mis en émulsion dans un électrolyte à base de phosphate mono- ou disodique par exemple. Ce traitement engendre une alcalinisation progressive de l'électrolyte, mais il se prête bien au nettoyage des aciers doux, car l'anion lié au phosphore réagit avec le fer de l'oxyde pour former des boues [10.4] :

$$Me \cdots FeO + nH_2O + HPO_4^{2-} \rightarrow Me \cdots (H_2O)_n + 2OH^- + FeHPO_4\downarrow \qquad [10.4]$$

Les désordres de corrosion imputables à un traitement de surface dans lequel le dégraissage est défectueux sont malheureusement fréquents et la plupart du temps imputables à une dérive du procédé.

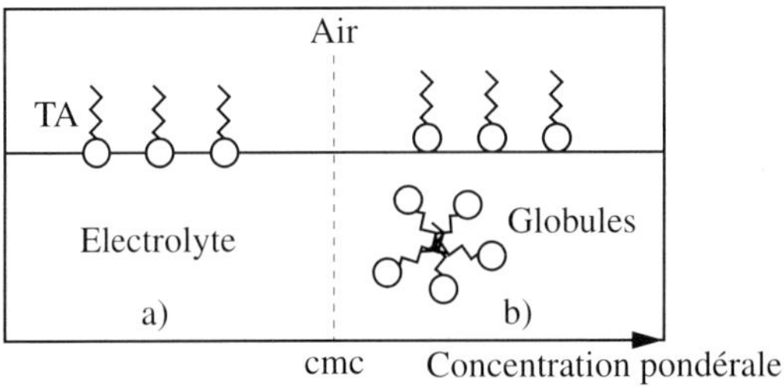


**Figure 10.1.** *Lorsqu'un tensioactif (TA) est introduit dans une solution ionique, il présente un comportement variable en fonction de sa concentration micellaire critique (cmc). Dans le cas où sa concentration est inférieure à cmc (a), le TA occupe l'interface air-électrolyte : sa tête hydrophile étant du côté de la solution et son corps hydrofuge du côté de l'air. Quand sa concentration est supérieure à cmc (b), le tensioactif tend à s'organiser selon une structure globulaire, sous la forme de gouttelettes micrométriques dont les têtes hydrophiles sont tournées vers la solution.*

La figure 10.2 représente le schéma de principe d'une séquence de dégraissage dans un tunnel de phosphatation dégraissante composé de deux étages successifs (PDG : prédégraissage ; DG : dégraissage) et d'un poste de trois rinçages en cascade. Convenablement équipée, cette configuration peut être avantageusement exploitée à condition de parvenir à modéliser les flux d'échange entre les divers réacteurs. L'adjonction d'un déshuileur dimensionné, associé à la gestion des appoints (produit dégraissant, tensioactifs et eau adoucie) et à la connaissance des entraînements par les pièces et des pertes d'eau par les fumées permet de maintenir chacun des réacteurs sur un point de fonctionnement stable et la ligne de production à l'abri des dérives. D'autre part, cette méthode permet également de limiter les effluents et de minimiser la production de boues.

10.2.1.1.2. Décapage chimique

Le décapage chimique est également l'une des étapes parmi les plus sensibles en matière de qualité dans une préparation avant traitement de surface anticorrosion. Le principe consiste à éliminer les calamines superficielles formées lors de l'élaboration ou au terme d'un traitement thermique.

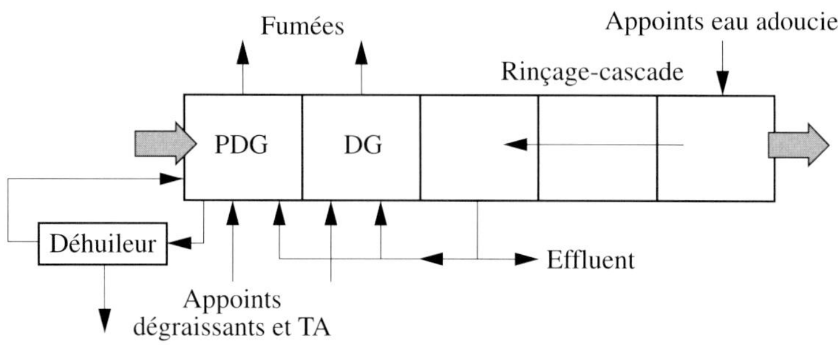


**Figure 10.2.** *Schéma de principe d'une séquence typique de dégraissage dans un tunnel de déraissage-phosphatant. Les deux premiers étages du tunnel sont respectivement conditionnés en prédégraissage (PDG) et dégraissage proprement dit (DG). Un rinçage à contre-courant permet de maintenir ces deux réacteurs à niveau constant et de limiter ainsi les effluents. L'efficacité du système est avantageusement amélioré si le PDG est équipé d'un système de déshuilage en continu (ultra-filtration ou centrifugation par exemple).*

D'une manière générale, les calamines ainsi formées présentent deux comportements possibles : si elles présentent un caractère quasi stœchiométrique, elles sont peu lacunaires et dénuées de réactivité chimique ; dans le cas contraire, les calamines sont réactives et cette réactivité est à la base de la décapabilité du matériau.

Dans le cas du cuivre ayant subi un traitement thermique en atmosphère réductrice, les calamines se présentent sous la forme d'un oxyde cuivreux lacunaire de composition $Cu_2O$. Immergées dans une solution d'acide sulfurique, ces calamines se « dismutent » spontanément selon [10.5]. Du cuivre métallique pulvérulent se forme, ainsi que du sulfate de cuivre bivalent soluble :

$$Cu_2O + H_2SO_4 \rightarrow Cu \downarrow + CuSO_4 + H_2O \qquad [10.5]$$

Une partie du cuivre métallique pulvérulent souille la surface, ce qui peut provoquer des conséquences rédhibitoires sur les opérations ultérieures (laminage, tréfilage…). C'est pourquoi les formules de décapage sulfurique du cuivre et des cuivreux sont généralement élaborées à partir d'un mélange d'acide sulfurique et de percomposé comme l'eau oxygénée. Dans ces conditions, le décapage résulte d'un couplage oxydoréducteur analogue à [10.6], au terme duquel les calamines insolubles sont oxydées en cuivre bivalent soluble :

$$Cu_2O + H_2O_2 + 2H_2SO_4 \rightarrow 2CuSO_4 + 3H_2O \qquad [10.6]$$

La concentration de l'eau oxygénée doit faire l'objet d'une attention particulière, car si ce réactif est trop dilué, conformément au schéma de principe de la figure 10.3, le substrat peut subir une corrosion généralisée susceptible d'affecter son état de surface. Pour éviter cela, il suffit de maintenir l'interface en situation de protection anodique par des appoints réguliers d'eau oxygénée. Dans ces conditions, le réactif de décapage des calamines joue également le rôle d'inhibiteur anodique du substrat.

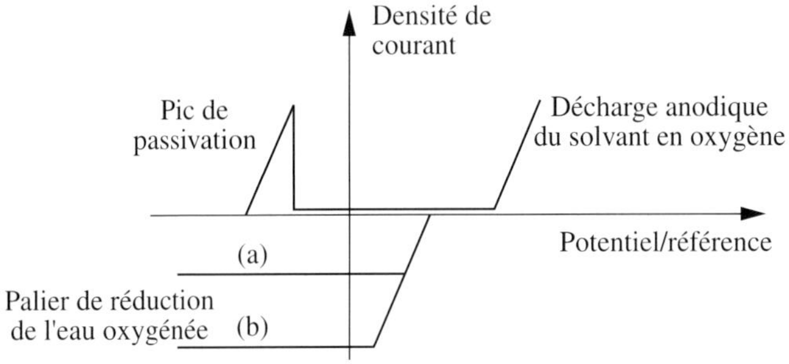


**Figure 10.3.** *Le décapage des calamines de cuivre nécessite généralement l'emploi d'un mélange d'acide sulfurique et d'eau oxygénée. Le schéma de principe présenté ici exprime la raison pour laquelle il est nécessaire de maintenir la concentration de l'eau oxygénée à une valeur suffisamment élevée pour réaliser le décapage sans corroder le métal. Au plan électrochimique, il suffit en effet que l'amplitude du palier de réduction cathodique de l'eau oxygénée soit supérieure à la valeur du courant anodique du pic de passivation du métal dans le milieu considéré.*

Le décapage des aciers doux procède d'une phénoménologie différente, en ce sens que ce sont les calamines d'acier qui constituent le réactif de décapage, à condition toutefois que les calamines présentent un caractère oxydant marqué. Si ces calamines sont des oxydes de fer, elles sont lacunaires, répondant approximativement à la formule $Fe_3O_4$, c'est-à-dire celle d'un mélange composé de $FeO$ (wüstite) et de $Fe_2O_3$ (magnétite). Dans un bain acide, la réaction de décapage démarre au moment où l'acide ayant percolé à travers le réseau fracturé des calamines atteint le substrat. Deux réactions concomitantes se développent : la dissolution de la wüstite et un couplage oxydoréducteur entre la magnétite et le substrat [10.7] :

$$\begin{array}{l} 2H^{+} + FeO \rightarrow Fe^{2+} + H_2O \\ \underline{Fe + Fe_2O_3 + 6H^{+} \rightarrow 3Fe^{2+} + 3H_2O} \\ Fe + Fe_3O_4 + 8H^{+} \rightarrow 4Fe^{2+} + 4H_2O \end{array} \qquad [10.7]$$

Lorsque l'interface est décapée, l'acide peut corroder l'acier et provoquer un « surdécapage ». Pour pallier cet inconvénient, il est nécessaire d'ajouter dans le bain des inhibiteurs cathodiques d'origine organique.

Le décapage des bases zinc et aluminium s'effectue en milieu alcalin par dissolution chimique des oxydes superficiels ($ZnOuA1_2O_3$). Les sous-produits formés sont solubles sous la forme d'anions (zincate ou aluminate), mais comme ces métaux sont amphotères et fortement électronégatifs, ils sont également corrodables par les bases fortes [10.8] :

$$\begin{array}{l} Al_2O_3 + 2OH^{-} \rightarrow 2AlO_2^{-} + H_2O \\ Al + H_2O + OH^{-} \rightarrow AlO_2^{-} + \frac{3}{2}H_2 \uparrow \end{array} \qquad [10.8]$$

Comme dans le cas des acides, on inhibe la corrosion par un inhibiteur par des inhibiteurs d'origine minérale (silicates, phosphates, chromates…).

10.2.1.1.3. Phosphatation

La phosphatation est un procédé de conversion chimique largement répandu que l'on applique principalement sur les aciers non alliés et les aciers spéciaux dont la teneur en éléments d'addition est inférieure à 5 %, sur les fontes ordinaires et faiblement alliées, sur les bases zinc (électrozingage, galvanisation, zamack®) et les bases aluminium. Deux secteurs industriels majeurs sont concernés par ce traitement de surface : la préparation avant peinture et la déformation à froid.

Le principe de la phosphatation repose sur le déplacement d'équilibres chimiques et de solubilité d'un dihydrogénophosphate métallique sous l'effet d'une augmentation locale du pH. Dans le cas d'un acier, la stœchiométrie est conforme à [10.9] :

$$\begin{array}{l} H_2PO_4^{-} + OH^{-} \Leftrightarrow HPO_4^{2-} + H_2O \\ Fe^{2+} + HPO_4^{2-} \Leftrightarrow FeHPO_4 \downarrow \end{array} \qquad [10.9]$$

En l'absence « d'accélérateur », l'augmentation locale du pH et celle de la concentration en ions métalliques résultent d'un couplage corrosion entre le substrat et la solution produisant un dégagement d'hydrogène [10.10] :

$$\begin{array}{l} Fe \rightarrow Fe^{2+} + 2e \\ 2H_2 0 + 2e \rightarrow 2OH^- + H_2 \uparrow \\ \hline Fe + 2H_2 0 \rightarrow Fe^{2+} + 2OH^- + H_2 \uparrow \end{array} \qquad [10.10]$$

La présence « d'accélérateur » augmente la vitesse du traitement et évite la rétention des bulles d'hydrogène. Dans ces conditions, le couplage se fait entre le substrat et un réactif comme les anions nitrate ou nitrite [10.11] dont la réduction provoque une augmentation locale du pH. Le sous-produit du couplage s'accumule dans le bain :

$$\begin{array}{l} 3 \times (Fe \rightarrow Fe^{2+} + 2e) \\ NO_2^- + 8H^+ + 6e \rightarrow NH_4^+ + 2H_2O \\ \hline 3Fe + NO_2^- + 8H^+ \rightarrow 3Fe^{2+} + NH_4^+ + 2H_2O \end{array} \qquad [10.11]$$

La nature du phosphate formé dépend des conditions d'élaboration de la couche et en particulier de sa structure d'hydratation. L'eau de solvatation joue donc un rôle déterminant sur les propriétés d'une couche de phosphatation, tant vis-à-vis de sa forme que sur sa croissance. Ces propriétés contribuent à différencier entre eux les différents modes de phosphatation (au fer, au zinc, au nickel, au manganèse...).

La nuance de l'acier détermine la valeur de la densité de courant du couplage [10.10] et par conséquent l'abondance locale de la concentration en fer soluble ( $Fe^{2+}$ ). Dans le cas d'une phosphatation au zinc, la couche formée sera donc riche en phosphophyllite monoclinique ( $Zn_2Fe(PO_4)_2,4H_2O$ ) dans sa partie sous-jacente et davantage concentrée en hopeïte orthorhombique ( $Zn_3(PO_4)_3,4H_2O$ ) dans les couches supérieures. Dans chacun de ces deux composés, quelques-uns des atomes de fer et de zinc sont remplacés par du nickel et du manganèse dans le cas d'une phosphatation « trications » :

$$( Zn_2Fe_{1-\alpha-\beta}Ni_\alpha Mn_\beta(PO_4)_2,4H_2O \quad \text{ou} \quad Zn_{3\text{-}\alpha\text{-}\beta}Ni_\alpha Mn_\beta(PO_4)_2,4H_2O$$

Ces composés cristallisent avec des molécules d'eau de constitution, aussi la qualité d'une phosphatation est-elle subordonnée à celle des appoints d'eau dans les bains, qui doit être exempte d'inhibiteurs de solvatation, comme le sont les cations bivalents en général et le calcium en particulier.

Enfin, la phosphatation utilisée comme moyen de protection temporaire ne remplit son rôle qu'à condition que le matériau ainsi traité soit à l'abri de l'humidité. Autrement, l'eau de l'atmosphère se délocalise facilement dans le réseau de solvatation de la protection temporaire, facilitant ainsi l'accès de l'oxygène à l'interface. Un couplage corrosion peut se déclencher, dont l'une des conséquences sera de provoquer des variations locales de pH, et par conséquent la destruction progressive de la structure phosphatée.

10.2.1.1.4. Usinage chimique

L'usinage chimique est à la lisière des procédés de traitement de surface dédiés à l'anticorrosion. On l'utilise notamment dans le secteur de l'aéronautique, pour la fabrication et la mise à la cote de pièces de grandes dimensions, ce qui permet d'élaborer des pièces de forme sans risque d'amorce de fissures si ce même traitement était effectué par une machine-outil.

Le procédé présente des analogies avec la méthode de gravure des circuits imprimés : sur les pièces, les zones non gravées sont protégées par une épargne puis les pièces sont immergées dans un électrolyte alcalin dans lequel se développe une intense corrosion généralisée [10.12] :

$$\begin{array}{l} (4OH^- + Al \rightarrow AlO_2^- + 3e + 2H_2O) \times 2 \\ (2H_2O + 2e \rightarrow 2OH^- + H_2 \uparrow) \times 3 \\ \hline 2OH^- + 2Al + 2H_2O \rightarrow 2AlO_2^- + 3H_2 \uparrow \end{array} \qquad [10.12]$$

La composition et la température du bain déterminent la vitesse d'attaque du matériau, c'est-à-dire ($j_{cor}$) la densité de courant de corrosion à partir de laquelle on calcule facilement la durée d'immersion qu'il convient d'appliquer pour une profondeur d'usinage donnée.

Typiquement, les bains d'usinage chimique sont exploités à des températures de l'ordre de 90 à 95 °C. Les électrolytes sont des solutions aqueuses de soude et les densités de courant de corrosion de l'ordre de 50 à 70 A/dm$^2$. Connaissant la masse volumique ($\rho$) du matériau, on calcule la vitesse d'usinage (v) à partir de la loi de Faraday [10.13]. Sous une densité de courant de corrosion de 50 A/dm$^2$, la vitesse d'attaque est de l'ordre de 10 µm/min :

$$\frac{de}{dt} = v = \frac{Al}{z\rho F} \times j_{cor} \qquad [10.13]$$

10.2.1.1.5. Démétallisation des rebuts

Les rebuts de traitement de surface peuvent créer de réels problèmes pour un exploitant, et en particulier si les pièces rebutées sont intrinsèquement coûteuses.

10.2.1.2. *Traitements chimiques à caractère cathodique*

L'essentiel des traitements chimiques anticorrosion appliqués dans l'industrie concernent l'élaboration de dépôts métalliques protecteurs. Deux grandes classes sont alors à considérer : les dépôts autocatalytiques et ceux par déplacement ou par « cémentation ».

10.2.1.2.1. Dépôts par déplacement

Ces revêtements ne sont pas directement exploitables en anticorrosion, mais y jouent un rôle important d'une manière indirecte puisqu'on les utilise comme base lubrifiante en tréfilage (dépôt de cuivre sur acier inoxydable), comme électrode à hydrogène en émaillage (cémentation du nickel par le fer), ou bien comme intermédiaire de préparation avant dépôt de chrome ou de nickel sur les alliages d'aluminium (traitement dit de « double zincate »).

Les dépôts par déplacement consistent à immerger un matériau métallique Me dans une solution contenant le cation d'un couple électrochimique plus électropositif. Ainsi, à toute température, le cuivre en solution est « déplacé » par le fer d'un acier [10.14] :

$$Cu^{2+} + Fe \rightarrow Cu + Fe^{2+} \qquad [10.14]$$

Le déplacement est quantitatif en raison de la différence des potentiels normaux – exprimés par rapport à l'électrode normale à hydrogène (EHN) – qui existe entre les deux systèmes ( $E^0_{Cu} = 0{,}34\,V/EHN; E^0_{Fe} = -\,0{,}41\,V/EHN$) et cela peut se révéler préjudiciable dans certains cas. Le cas des aciers de la filière électrique constitue l'un des exemples parmi les plus pertinents en la matière. Comme on le sait, ces aciers sont partiellement élaborés à partir d'aciers de recyclage dont ils accumulent les principales impuretés (Cu, Ni, Cr...). Compte tenu de l'affinité du cuivre pour l'oxygène, les calamines d'aciers s'enrichissent en oxyde cuivrique. Cet oxyde se dissout au moment du décapage. Si l'électrolyte de décapage est une solution d'acide sulfurique, le cuivre passe en solution à l'état de $Cu^{2+}$. Un déplacement réversible se produit jusqu'à l'égalité des potentiels d'équilibre électrochimique de chacun des deux couples.

Comme un bain de décapage classique contient en moyenne une trentaine de grammes par litre de fer soluble, le déplacement cessera lorsque l'égalité [10.15] sera vérifiée. Dans ces conditions, la concentration théorique du cuivre soluble est de l'ordre de $10^{-25}$ mole/L, c'est-à-dire suffisamment faible pour considérer le déplacement comme réellement quantitatif :

$$E_{Cu} = E^0_{Cu} + \frac{0,06}{2}\log(Cu^{2+}) = E_{Fe} = E^0_{Fe} + \frac{0,06}{2}\log(Fe^{2+}) \qquad [10.15]$$

Dans la pratique, la contamination des bains de décapage sulfurique par le cuivre a créé de graves désordres en matière de corrosion différée, en particulier dans le cas du stockage sur parc, de tubes tréfilés, chaque résidu de cuivre jouant alors le rôle de cathode propice à la réduction de l'oxygène de l'air dans une ambiance humide.

Si le décapage se pratique dans des bains d'acide chlorhydrique, les calamines de cuivre se décomposent en cuivre métallique éliminé avec les boues et en cuivre soluble. En milieu chlorhydrique, cette décomposition est spontanée et porte le nom de « dismutation » au terme de laquelle le cuivre soluble se trouve sous la forme d'un complexe chlorhydrique de cuivre monovalent dont la stabilité n'autorise plus le déplacement du cuivre par le fer.

Le double zincate sur aluminium est l'exemple d'un traitement de surface intermédiaire dont l'application s'avère indispensable lorsque l'on veut chromer ou nickeler de l'aluminium. L'opération consiste à immerger, durant quelques secondes seulement, le substrat dans un électrolyte alcalin à base de soude libre et de cyanure double de zinc et de sodium. Dans ces conditions, le zinc est soluble sous la forme d'un complexe anionique et l'alcalinité du bain contribue à décaper le matériau de ses oxydes superficiels. Une réaction de déplacement se développe spontanément [10.16] et immédiatement après l'immersion ; on retire la pièce du bain que l'on immerge dans une solution concentrée d'acide nitrique éventuellement additionnée de fluorure de sodium si l'alliage contient du silicium. Pourquoi pratique-t-on ce traitement ? La littérature est pauvre sur le sujet, mais on peut raisonnablement envisager l'hypothèse selon laquelle l'étape de dissolution nitrique est trop courte pour complètement éliminer la totalité des atomes de zinc implantés lors du déplacement. Ceux-ci pourraient alors jouer le rôle d'inhibiteur cathodique par rapport au solvant lors du nickelage ou du chromage, évitant ainsi à l'aluminium de se corroder, et par conséquent de créer autant de défauts d'adhérence :

$$3Zn(CN)_4^{2-} + 2Al + 8OH^- \rightarrow 2AlO_2^- + 3Zn + 12CN^- + 4H_2O \qquad [10.16]$$

Les dépôts par déplacement sont généralement peu adhérents et bien souvent poreux. Pour cette raison, ils ne sont pas utilisés comme revêtements protecteurs.

10.2.1.2.2. Dépôts autocatalytiques

Ces dépôts présentent une excellente réputation en matière d'anticorrosion, ce qui explique leur développement fulgurant dans le nucléaire. Les matériaux candidats ne sont pas nombreux, car ils appartiennent tous à une classe de métaux réputés pour leur affinité pour former des liaisons avec les atomes d'hydrogène (improprement appelé « hydrures » dans ces conditions). Le nickel, le cobalt et le palladium sont les principaux candidats.

Réputés pour leur finesse en matière de cristallisation et pour leur dureté – modulable en fonction de la composition des bains –, ces dépôts autocatalytiques se font à une vitesse significativement plus faible que celle d'un dépôt électrolytique traditionnel (0,2 à 0,4 µm/min contre 1 µm/min par exemple). Ils sont également plus fragiles d'entretien, mais présentent en revanche un meilleur pouvoir de pénétration et une meilleure répartition des épaisseurs.

Deux électrolytes principaux se disputent la concurrence : à base d'hypophosphite ou de borohydrure. Les mécanismes sont complexes et sujets à discussion, mais il semble toutefois acquis que le dégagement d'hydrogène, qui se fait de façon concomitante au dépôt, contribue à fixer le potentiel électrochimique de l'interface à une valeur propice à sa dépolarisation. Ces revêtements renferment respectivement du phosphore et du bore et leur dureté peut être notablement modifiée par un traitement thermique. Maintenu à 400 °C pendant une heure par exemple, un dépôt de nickel chimique verra sa dureté passer de 400 à près de 1 000 Vickers.

Les dépôts enrichis en phosphore sont élaborés par le procédé « Kanigen » (*Katalytic Nickel Generation*), le plus employé dans l'industrie (protection anticorrosion des ferreux et des alliages d'aluminium principalement). Le réactif de base est l'anion hyposulfite qui se réduit en phosphite [10.17], mais le phosphite est peu soluble à la température du bain (90 °C) et s'y accumule, ce qui limite la durée de vie de ce dernier :

$$\underset{\text{hypophosphite}}{H_2PO_2^-} + Ni^{2+} + H_2 0 \rightarrow \underset{\text{phosphite}}{H_2PO_3^-} + Ni \downarrow + 2H^+ \qquad [10.17]$$

Ces dépôts sont amorphes et faiblement ferromagnétiques et peuvent contenir jusqu'à 14 % de phosphore. Leur durcissement par voie thermique est imputé à un durcissement structural consécutif à la recristallisation de phosphure de nickel ($Ni_3P$). Une gamme type sur acier consiste à réaliser une précouche de cuivre (3 à 5 µm), un revêtement autocatalytique de nickel chimique (50 µm) sur lequel on plaque une couche de chrome dur (25 µm).

Les dépôts enrichis en bore sont amagnétiques. Le réducteur employé est l'anion borohydrure $(BH_4^-)$ ou bien un dialkylaminoborane. Du bore s'incorpore au revêtement et forme des borures de nickel au cours du recuit de recristallisation.

Des dépôts de nickel pur peuvent êtres élaborés à partir de bains contenant de l'hydrazine. Le revêtement est cristallisé et ne durcit pas lors d'un recuit.

### 10.2.2. *Traitements électrolytiques*

Les traitements électrolytiques utilisés pour l'anticorrosion ont des applications multiples et variées. On les pratique évidemment sur des substrats métalliques conducteurs, mais également sur des matériaux plastiques qu'il convient tout d'abord de métalliser.

La métallisation d'un matériau plastique se fait en deux étapes. La première consiste à fonctionnaliser l'interface par création de sites ionisés hydratables. Industriellement, le traitement le plus répandu consiste en une attaque du matériau par le mélange sulfochromique ($H_2SO_4$ + $H_2O$ + $CrO_3$) aboutissant à la création de sites anioniques carboxylés [10.18] :

$$R - CH_3 + 3H^+ + \tfrac{1}{2}Cr_2O_7^{2-} \rightarrow R - CO_2^- + Cr^{3+} + \tfrac{3}{2}H_2O \qquad [10.18]$$

Après rinçage, le matériau est immergé dans une solution de chlorure de palladium, puis dans une solution réductrice dite de « déplacement ». Les ions palladeux ( $Pd^{2+}$ ) se réduisent en une couche mince de palladium métallique que l'on peut alors utiliser comme substrat conducteur.

#### 10.2.2.1. *Traitements électrolytiques à caractère cathodique*

Deux grandes catégories de traitements anticorrosion seront successivement examinées : les dépôts métalliques et les revêtements à matrice organique.

##### 10.2.2.1.1. Les dépôts métalliques

Ce sont probablement les traitements anticorrosion les plus connus mais aussi les plus anciennement pratiqués. Ces traitements se pratiquent sur tous les substrats métalliques possibles, même les plus réfractaires, à condition toutefois de respecter quelques bonnes pratiques en matière de préparation. Les dépôts métalliques ainsi élaborés peuvent être minces (quelques dizaines de micromètres d'épaisseur) ou épais (rechargements sélectifs d'épaisseur millimétrique sur des arbres moteurs). Ils peuvent être réalisés sur des pièces « à l'attache », dans des tonneaux « en vrac », sur des tôles défilant à grande vitesse (150 m/min pour l'électrozingage conventionnel des tôles d'acier doux ; près de 500 m/min pour les tôles de « fer blanc » – étamage et chromage électrolytique), ou bien par un traitement sélectif « hors cuve ».

Le principe général consiste à déposer un métal par réduction cathodique de l'un de ses sels, cette réduction étant alors assurée par voie électrolytique à partir d'un générateur externe. Le substrat fait fonction de cathode, c'est-à-dire d'interface sur laquelle se produit un changement de mode de conduction (conduction électronique dans le métal contre conduction ionique dans l'électrolyte) et le circuit électrique est bouclé à l'aide d'une anode où se produit une oxydation.

En fonction des circonstances (nature, composition et température des bains, densité de courant de travail, conditions hydrodynamiques locales…), la vitesse et le rendement du dépôt sont susceptibles d'évoluer.

La vitesse de dépôt se calcule à partir de la loi de Faraday [10.19] :

$$\frac{de}{dt} = \frac{Me}{z\rho F} \times j_{cath} \times R_f \qquad [10.19]$$

Me masse atomique et $\rho$ masse volumique du dépôt ; z nombre d'électrons échangés ; F constante de Faraday ; $J_{cath}$ densité de courant ; $R_f$ rendement cathodique.

Pour un bivalent ($Zn^{2+}$, $Cu^{2+}$, $Ni^{2+}$) de masse volumique de l'ordre de 9 g/cm$^3$, la vitesse moyenne de dépôt est de l'ordre de 1 µm/min sous rendement unitaire et densité de courant moyenne égale à 5 A/dm$^2$. D'une manière générale cependant, l'ordre de grandeur de la vitesse d'un dépôt électrolytique varie dans une large fourchette : de 0,2 à 1 µm/min pour les opérations les plus lentes (dépôts à l'attache ou au tonneau) à plus de 20 µm/min pour certains revêtements sélectifs.

La nature de l'anode détermine la conduite des procédés : la dissolution des anodes (Me = Zn, Cu, Ni) contribue à restaurer le capital de la phase mère à partir de laquelle on effectue la réduction, tandis que les anodes insolubles (graphite, plomb antimonié, titane revêtu d'un oxyde semi-conducteur tel que $RuO_2$ dans le cas du chromage) contribuent à générer de l'oxygène au détriment de la restauration du capital de la phase mère. Dans le premier cas [10.20], tout se passe comme si les atomes du matériau anodique se trouvaient transférés sur la cathode sans modification de composition du bain, ce qui n'est pas la même chose dans le second, illustré par l'exemple du chromage [10.21] :

$$\begin{array}{l} Me^{n+} + ne \rightarrow Me \\ Me \rightarrow Me^{n+} + ne \\ \hline Me^{n+} + Me \downarrow \rightarrow Me \downarrow + Me^{n+} \end{array} \quad [10.20]$$

$$\begin{array}{l} \frac{1}{2}Cr_2O_7^{2-} + 6e + 7H^+ \rightarrow Cr \downarrow + \frac{7}{2}H_2O \\ 3H_2O \rightarrow \frac{3}{2}O_2 \uparrow + 6e + 6H^+ \\ \hline \frac{1}{2}Cr_2O_7^{2-} + H^+ \rightarrow Cr \downarrow + \frac{3}{2}O_2 \uparrow + \frac{1}{2}H_2O \end{array} \quad [10.21]$$

Enfin, la nature des électrolytes ainsi que leur composition, mais également la forme et la disposition des anodes déterminent la distribution des densités de courant local sur les pièces. Le *design* d'un réacteur (anglicisme que le Journal Officiel conseille de remplacer par la « stylique » d'un réacteur) prend donc une importance particulière quand on sait qu'il existe une vitesse limite de dépôt au-delà de laquelle se produit un dégagement d'hydrogène susceptible de contribuer tant à l'amorçage de fissures qu'à la sensibilité du substrat, voire à sa fragilisation.

10.2.2.1.2. Substrats ferreux

Les applications sont très nombreuses. Nous nous intéresserons principalement aux revêtements protecteurs à base de zinc, de nickel, de chrome et de cuivre.

Les revêtements électrolytiques à base de zinc se font à partir de zinc pur ou de zinc allié (ou de codépôt). Il existe plusieurs variétés d'électrolytes de zingage pur : électrolytes alcalins cyanurés, alcalins sans cyanure et acides.

Les électrolytes alcalins cyanurés sont les plus anciens et probablement encore les plus répandus. Peu sensibles aux impuretés en raison du fort pouvoir complexant des cyanures, ces bains possèdent la réputation de conduire à des revêtements de très bonnes performances en matière de tenue au brouillard salin, à condition qu'ils soient parfaitement entretenus. D'autre part, les pièces cémentées ou nitrurées sont réputées pour leur aptitude « au refus de zingage » lorsqu'elles sont mal décapées ; phénomène qui se traduit par un intense dégagement d'hydrogène que l'on parvient toutefois à pallier par une exposition prolongée des pièces à l'atmosphère de l'atelier avant reprise du décapage et nouveau zingage.

Les bains alcalins cyanurés ont un faible rendement cathodique. Typiquement de l'ordre de 70 à 80 % [10.22] et un rendement anodique pratiquement unitaire, ce qui oblige à équiper les réacteurs d'électrodes d'acier que l'on utilise temporairement comme des électrodes inattaquables en raison de la passivité de l'acier en milieu alcalin [10.23]. Cela permet d'une part de consommer l'excès d'alcalinité libre imputable au dégagement d'hydrogène, et d'autre part d'éviter au bain de s'enrichir prématurément en zinc soluble :

$$\begin{aligned} &Zn(CN)_4^{2-} + 2e \rightarrow Zn \downarrow + 4CN^- \\ &2H_2 0 + 2e \rightarrow H_2 \uparrow + 2OH^- \end{aligned} \quad [10.22]$$

$$\begin{aligned} &Zn \downarrow + 4CN^- \rightarrow Zn(CN)_4^{2-} + 2e \\ &2OH^- \rightarrow \tfrac{1}{2} O_2 \uparrow + H_2O + 2e \end{aligned} \quad [10.23]$$

Ces anodes d'acier engendrent toutefois une carbonatation des bains par oxydation des cyanures en carbonates [10.24]. Le carbonate (sodium ou potassium) est en équilibre avec un hydrogénocarbonate anhydre peu soluble, dont une partie reste en suspension et le reste précipite. Parce qu'elle s'adsorbe au dépôt, la fraction d'hydrogénocarbonate en suspension est l'origine de la plupart des désordres de corrosion, et en particulier des défauts de tenue au brouillard salin. Dans le cas où le décapage en amont est un décapage chlorhydrique, des défauts identiques sont observables quand le rinçage intermédiaire est mal fait ou inefficace, car des chlorures peuvent s'accumuler dans le réacteur d'électrozingage et provoquer la corrosion des anodes d'acier : un ferrocyanure de fer peu soluble se forme et de nouvelles boues s'accumulent :

$$3OH^- + CN^- \rightarrow CO_3^{2-} + 2e + NH_3 \uparrow \quad [10.24]$$

Les électrolytes de zingage cyanuré possèdent un excellent pouvoir de répartition, les dépôts présentent donc une distribution d'épaisseur relativement homogène (peu de différence entre les saillies et les creux).

Les électrolytes de zingage acide sont utilisés en milieux chlorure (généralement du KCl de préférence à du NH4Cl) ou sulfate, à un pH de l'ordre de 5 unités. Ces deux variantes sont notamment exploitées dans la sidérurgie, pour l'électrozingage en continu des tôles d'acier, à partir d'anodes solubles (bains au chlorure) ou insolubles (bains au sulfate, rectifiés par des appoints de ZnO). Ces bains ont un rendement quasi quantitatif, tant cathodique qu'anodique. Ils sont simples à gérer, mais sont très sensibles aux polluants (fer, cuivre et nickel par exemple), et leur pouvoir de répartition n'est pas excellent.

Les bains alcalins sans cyanure sont les plus difficiles à conduire, mais présentent en revanche de nombreux avantages (bon pouvoir de répartition, passivité de l'acier en milieu alcalin en l'absence de chlorures). Dénués de pouvoir complexant vis-à-vis de la plupart de leurs polluants qui précipitent sous forme d'hydroxydes, il faut filtrer ces bains de façon permanente. Les revêtements ainsi élaborés sont facilement passivables et supportent très bien les traitements de dégazage (élimination de l'hydrogène occlus) ainsi que les passivations colorées et les finitions hydrofuges (composés à base de silice modifiée).

Il existe trois grandes classes de dépôts à base de zinc : Zn-Ni, Zn-Co et Zn-Fe. Les revêtements Zn-Ni ont été parmi les premiers à être industrialisés, sous la forme d'un codépôt à 14 % de nickel, élaboré à partir d'un électrolyte acide (chlorure), convenablement « additivé ». Les additifs sont des composés organiques, dont le rôle est de premier plan : mal dosés, ils engendrent un revêtement fissuré, très sensible à la corrosion ; convenablement dosés au contraire, les additifs contribuent à renforcer le pouvoir hydrofuge de l'interface, ce qui confère au dépôt de zinc une excellente tenue à la corrosion naturelle.

Exposés dans un brouillard salin, les codépôts Zn-Ni se corrodent en deux temps : par dézincification généralisée d'une part, ce qui contribue à « anoblir » (augmenter) le potentiel d'abandon de l'interface ; par couplage hétérogène entre l'acier (anode) et le nickel (sites cathodiques sur lesquels se réduit l'oxygène dissous) d'autre part, ce qui conduit à une corrosion perforante. En raison des risques encourus par ce mode de corrosion, les bains acides de Zn-Ni sont principalement dédiés à la décoration, ils font l'objet de campagnes de production en sidérurgie (carrosserie automobile), mais sont abandonnés pour la protection des pièces mécaniques sensibles, au profit de formulations alcalines toutefois plus difficiles à maîtriser.

Les revêtements Zn-Co sont également très répandus. Egalement réalisés à partir de bains acides, leur teneur en Co est faible (0,06 à 1,2 %) et leur finition aisée (chromatation, passivations colorées).

De nouveaux et relativement récents bains sont apparus sur le marché des revêtements de zinc allié : les bains alcalins de Zn-Ni et Zn-Fe (0,3 à 1 % de fer). Leur secteur de développement reste toutefois confiné aux applications décoratives (ces revêtements acceptent les finitions noires, actuellement très en vogue dans l'automobile).

D'une manière générale, les codépôts à base de zinc sont anodiques par rapport à l'acier sur lequel on les dépose. Ils supportent tous les types de conversions chromiques, éventuellement complétées par une finition organique (tableau ci-dessous, référence ISO 15726-1).

| Type | Propriété |
|---|---|
| A | Incolore |
| B | Jaune irisé |
| C | Bronze |
| D | Noir |
| E | A, B ou C + organique |

Les revêtements protecteurs de nickel pur sont réalisés à partir de trois types d'électrolytes différents : à base de chlorure, de sulfate (souvent en présence de chlorures) et de sulfamate :

– les bains à base de chlorure et de sulfate sont typiquement dédiés aux revêtements protecteurs, auxquels ils confèrent des propriétés de finesse de grain et de brillance dans la mesure où l'on ajoute des additifs appropriés (affineurs, brillanteurs…) ;

– les bains à base de sulfamate sont préconisés en électroformage et pour les dépôts épais en général, principalement en raison de leur ductilité.

Les revêtements de chrome se pratiquent pour l'essentiel, à partir d'un électrolyte à base de chrome hexavalent ($CrO_3$ + $H_2O$) et d'acide sulfurique dilué (1 % en pondéral), soit en couche mince pour la décoration (épaisseur de l'ordre de quelques micromètres), soit sous forme de revêtement épais (épaisseur supérieure à 100 µm) pour des applications mécaniques. Le rendement cathodique des bains est faible (de l'ordre de 13 à 15 % selon les formules et les additifs) et le dégagement d'hydrogène intense. Les revêtements sont ainsi durcis et des fissures superficielles se créent.

Certains revêtements de chrome dur nécessitent un usinage soigneux afin d'éliminer les fissures du dépôt et d'obtenir un état de surface aussi peu rugueux que possible : par exemple dans le cadre du rechargement de rouleaux de laminage ou de filière de coulées continues. D'autres, plutôt « microporeux », sont recommandés dans les applications nécessitant une lubrification permanente en service : en retenant le lubrifiant, ces fissures superficielles jouent en effet le rôle de réserve de lubrification (têtes de pistons).

Le cuivrage de l'acier est préconisé comme base d'anticorrosion dans de nombreux circuits de distribution hydraulique (anticorrosion interne des tubes de liaison dans les circuits de freinage par exemple) et comme sous-couche d'adhérence pour les caoutchoucs. Une opération de cuivrage se pratique en continu, sur des feuillards et de deux façons différentes : en deux temps, par double cuivrage, ou en seule étape, par cuivrage alcalin :

– le double cuivrage consiste à réaliser une sous-couche de cuivre (3 à 5 μm d'épaisseur) à partir d'un électrolyte alcalin, puis, après un rinçage abondant, d'augmenter l'épaisseur du revêtement par électrolyse en milieu acide ;

– le cuivrage alcalin se pratique en milieu cyanuré, sous faible densité de courant et à partir de cuivre monovalent, soluble sous la forme d'un complexe anionique [10.25]. Le rendement de cuivrage est faible (50 à 65 %) mais le pouvoir de répartition d'un tel bain est généralement très bon. Si la préparation est convenablement exécutée, cette sous-couche est parfaitement adhérente bien que l'acier soit passif dans ce milieu (une partie de l'hydrogène cathodique s'intègre superficiellement dans le réseau cristallin de l'acier, dans lequel il crée des dislocations favorisant l'intégration et l'adhérence du cuivre). Lorsque la sous-couche est suffisamment épaisse, on passe au cuivrage acide, dans un électrolyte à base de cuivre bivalent [10.26], mélange de sulfate de cuivre et d'acide sulfurique. Cet électrolyte présente un mauvais pouvoir de répartition et développe un effet de bord important sur les feuillards par exemple ; en revanche, son rendement cathodique est unitaire et l'on peut travailler sous des densités de courant beaucoup plus fortes que précédemment, ce qui, toutes choses comparables, améliore la productivité. D'autre part, les revêtements de cuivre acide présentent une remarquable tenue à la corrosion aqueuse :

$$Cu\,(CN)_4^{3-} + e \rightarrow Cu\downarrow + 4CN^- \qquad [10.25]$$

$$Cu^{2+} + 2e \rightarrow Cu\downarrow \qquad [10.26]$$

Une variante concerne les dépôts de laiton (Cu-Zn : laitonnage des fils d'acier dans l'industrie pneumatique). Dans ces conditions, on peut remplacer le cuivrage acide de la seconde étape du revêtement par un zingage alcalin (le zingage acide engagerait un déplacement du zinc par le cuivre, préjudiciable à l'adhérence), puis, après rinçage abondant et séchage, on forme le laiton d'alliation par simple choc thermique.

Enfin et à titre d'exemple, signalons que l'on pratique également le cuivrage acide comme sous-couche d'anticorrosion sur les cylindres d'imprimerie (dépôts de 500 à 700 μm d'épaisseur), car ces cylindres, demi-durs, sont au contact de solutions fortement aérées et de pH agressif (5 à 5,5 unités à l'ambiante). Ces solutions servent au « mouillage » des cylindres, mais le revêtement de cuivre acide, qui a été élaboré à partir d'un électrolyte fortement « additivé », est hydrophobe. Pour pallier cela, on exécute un chromage de finition fortement hydrophile (30 μm d'épaisseur moyenne à partir d'un électrolyte à base de chrome hexavalent).

10.2.2.1.3. Substrats cuivreux

Ces substrats sont le cuivre, le laiton, le bronze, le maillechort et les traitements pratiqués ont deux vocations : fonctionnalité et décoration.

Les revêtements protecteurs effectués sur cuivre pur sont décoratifs ou techniques (dépôt d'étain-plomb par immersion à chaud, en bain fondu pour la soudure des circuits imprimés). Dans le cas de la décoration, on exécute classiquement un revêtement de nickel « brillant » sur lequel on effectue un dépôt de chrome pour maintenir « l'inaltérabilité ».

La protection anticorrosion du laiton concerne l'électronique (soudabilité et anticorrosion au moyen de revêtements d'étain-plomb) ainsi que la lunetterie :

– dans l'électronique, les revêtements protecteurs sont principalement des dépôts d'étain et d'étain-plomb. L'étamage électrolytique se pratique en milieu alcalin, à partir d'un stannate ($SnO_3^{2-}$, étain à la valence IV) et d'anodes solubles. Les densités de courant appliquées sont fortes (15 à 20 $A/dm^2$) et les rendements pratiquement unitaires ;

– dans la lunetterie et dans l'industrie ménagère, on pratique l'anticorrosion à l'aide de dépôts électrolytiques d'argent (argenture en milieu cyanuré), de nickel et de métaux précieux (palladium, or...).

10.2.2.1.4. Aluminium et alliages

Les dépôts cathodiques réalisés sur l'aluminium et ses alliages ont une réelle fonction d'anticorrosion, mais ne sont pas nombreux. Outre les exemples précédemment évoqués, on les pratique notamment sur le matériel électrique (étamage et cadmiage) et en électronique (dépôts de métaux précieux sur une sous-couche de nickel chimique), ou bien dépôt d'argent.

10.2.2.1.5. Les revêtements cathodiques protecteurs non métalliques

Il s'agit principalement de dépôts de matière non conductrice élaborés par « électrophorèse » (cataphorèse et « émaillage »).

Une peinture dédiée à la cataphorèse est un mélange de résine « soluble » enrobant une charge pigmentaire minérale. L'ensemble est mis en suspension dans une solution aqueuse dans laquelle on ajoute un tiers solvant en faible quantité. Le pH de cette solution est réglé à une valeur de l'ordre de 6,5 unités, propice à la stabilité colloïdale de l'équipage « pigment-liant ». Cette dispersion colloïdale est du type « huile dans l'eau », car le rapport pondéral pigment – liant, de l'ordre de 1/4, permet aux macromolécules de la résine d'enrober la charge et, sous l'effet d'une agitation vigoureuse, d'assurer la stabilité de l'ensemble sous la forme de gouttes d'épaisseur micrométrique en émulsion.

Vue de la solution, une peinture pour « cataphorèse » présente donc l'aspect de gouttelettes en suspension formées d'un cœur minéral enveloppé d'un manteau organique doté d'un excès de charges superficielles. Cet excès de charges superficielles est positif, il confère au manteau un caractère cationique généralement imputable à des fonctions azotées greffées en extrémité de chaîne, et il contribue à une répulsion électrostatique assurant la stabilité de l'ensemble. Lorsque l'on modifie le pH de la solution, l'excès de charges superficielles se modifie sous l'effet du déplacement d'un équilibre acide-base [10.27] : quand le pH diminue la stabilité colloïdale est favorisée, mais se détruit quand le pH augmente et en particulier au moment où il atteint une valeur critique, dite de « coagulation ». Au-delà du pH de coagulation, l'émulsion se déforme : les sphéroïdes colloïdaux se délovent par relaxation des contraintes mécaniques, affectant les macromolécules sous l'effet de l'atténuation des charges de surface. Et cela suffit pour rendre le matériau « insoluble ».

Le principe de la « cataphorèse » consiste à provoquer ce déplacement d'équilibre à partir d'une augmentation locale du pH, sous l'effet de la réduction cathodique de l'eau [10.28] :

$$\underset{\text{"insoloble"}}{H_3O^+ + R-NH_2} \Leftrightarrow \underset{\text{"soluble"}}{R-NH_3^+} + H_2O \qquad [10.27]$$

$$\begin{aligned} &H_2O + e \rightarrow \tfrac{1}{2}H_2 \uparrow + OH^- \\ &OH^- + \underset{\text{"soluble"}}{R-NH_3^+} \rightarrow \underset{\text{"insoluble"}}{R-NH_2} + H_2O \end{aligned} \qquad [10.28]$$

La « peinture » qui précipite dans ces conditions est gorgée d'eau, mais la résistivité apparente de ce matériau humide est significativement plus élevée que celle de l'électrolyte : la quasi-totalité du champ électrique appliqué entre l'anode et la cathode se retrouve donc « aux bornes » du film ainsi formé, ce qui a pour conséquence d'induire un phénomène de déshydratation, connu sous le nom « d'électro-osmose ». A l'équilibre, c'est-à-dire après quelques minutes d'électrolyse, la quantité pondérale d'eau résiduelle dans le film est de l'ordre de 15 %, mais cet excès sera éliminé au terme d'une phase de « cuisson » ultérieure, dont le but est de provoquer une réticulation contrôlée de la résine, c'est-à-dire la création de liaisons tridimensionnelles entre les macromolécules. Le degré de réticulation détermine les propriétés protectrices du dépôt en service et en particulier sa perméabilité à l'eau.

La cataphorèse est applicable sur de nombreux substrats, à condition qu'ils soient de bons conducteurs métalliques. Initialement dédiée à la seule industrie automobile (couche d'apprêt des carrosseries), la cataphorèse est maintenant développée dans les PME-PMI et se pratique dans de nombreux cas (électroménager par exemple).

Par principe, le pouvoir de pénétration d'une « cataphorèse » est bon, voire très bon en raison du réarrangement progressif de la distribution du champ électrique dans le réacteur à mesure que les zones peintes sont recouvertes.

#### 10.2.2.2. *Traitements électrolytiques à caractère anodique*

Ces traitements s'appliquent principalement comme méthode de préparation (dégraissages et décapages électrolytiques), comme traitement proprement dit (polissage et usinage électrolytiques) ou bien comme procédé de conversion (anodisation de l'aluminium et de ses alliages, colorations électrolytiques).

Par principe, il s'agit de traitements « soustractifs », c'est-à-dire de traitements de dissolution. Dans le cas de l'anodisation, la dissolution du métal est partiellement compensée par l'édification d'une couche d'oxyde plus ou moins hydratée.

##### 10.2.2.2.1. Dégraissage électrolytique

On pratique le dégraissage électrolytique anodique sur des interfaces passives : aciers au carbone en milieu neutre ou alcalin et cuivreux en milieu neutre. Son principe est fondé sur la réaction anodique d'oxydation de l'eau [10.29] conduisant au dégagement d'oxygène et à l'acidification locale :

$$H_2O \rightarrow \frac{1}{2}O_2 \uparrow + 2e + 2H^+ \qquad [10.29]$$

Pour de nombreux auteurs, l'efficacité de cette opération résiderait dans l'effet mécanique du dégagement gazeux qui contribuerait au décrochement des huiles et des graisses. La réalité est cependant plus complexe, car plus qu'au rôle mécanique des bulles, c'est surtout aux conséquences physicochimiques de la polarisation qu'est imputable l'efficacité d'un tel dégraissage. Pour quelle raison ? Parce que l'immersion d'un métal dans un électrolyte engendre une discontinuité apparente à l'œil mais inexistante à l'échelle atomique en raison de la création spontanée d'une « double couche électrochimique ». Cette « double couche » reflète l'existence d'un continuum d'accommodation de la distribution des charges entre deux médias différents (métal et solution) aboutissant à la création d'un condensateur interfacial. Ce condensateur est virtuel car l'une de ses deux armatures est la solution proprement dite ; sa capacité (la capacité de « double couche ») est de l'ordre de quelques dizaines de $\mu F/cm^2$) et la charge portée par l'armature métallique ($q_{métal} = -q_{solution}$) est conventionnellement appelée « excès de charge superficielle ».

Contrairement à un condensateur classique, (C) la capacité d'une double couche électrochimique varie avec (E) le potentiel de l'électrode, c'est-à-dire avec la différence de potentiel appliquée (ou prise) entre le métal et la solution. Et cela entraîne deux conséquences :

– l'excès de charge ($q_{solution}$) et l'épaisseur de la couche double caractérisant l'armature virtuelle du condensateur interfacial se modifient en fonction de la polarisation du métal ;

– comme $q_{métal} = - q_{solution}$ et selon [10.30], cette modification de potentiel provoque la variation de la tension superficielle électrode-solution, donc la mouillabilité de l'électrode, ce qui, dans le cas d'un dégraissage électrolytique, suffit à rompre les liaisons d'adhérence entre les corps gras et le matériau métallique :

$$q_{métal} = - \frac{d\gamma}{dE} \rightarrow \gamma = - \tfrac{1}{2} CE^2 \qquad [10.30]$$

L'allure théorique de la courbe $\gamma = f(E)$ est une parabole dont le maximum exprime la stricte égalité $q_{métal} = - q_{solution}$ au potentiel de charge nulle ($E_{pcn}$) du métal, lorsque la valeur de la tension superficielle métal-solution est maximale. Au-delà du potentiel de charge nulle, ce sont principalement des anions qui s'adsorbent, en deçà, ce sont des cations. Le potentiel de charge nulle étant par principe localisé dans le domaine de stabilité thermodynamique de l'eau, les conséquences pratiques de ce qui vient d'être décrit succinctement peuvent être facilement observées sur le terrain, en particulier dans le cas du dégraissage électrolytique de nuances inoxydables, qu'en l'absence de chlorures et autres halogénures, on peut alors traiter aussi bien en milieux acide que neutre ou alcalin.

Dans le cas du dégraissage anodique pratiqué en milieu acide, le potentiel de l'interface doit être nécessairement supérieur à la valeur de la tension réversible de décharge anodique du solvant : soit 1,23 V/EHN à pH = 0, alors qu'en milieu basique (pH = 14) cette même valeur est plus faible et égale à 0,84 V/EHN. La différence entre ces deux valeurs a pour conséquence de produire une différence de tension superficielle entre les deux milieux, ce qui se matérialise pratiquement par une variation très nette de la taille des bulles d'oxygène au moment où elles se détachent. En milieu acide, les bulles d'oxygène qui se forment sont d'un diamètre inférieur à celles que l'on produit en milieu alcalin.

Pour des raisons que nous ne commenterons pas ici, il convient de noter qu'un semblable comportement affecte les bulles d'hydrogène produites lors d'un dégraissage cathodique, mais des considérations d'ordre thermodynamique permettent d'expliquer la raison pour laquelle la taille relative des bulles d'hydrogène et d'oxygène observées dans ces conditions est strictement inversée.

En milieu neutre ou peu acide, le dégraissage anodique se pratique sur des substrats zinc (galvanisés notamment). L'électrolyte est alors à base de phosphate et le dégraissage s'accompagne d'une légère phosphatation.

10.2.2.2.2. Anodisation

L'anodisation est un traitement anticorrosion de conversion électrolytique qui se pratique principalement sur les alliages d'aluminium (Al-Cu, Al-Mg) et sur l'aluminium pur. Les secteurs concernés sont multiples et variés : aéronautique (anodisation conventionnelle comme finition, préparation avant peinture ou collage, anodisation dure avec ou sans colmatage...), bâtiment (anodisation dure + coloration), automobile (conversion avant peinture), médical (avant nickel chimique et chromage décor), électricité (avant étamage ou cadmiage), électronique (avant nickel chimique et dépôt protecteur de métaux précieux).

Le principe de l'anodisation est fondé sur les conséquences de la dissolution anodique de l'aluminium, sous rendement faradique proche de l'unité. Cette réaction se fait en milieu acide, dans divers électrolytes, respectivement à base d'acides sulfurique, chromique, phosphorique ou borique :

$$\begin{aligned}
&Al \rightarrow Al^{3+} + 3e \\
&Al^{3+} + 3H^{+}{}_2O \rightarrow Al(OH)_3 \downarrow \\
&Al(OH)_3 \downarrow \xrightarrow{\text{électro-osmose}} \tfrac{1}{2} Al_2O_3 \downarrow + \tfrac{3}{2} H_2O
\end{aligned} \qquad [10.31]$$

La solution s'enrichit localement en aluminium trivalent, ce qui provoque une pénurie de molécules d'eau en raison de la structure d'hydratation de ce cation. Comme l'anodisation se pratique dans des électrolytes nécessairement réfrigérés, le résultat se traduit par une précipitation locale d'un hydrate d'aluminium se déshydratant progressivement par électro-osmose [10.31].

Un flux de diffusion d'eau s'oppose au flux électro-osmotique et un gradient d'hydratation se crée dans la couche de conversion, dont l'épaisseur variera toutefois avec la nature de l'acide utilisé et sa température. Ainsi :

– l'anodisation chromique conduit à une couche peu épaisse (5 µm) et parfaitement étanche, réputée pour le collage par exemple ;

– l'anodisation phosphorique est propice à l'anodisation dure (épaisseur > 50 µm), dont la couche externe est faite de pores largement ouverts, alors que la couche basale en est dénuée sur plusieurs dizaines de nanomètres d'épaisseur ;

– l'anodisation sulfurique, largement préconisée dans le bâtiment, est réputée pour son aptitude à la coloration par des pigments minéraux ou organiques, ainsi qu'au colmatage. Le colmatage des couches d'anodisation s'effectue à chaud, par immersion prolongée dans de l'eau déminéralisée. Le principe de la réaction est l'inverse stœchiométrique de la dernière ligne des réactions [10.31], mais le produit auquel on aboutit est un oxyde hydraté et pas un hydroxyde.

10.2.2.2.3. Polissage et brillantage électrolytiques

Le polissage et le brillantage électrolytiques se pratiquent sur les alliages de cuivre, sur la plupart des cuivreux et sur les aciers inoxydables, tant austénitiques que ferritiques. Ces opérations soustractives (consommation de métal) n'ont pas le même but, mais sont fondées sur le même principe phénoménologique.

On pratique le polissage électrolytique pour améliorer l'état de surface d'un matériau métallique et le soustraire au risque des amorces de fissure induites par des défauts d'usinage par exemple. Le polissage électrolytique permet d'améliorer le Ra (coefficient de rugosité arithmétique) du substrat, dont la valeur limite demeurera toutefois liée à la taille moyenne des grains du métal. L'électrobrillantage aura des performances comparables en termes de Ra, mais en raison de sa structure, le matériau présente des propriétés de réflexion de la lumière imputables à l'existence d'une couche superficielle quasiment identique à celle d'un verre minéral. Pour cette raison, l'électrobrillantage et l'électropolissage ont un excellent comportement vis-à-vis de la corrosion aqueuse, dont le pouvoir sur l'aluminium se trouvera d'autant plus renforcé et attrayant que l'on pourra colmater puis éventuellement colorer les objets ainsi traités.

Les électrolytes de polissage et de brillantage électrolytiques sont des solutions d'acides minéraux très concentrés. Les formules commercialisées sont à base d'acide phosphorique mélangé à de l'éthanol (polissage des bases cuivre), à de l'acide sulfurique (aciers austénitiques, inconels®), à de l'acide nitrique (aciers austénitiques et ferritiques), ou à un mélange d'acides sulfurique et chromique (alliages d'aluminium, où l'acide chromique joue le rôle d'inhibiteur anodique de corrosion).

A profondeur d'érosion identique, typiquement fixée à 40 µm, l'expérience montre que, vis-à-vis de l'acier 308 L à la température ambiante, le mélange phosphosulfurique (P, S ) peut être un bon électrolyte de polissage sans pouvoir de brillantage. Le polissage électrolytique à potentiel imposé (1 950 mV/EHN) d'un coupon austéno-ferritique AISI 308 L montre que l'état de surface final dépend de la composition pondérale du mélange (en g/kg) :

– si l'électrolyte est dilué ou s'il absorbe trop d'eau (capacité hygroscopique prononcée), le palier d'oxydation anodique présente une forte densité de courant et le Ra final est élevé (1,33 µm) : l'attaque anodique est localisée et la surface, qui est fortement corrodée, laisse apparaître un réseau de ferrite très marqué ;

– dans la fourchette des compositions (220, 440 et 440, 220), la densité de courant du palier anodique présente une valeur modérée. La surface est polie (Ra final compris entre 0,2 et 0,3 µm) mais voilée car la phase ferritique est attaquée ;

– quand une pénurie d'eau se manifeste (440, 440), l'attaque anodique de la phase ferritique est de nouveau privilégiée (Ra final 0,47 µm).

En revanche, le polissage et la brillance de cette nuance sont facilement obtenus dans les mélanges phosphonitrique (P, N, figure 10.4). Le phénomène d'électropolissage met en relief le rôle de l'eau dans les processus de traitements de surface à caractère anodique.

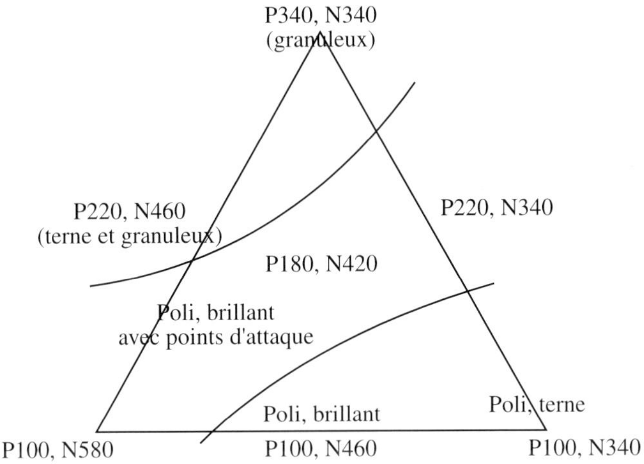


**Figure 10.4.** *Le polissage électrolytique d'une nuance austéno-ferritique AISI 308 est facilement réalisable dans un électrolyte fait d'un mélange phosphonitrique en solution aqueuse. La composition pondérale du mélange, exprimée en g/kg de solution, est repérée par le code un P, N (P180, N420 signifie 180 d'acide phosphorique et 420 g d'acide nitrique purs par kilogramme de solution). A potentiel imposé et pour une durée comparable, l'état de surface dépend de la composition.*

## 10.3. Protection anticorrosion par traitements et revêtements de surface par voie sèche

Ces traitements sont en phase d'expansion et leurs applications anticorrosion de plus en plus nombreuses. Leur mise en œuvre reste malgré tout délicate et lourde.

Deux techniques principales existent actuellement, auxquelles s'ajoutent la pulvérisation cathodique : il s'agit de la CVD (*Chemical Vapor Deposition*) et de la PVD (*Physical Vapor Deposition*).

### 10.3.1. *Les revêtements CVD*

Leur principe d'élaboration est fondé sur le développement d'une réaction spontanée de déplacement ou d'oxydoréduction en phase vapeur. Ce qui confère à ce principe une évidente analogie avec les dépôts chimiques en phase aqueuse.

Le dépôt de chrome sur acier est ainsi réalisé par déplacement [10.32] et à chaud :

$$\begin{aligned}&(CrCl_2) + \langle Fe \rangle \rightarrow (FeCl_2) + |Cr|_{Fe}\\&(\ )\cdots \text{phase vapeur} ; \langle\ \rangle \cdots \text{phase solide} ; |\ |_{Fe} \cdots \text{revêtement}\end{aligned} \qquad [10.32]$$

Comme dans le cas des dépôts chimiques, la vitesse de la réaction dépend de la température et de la concentration de la phase mère (ici la pression partielle du $CrCl_2$ dans la veine gazeuse).

L'adhérence de ces revêtements est imputable à la diffusion du chrome dans l'acier, c'est pourquoi la « température de peau » de la cible doit être soigneusement contrôlée. D'autre part, le gaz porteur (hydrogène, ammoniac, azote, argon...) doit être exempt de polluant comme l'oxygène qui contribue à la formation d'oxydes superficiels considérés comme rédhibitoires vis-à-vis des qualités d'adhérence.

En pratique, une cible CVD baigne dans le gaz porteur de composition homogène. Le dépôt n'est donc pas directif (pas orienté par des lignes de champ électrique) et le procédé s'adapte donc bien au traitement superficiel et interne de pièces de forme complexe et/ou de grandes dimensions. Ce qui se traduit par d'excellents pouvoirs de pénétration (dépôt dans les anfractuosités) et de répartition (épaisseur homogène sur l'ensemble des pièces). D'autre part, si le capital de la phase mère est convenablement maintenu (procédé dynamique et non plus statique), on peut réaliser des revêtements épais.

On peut appliquer la CVD de deux façons différentes : statique et dynamique. Les procédés statiques sont analogues à la cémentation en caisse ou chromisation (figure 10.5). Dans le procédé ONERA par exemple, on introduit le cément dans le réacteur sous la forme d'un mélange de fluorures d'ammonium et de chrome, ainsi que du chrome métallique sous forme de grains (surface de contact élevée), puis on chauffe l'enceinte dans laquelle se déclencheront une suite de réactions en chaîne lorsque la température atteindra une valeur critique (950 à 1 050 °C). Ainsi, le revêtement s'élabore à partir d'une phase vapeur mère sans cesse renouvelée [10.33] :

$$\begin{aligned}&(NH_4Cl) \rightarrow (NH_3) + (HF)\\&2(HF) + \rangle Cr\langle \Leftrightarrow (CrF_2) + (H_2)\\&(CrF_2) + \rangle Fe\langle \rightarrow FeF_2 + |Cr|_{Fe}\end{aligned} \qquad [10.33]$$

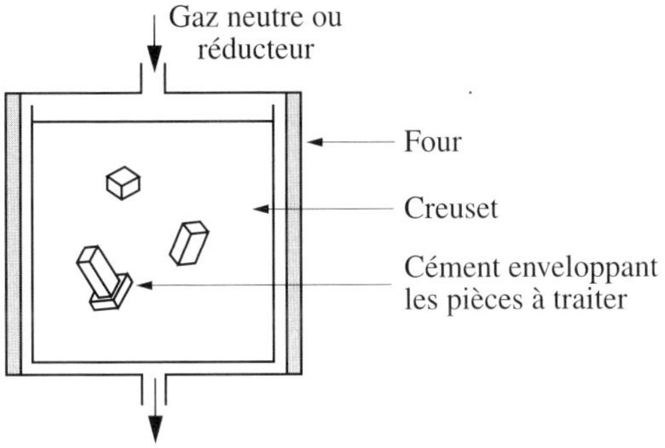


**Figure 10.5.** *Principe du procédé de CVD statique. Après introduction du cément dans un creuset, le creuset est réchauffé. Sous l'effet de la température, les réactifs se vaporisent et lorsque la température atteint une valeur critique, les réactions souhaitées se déclenchent.*

Dans les procédés de CVD dynamique (figure 10.6), les réactifs sont introduits dans le réacteur sous forme de gaz ou à partir du barbotage d'un gaz porteur inerte dans un liquide. La réaction souhaitée se déclenche lorsqu'au sein du réacteur la température atteint sa valeur critique. Si le réacteur est brassé, la pression partielle de la phase mère vaporisée est homogène et le dépôt peut recouvrir l'enceinte.

Les températures requises dans les premières applications de la CVD rendaient la technique peu propice aux applications sur les outillages et en mécanique et c'est pourquoi une variante de la CVD, la PACVD (CVD assistée plasma, micro-ondes, laser…) permet de travailler sous pression réduite et à des températures relativement basses, souvent inférieures à 550 °C par exemple. Les traitements de nitruration d'aciers inoxydables sont un bon exemple de PACVD, que l'on peut d'ailleurs compléter par des traitements de carbonitruration dans les applications en tribologie.

L'intérêt principal de la PACVD est de parvenir à améliorer le rendement matière de l'opération de revêtement, car le plasma qui est créé contribue à dissiper les calories thermiques sur la pièce proprement dite et pas ailleurs. Une application intéressante est la réalisation de revêtements de carbone dur amorphe ou cristallisé (connu sous le nom DLC, *diamont-like carbon*) dont les qualités essentielles sont la résistance à l'usure et à la corrosion et le faible coefficient de frottement.

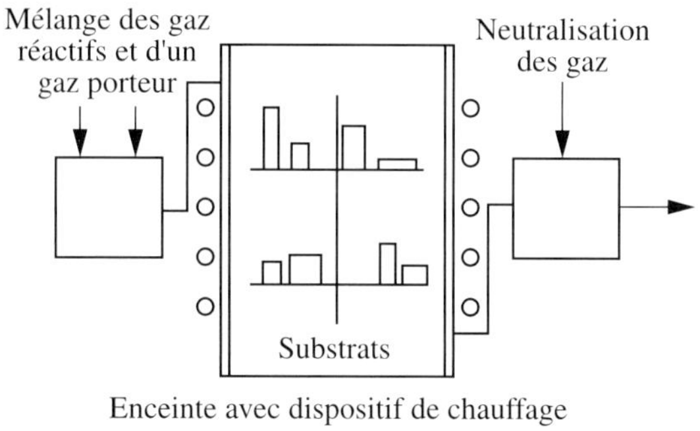


**Figure 10.6.** *Principe du procédé de CVD dynamique. Le mélange réactif est introduit en continu dans le réacteur dont la température est maintenue constante*

### 10.3.2. *Les revêtements PVD*

L'élaboration des revêtements protecteurs par PVD exige que l'on soit sous pression très réduite, ce qui oblige par conséquent à opérer dans des enceintes de capacité nécessairement limitée. Le principe est simple et consiste à provoquer une sublimation du matériau dont on cherche à revêtir la cible par un mode de chauffage approprié.

La technique de base est illustrée par la figure 10.7. Elle consiste à provoquer le chauffage d'un creuset contenant le matériau à l'état solide au moyen d'un bombardement électronique. Sous vide, la cible, généralement refroidie, se vaporise, et la vapeur ainsi formée se condense sur le substrat à revêtir soit sous forme de couches très minces (le pouvoir protecteur du revêtement est alors quasi nul), soit sous forme de couches épaisses. Si le réacteur contient de l'argon sous pression réduite, l'élévation de température de l'enceinte favorise les chocs entre les atomes de vapeur et améliore davantage la répartition du dépôt.

L'effet est encore amplifié si l'on parvient à ioniser le gaz porteur. L'évaporation assistée par plasma, ou dépôt ionique, offre la particularité de générer des ions lourds sous l'effet d'un champ électrique. La figure 10.8 illustre le principe de cette variante. Le matériau à vaporiser est placé dans un creuset que l'on chauffe par effet joule. Un gaz porteur inerte est envoyé dans l'enceinte (généralement de l'argon), puis on applique une différence de potentiel entre la masse du réacteur et le porte-substrat polarisé négativement. L'argon s'ionise partiellement et les ions formés entretiennent les chocs tant avec la vapeur de la phase mère qu'avec le substrat. Au final, si une partie du revêtement manque d'adhérence, les chocs créés par les ions lourds contribuent à l'éliminer par sublimation alors que ces mêmes chocs, en favorisant sa diffusion dans le substrat, renforcent l'adhérence du revêtement. En raison de l'existence d'un gradient de potentiel au sein du réacteur, le pouvoir de répartition du dépôt est en revanche moins bon que dans les techniques CVD (accessibilité difficile dans les corps creux).

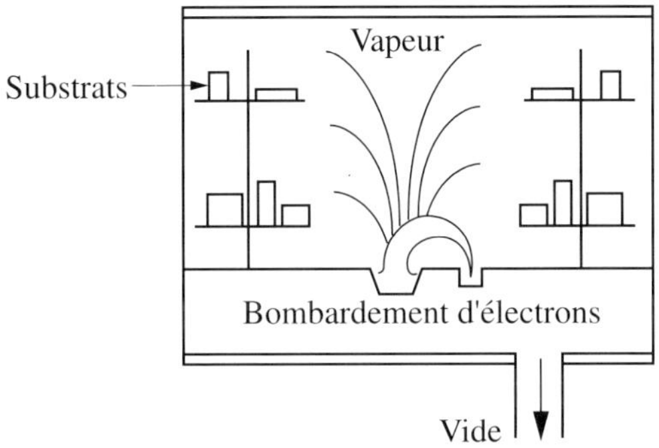


**Figure 10.7.** *Principe de base de la PVD. L'enceinte est sous vide et la cible est chauffée par bombardement électronique. La vapeur formée se condense sur le substrat*

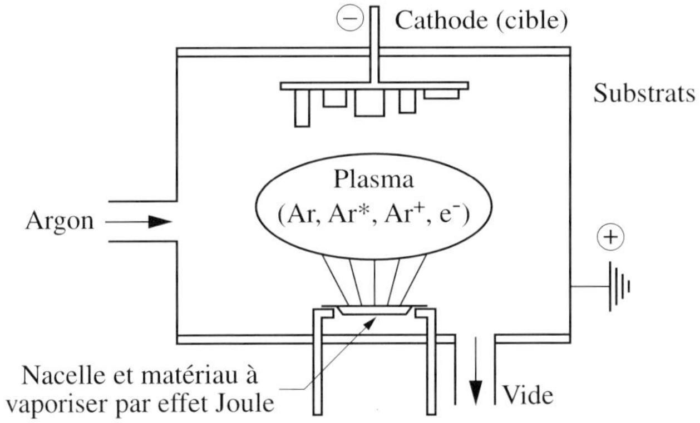


**Figure 10.8.** *Principe du dépôt ionique. Le matériau à déposer est vaporisé dans l'enceinte par effet joule. Une différence de potentiel est appliquée entre la masse du creuset et le porte substrat. De l'argon est introduit et un plasma se crée. La vapeur se condense et se dépose sur le substrat à revêtir.*

L'application la plus répandue est probablement le dépôt d'aluminium sur de la boulonnerie d'acier utilisée dans l'aviation. L'avantage est ici de ne pas avoir besoin de polariser les pièces à revêtir qui doivent toutefois être en mesure de supporter les températures exigées.

### 10.3.3. *La pulvérisation cathodique*

C'est la technique des traitements protecteurs élaborés par voie sèche qui est considérée généralement comme la plus prometteuse. Comme on le voit sur la figure 10.9, il s'agit d'un procédé d'évaporation différent de la CVD puisque l'on bombarde une cible afin de la vaporiser. Cette technique est d'ailleurs généralement classée dans les techniques PVD. L'argon, facilement ionisable, reste l'un des projectiles de choix, mais ce traitement exige des vides poussés, notamment dans le but de se débarrasser des traces d'oxygène de l'air.

Dans cette technique, la vapeur contenue dans le réacteur passe par le plasma et y subit des chocs. L'argon est renouvelé en permanence et cela peut permettre de traiter de grandes capacités volumiques.

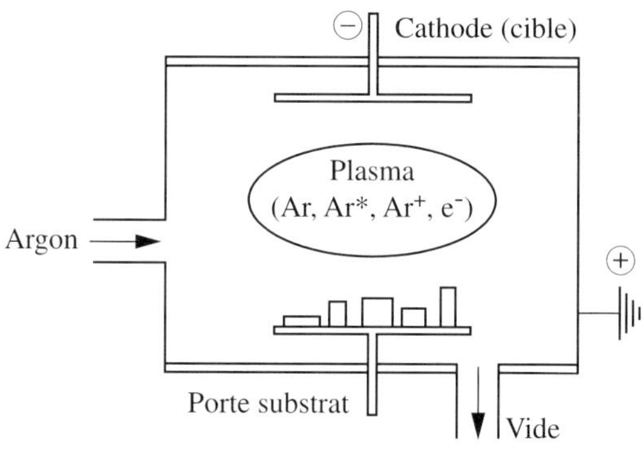


**Figure 10.9.** *Principe de la pulvérisation cathodique. Une différence de potentiel est appliquée entre la cathode et la masse du réacteur (courant continu ou radio fréquence) afin de créer un plasma (ici plasma d'argon). La cible, bombardée par les ions lourds, fournit une vapeur qui se condense sur le substrat. L'argon est renouvelé en permanence.*

D'autre part, l'intérêt de la pulvérisation cathodique est d'offrir une très grande palette de choix en matière de revêtements protecteurs : depuis les matériaux métalliques purs ou alliés, aux matériaux polymères et aux oxydes. Par ailleurs, si l'on parvient à refroidir convenablement le substrat, on peut opérer sur les matériaux cibles les plus divers et atteindre de surcroît des vitesses de dépôt parfaitement concurrentielles avec l'électrolyse.

## 10.4. Conclusion

A travers ce chapitre, incomplet et certainement non exhaustif, en particulier dans le cas des traitements par voie sèche, nous nous sommes efforcés de montrer combien est large et abondamment fournie la palette des traitements de surface pour l'anticorrosion des matériaux en général et des matériaux métalliques en particulier. Plutôt que de servir une suite de recettes dont on peut trouver le détail du contenu dans de nombreux ouvrages spécialisés, nous avons privilégié les aspects phénoménologique et méthodologique des différents procédés.

Le cas particulier des revêtements à chaud n'a pas été abordé (galvanisation à chaud, projection thermique, traitements à la flamme...). Ces traitements concernent principalement les revêtements à base de zinc et nous renvoyons le lecteur aux nombreux ouvrages concernés.

## 10.5. Bibliographie

Les références suivantes correspondent à des ouvrages de synthèse dans lesquels le lecteur pourra trouver des compléments d'information sur le principe et les modalités d'application (ainsi que les intérêts et les avantages dans la lutte contre la corrosion) de divers procédés de revêtements et traitements de surface peu ou non traités dans ce chapitre.

*Guide des choix des Traitements de Surface,* Publication CETIM, 1997.

*Procédés électriques dans les traitements et revêtements de surface,* Dopee 85, Livre Electricité de France, 1989.

[AUD 89] AUDIO S., CAILLET M., GALERIE A., MAZILLE H., *Traitements de surface et protection contre la corrosion*, Ecole CNRS, Aussois 1987, Editeurs scientifiques, Editions de Physique, 1989.

[AUD 99] AUDIO S., CAILLET M., GALERIE A., MAZILLE H., *Revêtements et Traitements de surface : Fonctionnalités, durabilité, procédés*, Ecole CNRS, Les Hauts de Marquay 1998, Editeurs scientifiques, Presses Polytechniques Universitaires Romandes, 1999.

www.otua.org/aciers-ts (site internet librement accessible dédié aux traitements de surface des aciers).

Chapitre 11

# Protection par revêtements organiques épais et par émaux

Les industries chimiques et parachimiques, en raison de la diversité des milieux qu'elles utilisent, ont besoin de matériaux devant travailler dans des conditions difficiles de température, de pression et bien sûr de tenue à la corrosion. Les matériaux, qu'ils soient massifs ou utilisés en tant que revêtement, ont des domaines d'emploi bien spécifiques.

Les revêtements trouvent une place importante dans la chimie et la parachimie pour différentes raisons :

– *comportement à la corrosion.* Citons l'exemple de l'acier vitrifié qui permet de travailler en milieu acide (sauf l'acide fluorhydrique) et de réaliser du matériel de génie chimique comme des réacteurs de grands volumes ou des éléments de colonne ;

– *polyvalence.* Une des grandes orientations des industries chimiques et surtout parachimiques est la construction d'ateliers multiproduits. Pour cela, les revêtements, qu'ils soient de type céramique (émail) ou organiques, trouvent un domaine d'application important tant sur le plan anticorrosion qu'économique ;

– *aspect économique.* L'utilisation de matériaux massifs dans des conditions difficiles comme pour les alliages de nickel s'avère parfois prohibitive pour la construction d'une installation complète. Là où l'on utilisera un matériau massif, il sera peut être possible de le remplacer par un matériau comme l'acier non allié

---

Chapitre rédigé par Yves CÈTRE.

(matériau peu cher) recouvert d'un revêtement organique épais avec des caractéristiques de tenue à la corrosion comparables.

## 11.1. Les revêtements organiques

Les revêtements organiques se divisent en quatre groupes :

– les revêtements « types peintures »,

– les revêtements « thermodurcissables »,

– les revêtements « caoutchoutiques »,

– les revêtements « thermoplastiques ».

### 11.1.1. *Les revêtements « types peintures »*

#### 11.1.1.1. *Les peintures*

Une peinture est une substance fluide, plastique qui, appliquée en couche mince sur un support, forme sur celui-ci un revêtement solide. La transformation de la substance fluide en pellicule solide est appelée séchage. Dans le cas général, une peinture comprend trois constituants principaux qui sont :

– le liant : c'est l'élément essentiel d'une peinture. Le nombre de liants actuellement disponible est très grand. Les liants sont classés suivant le mode de formation du film de peinture lors de la transformation liquide-solide. On peut classer les liants en trois catégories :

- séchage par évaporation de solvants,
- séchage par oxydation du liant,
- séchage par réactions chimiques entre deux composants du liant ou entre liant et catalyseur ;

– le solvant : le solvant est un produit volatil qui facilite l'application de la peinture et s'évapore lors du séchage ;

– les matières pulvérulentes :

- *pigments :* anticorrosion (minium de plomb, poussière de zinc) pour couches intermédiaires (oxyde de fer micacé, oxyde de zinc blanc...),
- *charges :* en règle générale, les charges diminuent les coûts de fabrication en apportant aussi une diminution de la qualité des produits (silice, craie, alumine, talc...) ;

– les adjuvants :

- *plastifiants :* amélioration de la souplesse du film,
- *siccatifs :* catalyseurs d'oxydation,
- *agents de mouillage.*

#### 11.1.1.2. *Les systèmes de peinture*

Un système de peinture comprend la superposition de plusieurs couches identiques ou non entre elles. Chaque couche a son rôle propre et un système doit être considéré et étudié comme un tout. Un système de peinture doit avoir :

– une très bonne homogénéité de conception,

– une très bonne compatibilité des couches entre elles.

Dans le cas général, un système comprend :

– *une couche primaire* appliquée directement sur le support. Son épaisseur est d'environ 45 à 75 µm ;

– *une couche de renforcement* identique à la couche primaire et appliquée sur cette dernière pour compléter et renforcer l'action anticorrosion surtout en raison des inégalités d'épaisseurs ou des porosités existant toujours dans l'application d'une couche unique ;

– *une (ou des) couche(s) intermédiaire(s)* appliquée(s) sur la couche primaire (ou sur la couche de renforcement) constituant une barrière mécanique, souvent épaisse et jouant par là même un rôle d'étanchéité. Son épaisseur varie de 30 à 100 µm ;

– *une couche de finition* appliquée sur la couche intermédiaire et directement en contact avec le milieu extérieur. Elle contribue comme la couche intermédiaire à renforcer l'imperméabilité vis-à-vis des agents agressifs et en plus assure par une pigmentation colorée particulière l'aspect décoratif du système. Son épaisseur est d'environ 30 à 40 µm.

L'épaisseur totale d'un système est comprise entre 130 et 250 µm selon le nombre de couches et la technique d'application.

### 11.1.2. *Les revêtements « thermodurcissables »*

Quatre grandes familles de thermodurcissables sont couramment utilisées dans les principales industries. Les principales applications sont reportées dans le tableau 11.1.

#### 11.1.2.1. *Revêtements polyester*

Il s'agit de résines polyester chargées avec de courtes fibres de verre. Ces revêtements sont réputés avoir une bonne résistance aux chocs thermiques et à l'abrasion. La présence de fibres de verre orientées dans le revêtement crée des barrières de diffusion et confère au revêtement une bonne résistance à la vapeur d'eau.

### 11.1.2.2. *Revêtements époxydiques*

Ces revêtements sont monocouches, sans solvant, à deux composants. Ils s'appliquent par projection à chaud en une seule couche de 600 à 1 000 µm. Ces revêtements ont une bonne résistance aux chocs et à l'abrasion. Après durcissement, le revêtement est lisse et brillant.

| **Familles** | **Phénoliques** | **Epoxydes** | **Vinylesters** | **Polyesters** |
|---|---|---|---|---|
| **Application** | Revêtement | Revêtement<br>SVR | Revêtement<br>SVR | Revêtement<br>SVR |
| | Isolémail | M.Perles | Derakane 411 Dow | Atlac 382<br>DSM |
| Acides/bases diluées | +/– | +/– ou + | – | – |
| Acides conc.non oxyd | +/– ou + | +/– | – | – |
| Acides conc.oxydants | – | +/– | – | – |
| Hydrocarbures aliphatiques | + | + | + | + |
| Hydrocarbures aromatiques | +/– ou + | – | +/– | +/– |
| Hydrocarbures chlorés | +/– ou + | – | – | – |
| Alcools | +/– ou + | +/– | +/– | +/– ou + |
| Cétones | + | – | – | – |
| Amines | | | – | – |

**Tableau 11.1.** *Familles de revêtements thermodurcissables*

### 11.1.2.3. *Revêtements à base de résines phénoplastes*

Les résines de types formophénoliques sont des revêtements appliqués sur acier non allié ou sur acier inoxydable. L'application s'effectue par pistolage ou au trempé après avoir introduit la résine dans un solvant alcoolique. Après séchage à 130 °C, la polymérisation est réalisée dans un four à 200 °C durant trois heures environ. L'opération est reproduite plusieurs fois afin d'atteindre l'épaisseur désirée qui est de 200 µm. Après chaque passage au four un contrôle diélectrique est systématiquement réalisé afin d'éviter toute porosité.

### 11.1.3. *Les revêtements « caoutchoutiques » [DUR 91]*

Les revêtements obtenus à partir de caoutchoucs naturels (ébonites) vulcanisent à chaud après application par encollage de feuilles extrudées sur le substrat acier. La vulcanisation peut se faire à l'air chaud, à la vapeur ou à l'eau bouillante. Le type de vulcanisation est fonction de la nature de l'ébonite. Le revêtement est réparable et la température d'utilisation en continu est de 100 °C environ.

Les revêtements caoutchoutés vulcanisent lentement à température ambiante et donnent des revêtements souples. La dureté de ces revêtements est peu élevée. Les températures d'utilisation en continu peuvent atteindre 110 ou 125 °C (butyl ou hypalon). Les revêtements ébonites ou caoutchoutiques mettent en jeu différents éléments (élastomères, charges noires, charges claires, accélérateurs, ajouts de vulcanisation) de qualités différentes et en quantités variées. Il existe donc un certain nombre de revêtements différents.

La technique de l'application du revêtement évolue peu. On retrouve toujours les mêmes opérations :

– *préparation de surface :* la préparation se fait par jet de grenaille d'acier. Le décapage a pour effet d'éliminer les couches de rouille et d'augmenter la surface en contact en créant une multitude de points d'accrochage pour le revêtement après vulcanisation ;

– *adhésivage :* immédiatement après le grenaillage, il faut appliquer un primaire qui évite l'oxydation et qui sera homogène avec le système de collage qui est composé de plusieurs couches de dissolution. La cohésion entre les couches de dissolution et la feuille d'ébonite doit être parfaite. La cohésion est renforcée par la vulcanisation en formant des liaisons chimiques fortes entre dissolution et ébonite ;

– *confection :* c'est l'application de la feuille crue en caoutchouc ;

– *vulcanisation :* c'est la combinaison de la gomme avec le soufre qui transforme la gomme en un revêtement rigide et dure dans le cas de l'ébonite.

### 11.1.4. *Les revêtements « thermoplastiques »*

Deux familles principales sont utilisées comme revêtements : les polyvinyliques et les polyoléfines. Le tableau 11.2 résume les principales caractéristiques. Le cas spécifique des résines fluorés sera abordés dans le paragraphe 11.1.4.

Ces matériaux utilisés comme revêtements sont appliqués comme protection anticorrosion sur des substrats métalliques ou non. Ces revêtements peuvent être réalisés par :

– *collage* sur substrat métallique : acier non allié ou acier inoxydable ;

– *frettage*. Dans ce cas, la résistance mécanique est donnée par des résines thermodurcissables renforcées avec des fibres de verre ;

– *application sur béton ou sur terre*. De nombreuses applications ont vu le jour ces dernières années, en particulier pour les bassins de rétention des eaux pluviales ou des eaux incendies en présence ou non de solvants. Le matériau le plus utilisé pour ce type d'application est le polyéthylène haute densité avec des épaisseurs de quelques millimètres selon les applications (1,5 à 4 mm) [GEO 88].

| **Famille** | **Vinyliques** | | **Oléfiniques** | |
|---|---|---|---|---|
| Dénomination | Polychlorure de vinyle | Polychlorure de vinyle sur chloré | Polyéthylène haute densité | Polypropylène homopolymère |
| | PVC | PVCC | PEhd | PPh |
| Temp. min/max °C | – 5/50 | 0/90 | – 50/60 | – 10/90 |
| Acides/bases diluées | +/– ou + | + | + | + |
| Acides concentrés non oxydants | +/– ou + | + | +/– ou + | +/– ou + |
| Acides concentrés oxydants | +/– ou – | +/– ou + | – | – |
| Hydrocarbures aliphatiques | + | + | +/– ou + | +/– ou + |
| Hydrocarbures aromatiques | – | – | +/– ou – | +/– ou – |
| Hydrocarbures chlorés | – | – | – | – |
| Alcools | +/– ou + | + | + | + |
| Cétones | – | – | +/– | +/– |
| Amines | +/– ou – | +/– | +/– ou – | +/– |

**Tableau 11.2.** *Familles de revêtements thermoplastiques*

### 11.1.5. *Les revêtements fluorés*

#### 11.1.5.1. *Les polymères fluorés*

Pour protéger les substrats métalliques, il existe en réalité cinq polymères fluorés principaux : le PTFE (polytétrafluoroéthylène), le FEP (copolymère hexafluoro propylène-tétrafluoroéthylène), le PVDF (polyvinyldène fluoride), l'ETFE (copolymère éthylène-tétrafluoroéthylène) et l'ECTFE (copolymère éthylène-chlorotrifluoroéthylène).

Le tableau 11.3 résume les principales caractéristiques de ces matériaux. Les polymères fluorés sont caractérisés par une bonne tenue à la corrosion face à la plupart des milieux. Leurs tenues à la lumière visible ou UV, à la température sont également bonnes. Cela est dû à la stabilité de la liaison C-F qui a une énergie de 393 à 502 kJ/mol et est d'autant plus élevée que le nombre d'atomes de fluor liés à un même carbone est grand [FLU 90, GIG 96, JAH 90, SUB 80]. La structure des polymères fluorés est importante car elle influence directement les propriétés de perméation et de diffusion à travers les revêtements.

Le PTFE est constitué de longues chaînes linéaires qui cristallisent facilement. Les fractions cristallines atteignent 90 à 95 % du poids total. La masse moléculaire peut atteindre $10^6$ à $10^7$, soit des valeurs 10 à 100 fois supérieures à celles des polymères classiques. Le PTFE peut cristalliser [GEO 88] sous trois formes : I (T < 20 °C), II (20 °C à 30 °C), III (30 à 330 °C). Au-delà de 330 °C, le PTFE est sous forme d'une phase liquide visqueuse. Au-dessous de 20 °C, la chaîne présente une répétition symétrique à intervalle de 16,8 Å et contient les groupes $CF_2$ régulièrement espacés en longueur. Elle est tordue en forme d'hélice sur laquelle sont rangés les atomes de carbone, à raison de treize atomes successifs pour une torsion de 180°. Pour la forme trois, le désordre devient plus manifeste et les chaînes se déplacent et tournent sur leur axe le plus long sous des angles variables qui augmentent à mesure que la température augmente [JAH 92].

Ainsi, en dessous de 20 °C, le PTFE possède un ordre de chaînes à trois dimensions. Entre 20 et 30 °C, les segments des chaînes sont désordonnés et au-dessus de 30 °C, la direction préférentielle de cristallisation est perdue et les segments moléculaires oscillent le long de leur axe longitudinal.

La structure hélicoïdale se retrouve sur tous les types de polymères fluorés décrits précédemment. Dans le cas du polychlorotrifluoroéthylène $-CFCl\text{-}CF_2-$ l'étude cristallographique montre la présence d'une structure hélicoïdale avec un pas de 35 Å.

| Polymère | PTFE | FEP | PVDF | ETFE | ECTFE |
|---|---|---|---|---|---|
| Formule | $-(CF_2-CF_2)_n-$ | $-(CF_2-CF_2)_n-$ $-(CF_2-CF(-CF_3))_p-$ | $-(CF_2-CH_2)_n-$ | $-(CH_2-CH_2)_n-$ $-(CF_2-CF_2)_p-$ | $-(CH_2-CH_2)_n-$ $-(CF_2-CFCl)_p-$ |
| Densité | 2,13-2,20 | 2,12-2,17 | 1,75-1,78 | 1,70 | 1,68 |
| Temp. fusion (°C) | 327-342 | 275-295 | 170-175 | 270 | 240-247 |
| Temp. maxi d'utilisat.(°C) | 230 | 200 | 120 | 150 | 140 |
| Acides/bases diluées | + | | + | | + |
| Acides concentrés non oxydants | + | | + | | + |
| Acides concentrés oxydants | + | | – | | +/– |
| Hydrocarbures aliphatiques | + | | + | | + |
| Hydrocarbures aromatiques | + | | +/- | | +/– ou – |
| Hydrocarbures chlorés | + | | + | | +/– |
| Alcools | + | | + | | + |
| Cétones | + | | +/– ou – | | +/– |
| Amines | + | | +/– ou – | | – |

**Tableau 11.3.** *Principales caractéristiques des résines fluorées*

11.1.5.2. *Mise en œuvre des polymères fluorés*

Chemisage [CAH 00]

Cette technique est surtout utilisée pour réaliser des tubes ou des accessoires (tés, coudes, etc.) gainés intérieurement de PTFE. Le PTFE peut être utilisé vierge ou chargé de carbone. Le tube de PTFE est réalisé par l'une des techniques suivantes :

– extrusion granulaire,

– extrusion pâteuse,

– enrubannage,

– moulage isostatique (y compris pour la robinetterie et les accessoires tels que tés, coudes, etc.). Il ne comporte pas de soudures.

Le choix de la technique, la qualité de PTFE et l'épaisseur du tube PTFE sont fixés dans le cahier des charges particulières (CCP). Ces données sont déterminées en prenant en compte les conditions de service (composition chimique, température, pression...), et en particulier le risque de migration d'espèces chimiques corrosives dû à la perméabilité des polymères [SUB 80].

Collage sur acier [CAH 00, DES 92]

Les plaques utilisées sont soit entoilées de polyester (cas du PVDF, de l'ECTFE, du PFA), soit ont subi un traitement chimique de manière à assurer un accrochage satisfaisant. Elles ont les épaisseurs suivantes :

– PVDF : e = 4,5 mm,

– E/CTFE : e = 2,3 mm,

– PFA : e = 2 à 3 mm.

Les plaques sont découpées, formées et collées à l'aide d'une colle à deux composants de type époxydique, qui doit être compatible en particulier avec la température des paroi des appareils. Après collage sur l'acier, les plaques sont soudées au chalumeau à air chaud.

Frettage [CAH 00, DES 92]

Les plaques utilisées subissent la même préparation de surface que pour le collage sur acier. La résistance mécanique est donnée par un stratification de verre et de résine. Ce sont en général des résines de type polyester ou vinylester.

Poudrage [CAH 00, DES 92]

Cette technique est utilisée pour revêtir des équipements de forme complexe, comme certains agitateurs, des paniers d'essoreuse… Elle s'applique en particulier dans le domaine de l'anticorrosion aux matériaux ECTFE et ETFE. Après préparation de la surface métallique, le revêtement est appliqué en couches successives, conformément aux préconisations du fournisseur du revêtement ; après chaque application d'une couche, la pièce est portée au four pour cuisson du revêtement à la température déterminée par le fournisseur du matériau. On dépose dans un premier temps une couche primaire limitant la diffusion des espèces corrosives et permettant l'adhésion du polymère sur le métal.

Les épaisseurs exigées pour les qualités standard sont :

ECTFE 800 < e < 1 200 (μm) et ETFE 900 < e < 1 500 (μm)

Pour le PTFE et le FEP, les revêtements sont obtenus après dépôt de plusieurs couches par projection électrostatique de dispersion aqueuse. La première, au contact du métal, est appelée couche primaire et sert à l'adhésion du polymère sur le substrat. Les couches supplémentaires permettent l'obtention d'un revêtement antiadhérent et suffisamment épais pour limiter l'attaque corrosive. Ce type de revêtement n'est en général pas utilisé dans des atmosphères très corrosives car sa porosité est trop importante. Les revêtements PTFE et FEP sont peu épais. Pour des raisons de stabilité mécanique, leur épaisseur totale ne dépasse pas 50 μm.

## 11.2. L'émail et l'acier vitrifié [CET 95]

### 11.2.1. *Définition*

L'émail est un vernis vitreux de composition minérale, appliqué à chaud par fusion sur un support. On trouve ainsi :

– *les émaux artistiques* déposés sur des métaux précieux ou sur de la céramique ;

– *les émaux « porcelaine »* qui comprennent les émaux sanitaires et les émaux de propreté (cuisinières, réfrigérateurs par exemple) ;

– *les émaux chimiques*, appelés encore antiacides, sont des verres au silicate, de haute qualité, de très grande stabilité chimique.

Les émaux chimiques se distinguent des autres types d'émaux industriels d'une part par l'épaisseur du revêtement (1 à 2 mm contre 0,3 à 0,4 mm pour les autres émaux), d'autre part par l'épaisseur du support métallique sur lequel ils vont être appliqués. Les aciers utilisés pour la construction de matériel de génie chimique présentent une épaisseur de 6 à 50 mm, alors que pour les objets émaillés de la vie courante, le support métallique ne dépasse pratiquement pas 2 mm.

Les émaux chimiques se différencient également par leur composition chimique (chaque émailleur a ses secrets de fabrication), par leur fonction et par leur structure.

*Fonction*

On distingue :

– *les émaux de fond* (masses, ou fondants). Ceux-ci ont pour objet d'assurer une excellente adhérence du revêtement vitrifié sur le métal. Ils ont un grand pouvoir de dissolution des oxydes de fer, un pouvoir mouillant élevé, des propriétés élastiques particulières et une aptitude à supporter des séjours prolongés au four sans être surcuits ;

– *les émaux de couverture* : leur rôle essentiel est la protection du support métallique contre toute attaque chimique.

*Structure*

Les émaux de couverture peuvent être soit vitreux, soit cristallisés :

– *émaux vitreux :* la structure de ces émaux est comparable à celle du verre : structure amorphe, sans trace de cristallisation, obtenue en solidifiant progressivement les mélanges homogènes d'oxydes en fusion ;

– *émaux cristallisés :* le taux de cristallinité et la taille des cristaux varient suivant :

- la teneur en produit initiateur de nucléation ($P_2O_5$ par exemple),
- la durée de nucléation à 450 °C,
- la durée de cristallisation à 600 °C.

Le principal avantage de ces émaux est leur plus grande résistance mécanique. Par contre, leur résistance chimique est diminuée : on rencontre donc des revêtements composites composés de plusieurs couches d'émail cristallisé recouvertes de deux couches d'émail vitreux.

### 11.2.2. *Emaillage et vitrification*

L'émaillage consiste à appliquer sur une surface métallique un revêtement minéral et vitrifié. Cette opération s'effectue dans un four à une température élevée (750-900 °C). Il ne faut pas étendre ce terme d'émaillage à l'application de finitions organiques dont l'aspect glacé et brillant est obtenu par une polymérisation ou un passage au four à une température inférieure à 200 °C.

La vitrification est un cas particulier d'émaillage : ce terme s'applique pour désigner les opérations industrielles mettant en œuvre les émaux chimiques, donc forte épaisseur du support et épaisseur notable du revêtement final.

### 11.2.3. *Fabrication des appareils vitrifiés*

Les appareils vitrifiés sont faits d'un matériau composite acier-émail. Chacun des composants doit avoir des caractéristiques précises pour permettre l'obtention d'un matériel de haute qualité.

11.2.3.1. *Support métallique*

Depuis un certain nombre d'années (vingt ans environ), la fonte a disparu comme support de vitrification dans l'industrie chimique. L'acier présente les avantages suivants :

– pour un appareil de même volume, légèreté par rapport à la fonte. De plus, l'appareil gagnera en coefficient d'échange lors du chauffage ou du refroidissement ;

– possibilité de réaliser des appareils de très grandes dimensions, grâce aux techniques de soudage. Des appareils de 80 $m^3$ et des citernes de 140 $m^3$ ont été construits ;

– vitrification plus aisée de l'acier que celle de la fonte : émaillage au pistolet pour l'acier, émaillage au poudré à chaud pour la fonte ; meilleure adhérence du revêtement sur l'acier que sur la fonte.

L'acier « vitrifiable » utilisé pour le matériel de génie chimique doit posséder des propriétés spéciales :

– la structure, la composition et l'état de surface de l'acier doivent être tels que les dégagements gazeux de cet acier soient réduits au minimum ;

– la teneur en carbone ne doit pas dépasser 0,15 % afin de limiter la formation de composés volatils (CO, $CO_2$, etc.) ;

– les propriétés mécaniques de l'acier ne doivent pas être affectées par les montées, les paliers et les descentes de température jusqu'à environ 900 °C.

Le tableau 11.4 donne la composition chimique (% poids) de l'acier non allié utilisé ainsi que ses caractéristiques mécaniques.

| C | Si | Mn | P | S | Re (MPa) | Rr (MPa) |
|---|---|---|---|---|---|---|
| < 0,10 | < 0,30 | 0,4 à 1 | < 0,035 | < 0,035 | 220 | 350 à 450 |

**Tableau 11.4.** *Acier non allié*

On a pu trouver en fait deux types d'acier vitrifiable en génie chimique. Le premier sans titane (qui est aujourd'hui très utilisé), le second avec titane. La présence de titane (environ 0,15 %) évite certains dégagements gazeux de l'acier (formation de TiC, TiN, $TiO_2$) et abaisse le coefficient de diffusion de l'hydrogène.

11.2.3.2. *L'émail chimique*

Les émaux sont des silicates et des borosilicates complexes élaborés à partir d'oxydes ou de sels métalliques Na, K, Li, Ca, Ba, Zn, Zr, Al, Ti... Certains oxydes ou certains sels ont un rôle spécifique :

– opacifier,

– colorer,

– abaisser le point de fusion,

– améliorer l'adhérence,

– apporter des germes de cristallisation.

Suivant les émaux et les fabricants, on trouve la composition suivante répartie dans les fourchettes définies dans le tableau 11.5.

| **Constituants** | **Teneurs (% poids)** |
|---|---|
| $SiO_2$ | 55 à 75 |
| $Li_2O$, $Na_2O$, $K_2O$ | 15 à 20 |
| MgO, CaO, SrO, BaO | 3 à 8 |
| ZnO, CoO | |
| $TiO_2$, $ZrO_2$, $CeO_2$ | 3 à 10 |
| $SiF_4$, $Na_2F_2$, $CaF_2$ | 2 à 5 |

**Tableau 11.5.** *Composition chimique de l'émail*

Après les opérations de vitrification, on obtient un revêtement de 1 à 2 mm d'épaisseur (réalisé en 5 à 7 couches successives) de structure bulleuse.

### 11.2.4. *Avantages et limites des appareils en acier vitrifié*

11.2.4.1. *Aspect économique*

Malgré une mise en œuvre longue et délicate, le matériel en acier vitrifié reste d'un prix très compétitif. A titre indicatif, le coût d'un appareil vitrifié est à peu près équivalent à celui d'un appareil en acier inoxydable austénitique Z3CND17-11 (316 L).

11.2.4.2. *Etat et nature de la surface*

L'acier vitrifié présente une surface lisse ; il y a donc moins de risque d'adhérence sur ce revêtement que sur une surface métallique légèrement rugueuse. D'autre part, il n'y a pas de risque de polluer le milieu réactionnel avec des ions métalliques.

11.2.4.3. *Aspect corrosion*

Milieu acide

D'une façon générale, l'acier vitrifié résiste très bien à la corrosion en milieu acide (excepté l'acide fluorhydrique). C'est une des principales applications de l'acier vitrifié. Cependant, selon les conditions d'utilisation, l'émail peut se corroder. Citons par exemple :

HCl 20 % ; T = 120 °C : Vcorr = 0,1 mm/an,

$H_2SO_4$ 30 % ; T = 120 °C : Vcorr = 0,1 mm/an,

$HNO_3$ 25 % ; T = 125 °C : Vcorr = 0,1 mm/an.

La présence de fluor sous forme d'acide fluorhydrique même à l'état de trace est très néfaste pour l'émail. On recommande généralement de ne pas dépasser 10 ppm de $F^-$ en service continu et 200 ppm en service discontinu.

Il existe deux théories pour expliquer le processus de corrosion de l'émail en milieu acide :

*a) échange d'ions* : la corrosion acide de l'émail s'effectue par échange du cation métallique du verre par l'ion hydrogène de l'acide. La substance du verre essentiellement le réseau $SiO_2$ est conservée. Les couches superficielles les plus externes sont touchées :

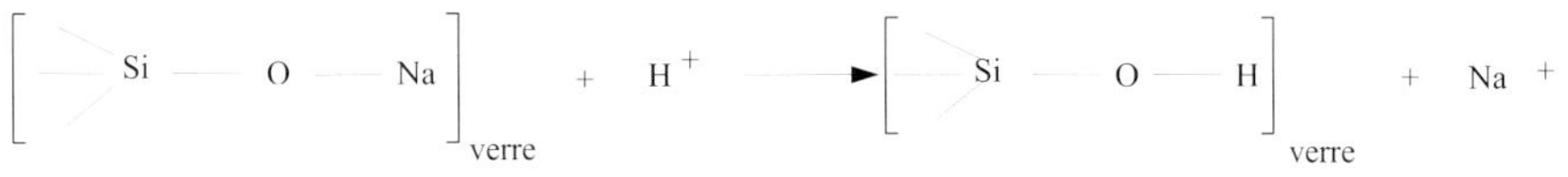


La surface se couvre alors d'une couche de gel de silice qui stoppe tout échange de matière, donc le processus de corrosion ;

*b) dissolution du réseaux siliceux* : lors de l'attaque par une solution aqueuse acide, l'émail ne donne lieu à aucun échange d'ions mais est attaqué et détruit :

$$[\equiv Si-O-M]_{verre} + H^{+} \longrightarrow SiO_{2\,aq} + M^{+}$$

La silice passe en solution sous forme d'acide silicique. La solubilité de la silice dans les acides est relativement faible. Lorsque l'acide se trouve saturé par $SiO_2$, la réaction primaire s'arrête et seuls les constituants les plus solubles de l'émail sont attaqués. L'attaque par échange d'ions est alors prépondérant.

Milieu acide avec des traces d'acide fluorhydrique

L'acide fluorhydrique en milieu aqueux est bien connu pour être très corrosif vis-à-vis du verre selon :

a) $\underset{\text{(Verre)}}{SiO_2} + 4HF \longrightarrow SiF_4 + 2H_2O$

b) $3SiF_4 + 2H_2O \longrightarrow SiO_2\downarrow + 2H_2SiF_6$

qui conduit, selon les conditions, à un produit réactionnel volatil ou décomposable.

Les réactions énoncées ci-dessus de l'acide fluorhydrique sur la silice ne se produisent qu'en milieu acide. L'émail n'est pas attaqué par le gaz HF, ni par le fluor et ses combinaisons en milieu alcalin.

L'expérience pratique a montré que la concentration en $F^-$ conduisant à la corrosion se situe à environ 0,001 %. Selon la réaction a), il se produit du tétrafluorure de silicium et de l'eau. Les deux produits pénètrent en phase vapeur où, d'après b), $SiF_4$ s'hydrolyse en acide hexafluosilicique pour être fixé dans le condensat. Lorsque le condensat arrive dans une partie surchauffée, il se vaporise, l'acide hexafluosilicique se décompose selon :

c) $H_2SiF_6 \longrightarrow SiF_4 + 2\ HF$

Le tétrafluorure de silicium s'hydrolyse avec l'eau selon b) et l'acide fluorhydrique libéré continue son attaque dans le fond supérieur du réacteur (zone de condensation). Afin de limiter la corrosion, il est intéressant de mettre à profit la réactivité différente des divers états de la silice.

Inhibition du processus de corrosion

*Acides sans fluorures* : la concentration à saturation de $SiO_2$ dans les acides étant très faible, il suffit de quelques ppm de silice pour faire passer le mécanisme de dissolution au mécanisme de l'échange d'ions. D'autres inhibiteurs de corrosion peuvent être ajoutés :

– colloïdes d'acide silicique ;

– solutions de silicate de sodium ;

– acide silicique.

*Acides contenant des fluorures* : l'introduction de $SiO_2$ inhibe le processus de dégradation en étant en concurrence avec la silice de l'émail. L'acide silicique et le silicate de soude agissent également favorablement. L'attaque par HF de l'émail peut être limitée par la formation de complexes fluorés stables, qui diminue la concentration de HF libre. Les ion $B^{3+}$, $Al^{3+}$... sont les plus efficaces [SCH 74].

L'acide fluorhydrique, même à l'état de trace, est un véritable poison pour l'émail.

Il existe différents moyens pour inhiber le processus de corrosion par ajout d'inhibiteurs. Selon le milieu et l'inhibiteur choisi, la quantité à ajouter devra être optimisée par des essais de corrosion au laboratoire.

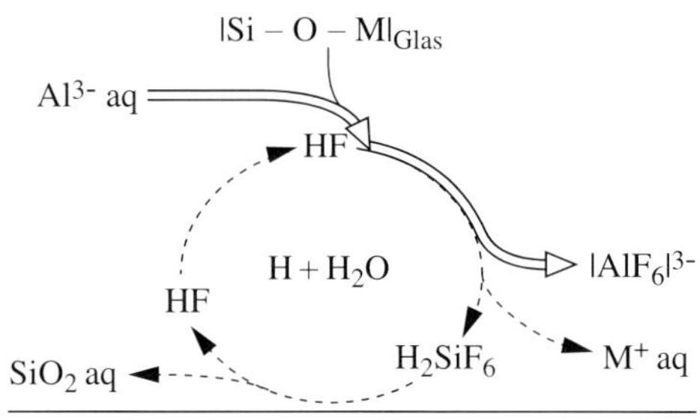


Milieu alcalin

Comme tous les verres, l'émail est sensible aux milieux alcalins. Dans ce cas, l'ion $OH^-$ est déterminant et réagit avec le réseau siliceux selon :

$$2\ SiO_2\ \text{(verre)} + 2\ OH^- \rightarrow SiO_3^{--}\ \text{(soluble)} + H_2O$$

Ceci se traduit par des coupures dans le réseau qui peuvent conduire à la formation d'anions silicatés solubles, à faible masse moléculaire. Cette réaction aboutit donc à la dissolution complète du verre. On peut conclure que la solubilité du verre sera plus importante lorsque la valeur du pH augmentera. Tant que la solution en contact avec le verre contiendra des agents alcalins, la quantité de verre dissoute se poursuivra, d'où la loi : la quantité de verre dissoute augmente linéairement avec le temps.

Dans le mécanisme d'attaque intervient la durée de l'attaque et l'influence de la température. A pH 14, il ne faut pas travailler dans l'émail au-delà de 50 °C. A pH 13, la limite admissible est de 60 °C. Ces considérations sont à nuancer ; il faut tenir compte du type de milieu, du type d'émail, de la concentration en sels dissous, de l'effet complexant du milieu réactionnel vis-à-vis de la silice.

REMARQUE.– L'émail est sensible à la vapeur d'eau. Le mécanisme de dégradation est identique au mécanisme de corrosion par les milieux alcalins.

Corrosion côté acier

Le revêtement vitrifié peut être fortement endommagé par une attaque accidentelle acide côté métal : une partie de l'hydrogène formé lors de la corrosion diffuse à travers l'acier et se trouve bloqué à l'interface acier-émail où il se recombine sous forme moléculaire, créant ainsi localement de fortes pression qui conduisent à l'éclatement du revêtement.

#### 11.2.4.4. *Fragilité du revêtement*

Il est impératif d'éviter les opérations qui pourrait mettre la vitrification en traction. Globalement, la différence maximale admissible de température entre le milieu et la paroi est de l'ordre de 150 °C, compte tenu des contraintes résiduelles présentes dans le support métallique.

La vitrification est également très sensible aux chocs directs et indirects. Il faut en particulier éviter au moment du montage des serrages engendrant des contraintes exagérées ou inégales.

Par ailleurs, des décharges ponctuelles d'électricité statique peuvent faire claquer localement le revêtement.

## 11.3. Conclusion

Le développement des revêtements épais pour des applications dans les industries chimiques et parachimiques va se poursuivre dans les années futures.

L'augmentation de la disponibilité et de la fiabilité de nos ateliers passe par l'utilisation des revêtements épais qui permettent d'avoir une bonne tenue à la corrosion lors de la fabrication de produits de grande qualité et de haute valeur ajoutée.

Les fournisseurs de matériaux organiques et les constructeurs de matériel en acier vitrifié sont aujourd'hui très performants et permettent ainsi de participer au développement de nouvelles molécules pour l'industrie chimique et pour l'industrie pharmaceutique.

## 11.4. Bibliographie

[CAH 00] CAHIER DES CHARGES Générales Rhoda 4F0 0003, *Revêtements organiques anticorrosion applicables sur matériels métalliques*, 2000.

[CET 95] CETRE Y., EICHNER P., Guide acier vitrifié, Document interne Rhône-Poulenc Industrialisation, 1995.

[DES 92] DESINETY B., SCHROOTS T.J.B., « Conception des Equipements Chemisés PTFE-FEP-PFA », *Matériaux et Techniques*, n° 9-10, 1992.

[DIG 96] DIGUET L., Protection contre la corrosion par des revêtements fluorés - Etude par voie électrochimique, Thèse Paris VI, 1996.

[DUR 91] DURET R., RIVAUD C., « L'ébonitage », *Colloque Corrosion dans les Usines Chimiques et Parachimiques*, Lyon, 1991.

[FLU 90] FLUOROPOLYMER LININGS, « The exceptions prove the role », *Process Industry Journal*, mars 1990.

[GEO 88] GEOMEMBRANE pour bassin de rétention, Documentation Schlegel Lining Technology, 1988.

[JAH] JAHIER H., « Le PTFE, présentation et applications », *Publications CETIM*, 1992.

[SCH 74] SCHARBACH H., *Effet de l'introduction d'un produit contaminé par l'acide fluorhydrique sur l'émail des appareils chimiques*, Documentation Pfaudler, 1974.

[SUB 80] SUBHASH V. GANGAL, « Tetrafluoroethylene Polymers », *Encyclopedia of Chemical Technology*, vol. 11, Wiley Interscience, NewYork, 1980.

# Chapitre 12

# Protection par peintures

## 12.1. Généralités

Les peintures sont des préparations liquides ou pulvérulentes qui après séchage permettent de protéger et/ou de décorer les subjectiles les plus divers tels que les métaux (acier, acier galvanisé, aluminium), les matériaux plastiques, le béton, le bois…

Les peintures livrées à l'état liquide renferment :

– un liant ou un mélange de liants qui après évaporation des solvants donnera un feuil continu, adhérent et imperméable à l'eau et aux espèces agressives ;

– des matières pulvérulentes (pigments, charges) qui confèrent aux feuils de peinture des propriétés spécifiques ;

– des adjuvants, substances qui permettent de développer certaines qualités propres à en améliorer, soit les conditions de fabrication et/ou de conservation et/ou d'application, soit certaines propriétés spécifiques.

Les peintures en poudre thermodurcissables sont quant à elles exemptes de solvant mais sont formulées à partir de liants et de matières pulvérulentes identiques à ceux de leurs homologues liquides, ce qui n'est pas le cas des adjuvants employés dans leur formulation.

L'utilisateur a donc à sa disposition des peintures, qui généralement appliquées sous de faibles épaisseurs permettent de prolonger la durée de vie des matériaux.

---

Chapitre rédigé par Jean-Claude LAOUT.

| | **Etat de livraison** | **Mode de séchage** | **Famille** | **Nombre d'emballages** |
|---|---|---|---|---|
| Peintures liquides thermoplastiques (ES % variable)* | Phase solvantée | air | Acrylique<br>Vinylique<br>Caoutchouc chloré<br>Caoutchouc cyclisé<br>Bitumineux<br>(type vinylique) | 1 |
| | Phase aqueuse hydrodispersée | air | Acrylique | 1 |
| Peintures liquides réticulables (ES % variable)* | Phase solvantée | air | Alkyde | 1 |
| | | | Epoxydique<br>Polyuréthane<br>Bitumineux<br>(type époxydique-polyuréthane) | 2 |
| | | four | Alkyde<br>Epoxydique<br>Polyuréthane | 1 |
| | Phase aqueuse hydrodispersée | air | Alkyde | 1 |
| | | | Epoxydique<br>Polyuréthane | 2 |
| | Phase aqueuse hydrosoluble | four | Alkyde | 1 |
| | Sans solvant | air | Epoxydique | 2 |
| | | UV | Acrylate<br>(époxydique, uréthane, polyester, polyéther) | 1 |
| Peintures en poudre thermodurcissables (ES % ,= 100°)* | Sans solvant | four | Epoxydique<br>Epoxy-polyester<br>Polyester<br>Polyuréthane<br>Acrylique | 1 |

*ES % = extrait sec pondéral.

**Tableau 12.1.** *Séchage et conditionnement des peintures*

## 12.2. Classification et mode de séchage des peintures

Les peintures se répartissent en deux grands groupes, les peintures liquides et les peintures en poudre thermodurcissables, eux-mêmes subdivisés en sous-groupes – peintures liquides solvantées ou non, aqueuses, au sein desquelles sont regroupées les différentes familles de peintures. Le tableau 12.1 montre que l'on peut rencontrer au sein d'une même famille de peintures différentes formes de livraison. Par exemple, les peintures époxydiques existent commercialement en phase solvant, en phase aqueuse, sous forme de peinture poudre et de peinture liquide sans solvant.

Le séchage ou durcissement des peintures procède d'un mécanisme physicochimique qui permet le passage de l'état liquide à celui de solide et ce, de manière irréversible. Parmi les peintures, on distinguera :

– les peintures thermoplastiques à séchage air pour lesquelles les liaisons entre les chaînes macromoléculaires sont de faible énergie, ce qui explique leur sensibilité aux solvants. Cette sensibilité se manifeste par une détrempe du feuil de peinture, c'est-à-dire par un ramollissement ;

– les peintures réticulables à séchage air ou four, les peintures en poudre thermodurcissables pour lesquelles les liaisons entre les chaînes macromoléculaires sont de forte énergie, d'où leur insensibilité vis-à-vis des solvants usuels.

Excepté pour les peintures en poudre, la formation du feuil de peinture nécessite l'évaporation des solvants et/ou diluants, d'où la nécessité, en fonction des conditions de température et d'hygrométrie, de choisir le diluant le mieux adapté à l'application.

En règle générale, selon que la mise en peinture sera réalisée en été ou en hiver, le fabricant de peinture livrera le diluant le mieux adapté.

REMARQUES.–
Dans le langage usuel, on parle de film et non de feuil de peinture. Néanmoins, seul le second terme est défini dans le *Dictionnaire technique des peintures et des travaux d'applications* (norme NT 36-001 de juin 1988, éditée par l'AFNOR).

L'extrait sec est le résidu solide obtenu après évaporation des matières volatiles et ce dans des conditions expérimentales spécifiées.

Le mode de conditionnement (tableau 12.1) n'implique pas que les peintures liquides aient la bonne viscosité d'application. Celle-ci dépend principalement du matériel employé : brosse à peindre, pistolet…

## 12.3. Protection des métaux par des peintures liquides

Les matériaux métalliques sont susceptibles d'être recouverts d'une ou plusieurs couches de peinture. Leur protection est généralement obtenue par applications successives d'une couche de peinture primaire, d'une ou plusieurs couches de peinture intermédiaire puis d'une couche de peinture de finition. Les épaisseurs respectives de chacune de ces couches de peinture dépendent pour l'essentiel de la durée de protection proposée ou demandée par l'utilisateur et ce, dans une atmosphère spécifique.

Lors de l'application des peintures solvantées en atelier ou *in situ*, il est impératif que la température du support soit de 3 °C supérieure à celle du point de rosée afin de ne pas emprisonner un film d'eau à l'interface « support-feuil de peinture ». Cette eau, condensée sur le support, provoquera ultérieurement une perte d'adhérence du revêtement filmogène, laquelle se manifeste généralement par l'apparition de cloques.

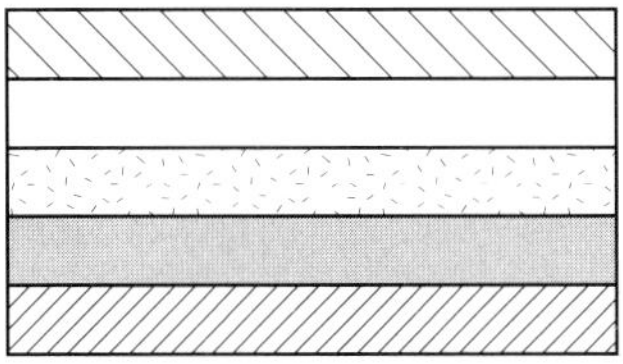


**Figure 12.1.** *Représentation d'un support métallique peint*

### 12.3.1. *Peintures primaires*

La peinture primaire est celle qui est appliquée directement sur le subjectile métallique après que celui-ci a reçu un traitement de surface. L'application de la peinture peut être réalisée soit en atelier, soit sur site. Le but de ces peintures est d'assurer l'adhérence du système de peinture sur le métal, d'empêcher la propagation de la corrosion, de posséder une résistance aux agents chimiques agressifs au moins égale à celle des autres couches du système de peinture. Les propriétés inhibitrices sont obtenues par l'emploi de pigments tels que la poussière de zinc, le chromate de zinc seul ou en mélange avec l'orthophosphate de zinc, le molybdate de zinc.

*Les peintures primaires liquides à séchage air (tableau 12.2)*

| **Peintures** | **Caractéristiques physicochimiques du feuil** |
|---|---|
| Alkydes | . Adhérent/souple,<br>. Résistant aux solvants aliphatiques,<br>. Sensible aux solvants chlorés, cétoniques, aux acides, aux bases. |
| Epoxydiques | . Adhérent,<br>. Dureté de surface élevée,<br>. Résistant aux acides minéraux dilués, à l'eau et aux bases,<br>. Sensible aux UV (pas d'utilisation en extérieur sous faible épaisseur) |
| Polyuréthanes | . Bonne adhérence (notamment sur primaire époxydique),<br>. Résistant aux solvants aromatiques,<br>. Résistant à l'abrasion,<br>. Résistant aux UV,<br>. Résistant à l'eau, aux acides, aux bases (tenue inférieure à celle des peintures époxydiques). |
| Vinyliques | . Adhérent,<br>. Résistant aux intempéries,<br>. Peu ou pas d'attaque à température ambiante par les acides minéraux, les bases fortes,<br>. Bonne souplesse,<br>. Résistant au vieillissement,<br>. Sensible aux solvants cétoniques. |
| Acryliques | . Bonne durabilité,<br>. Sensible aux solvants,<br>. Bonnes propriétés mécaniques. |
| Caoutchouc chloré/cyclisé | . Résistant aux acides, aux bases,<br>. Peu perméable à la vapeur d'eau,<br>. Stabilité thermique :<br>- caoutchouc chloré : 90 °C maximum,<br>- caoutchouc cyclisé : 230°C (sauf en continu). |

**Tableau 12.2.** *Principales propriétés des feuils de peinture à séchage air*

REMARQUE.– En ce qui concerne la tenue aux agents chimiques (acides, bases, etc.), il importe de faire préciser dans le cahier des charges leur nature chimique, leur concentration, leur température d'utilisation, de manière à vérifier au laboratoire le comportement des feuils de peinture et ce compte tenu de la grande diversité des bases et durcisseurs (cas des peintures époxydiques et polyuréthanes).

*Les peintures alkydes*, dont le séchage est obtenu par action de l'oxygène de l'air sur les doubles liaisons du polymère en présence de siccatifs (accélérateurs de séchage) en font partie.

De même, *les peintures époxydiques* à deux composants obtenues après mélange de la base époxydique et d'un durcisseur aminé. La réalisation du mélange prêt à l'emploi nécessite le respect de quelques règles élémentaires. Il importe de :

– respecter les quantités en poids ou en volume de la base époxydique et du durcisseur, car un excès de durcisseur dans le feuil sec nuira à l'adhérence du feuil de peinture de finition et un manque de durcisseur altérera les propriétés physicochimiques du feuil de peinture, notamment vis-à-vis des agents chimiques et de l'eau ;

– n'utiliser que le liant époxydique et le durcisseur préconisés par le fabricant de peinture ;

– réaliser le mélange par agitation lente sans occlure de l'air ;

– respecter la durée de vie en pot du mélange, laquelle fixe impérativement les délais d'utilisation ;

– utiliser le diluant spécifié dans la fiche technique du produit.

REMARQUE.– Pour la protection des canalisations, il est possible d'ajouter au mélange précédent des brais de houille ou de pétrole.

*Les peintures polyuréthanes* à deux composants, obtenues après mélange d'un liant polyhydroxylé avec un durcisseur de type isocyanate, ne peuvent être appliquées directement sur le métal. S'agissant d'un mélange, les mêmes recommandations que celles indiquées pour les peintures époxydiques doivent être observées.

*Les peintures vinyliques et acryliques sont également des peintures primaires liquides à séchage air, tout comme les peintures riches en poussière de zinc* dont le rôle est de protéger l'acier cathodiquement ; elles sont appliquées après grenaillage du support métallique dont le degré de soin (DS) requis est de 3 ou 2[1]. Ces peintures protègent le support métallique par contact du zinc métal sur l'acier. Ceci implique qu'il ne faut jamais interposer, entre le subjectile métallique et la peinture primaire à base de poussière de zinc, un revêtement isolant.

1. Spécifications techniques de décapage par projection d'abrasifs ; fascicule ONHGPI (Office national d'homologation et des garanties des produits industriels).

Pour être qualifiées de « riches en zinc », ces peintures doivent renfermer des proportions pondérales de poussière de zinc :

– 90 % minimum dans les peintures à base de liants organiques tels que liant époxydique, ester d'époxy, caoutchouc cyclisé ;

– 80 à 85 % minimum dans les peintures à base de liants inorganiques tels que les silicates alcalins, et liant organominéral tel que le silicate d'éthyle.

Industriellement, il convient de ne jamais appliquer sur des peintures contenant de la poussière de zinc une peinture primaire réactive, car la présence d'acide phosphorique dans celle-ci est susceptible de dissoudre le zinc.

En outre, leur recouvrement par des peintures alkydes est déconseillé, car les sels de zinc provoquent un durcissement excessif du feuil d'alkyde qui entraîne par la suite son fendillement.

REMARQUES.–

1) Certaines peintures contenant des proportions pondérales faibles en zinc (≅ 30 %) sont disponibles sur le marché, mais ne peuvent prétendre à la dénomination de peintures « riches en poussière de zinc ».

2) Sur une peinture primaire riche en poussière de zinc bicomposant, on appliquera généralement une finition bicomposant.

3) Sur une peinture primaire riche en poussière de zinc monocomposant, on appliquera généralement une finition monocomposant.

*Les autres peintures primaires*

Peintures primaires d'atelier

Ces préparations sont appliquées en atelier sur des subjectiles métalliques généralement en couche mince afin de leur assurer une protection temporaire contre la corrosion. Les principales familles utilisées industriellement sont :

– les peintures époxydiques à deux composants séchant à l'air, silicate d'éthyle, silicates alcalins pigmentés à la poussière de zinc dont les épaisseurs des feuils secs sont comprises entre 15 et 20 microns ;

– les peintures à base d'oxyde de fer rouge dispersé dans le butyral polyvinylique ou un liant époxydique à deux composants avec des épaisseurs sèches de l'ordre de 20 microns.

Les principales propriétés auxquelles doivent répondre ces peintures sont :

– une bonne adhérence sur le métal nu ;

– un séchage rapide ;

– une bonne compatibilité avec la couche de peinture qui sera appliquée ultérieurement ;

– une résistance mécanique suffisante.

En outre, elles ne doivent compromettre ni la soudabilité du subjectile, ni l'innocuité de l'atmosphère de travail lors des opérations d'oxydécoupage et/ou de soudage.

Peintures primaires réactives

Ces préparations liquides, appliquées directement sur des subjectiles métalliques « secs », exempts d'huile, de graisse, de rouille, sont destinées à assurer l'adhérence de la couche de peinture primaire. Elles sont déposées sous quelques microns secs (7 à 12 microns) à l'aide d'une brosse et/ou d'un pistolet et sont douées en général de propriétés inhibitrices de corrosion temporaire et de courte durée. C'est pourquoi il est recommandé lors de leur utilisation de les recouvrir dans les meilleurs délais. Ces produits existent commercialement sous deux formes : monocomposant et bicomposant. A notre connaissance, les peintures primaires réactives à deux composants sont les plus utilisées. Elles résultent du mélange avant emploi d'une suspension de tétraoxychromate de zinc (pigment inhibiteur de corrosion) dans une solution alcoolique d'acide orthophosphorique. Ces préparations sont utilisables sur la plupart des métaux : acier, aluminium, laiton… Après réalisation du mélange, la durée de vie en pot n'excède pas quelques heures.

Il ne faut pas ajouter au mélange :

– de l'eau, car cela provoquerait la précipitation des phosphates métalliques ;

– des hydrocarbures afin d'éviter la précipitation du polymère ;

– de l'acide phosphorique, lequel entraînerait une dégradation en profondeur du métal avant que ne se forme le dépôt de phosphates métalliques.

La plupart des peintures primaires usuelles sont compatibles avec les peintures primaires réactives (cas des peintures époxydiques à deux composants séchant à l'air). Ces peintures primaires réactives sont utilisées chaque fois que des traitements de surface tels que phosphatation au zinc ou autres ne peuvent être réalisés sur les supports métalliques du fait de leur encombrement ou de leur montage sur site.

### 12.3.2. *Les couches de peintures intermédiaires*

Leur rôle est soit de masquer les irrégularités du support, soit d'augmenter l'effet barrière aux espèces chimiques agressives.

Ces couches assurent la liaison entre la peinture primaire et la peinture de finition. Elles doivent donc être compatibles avec chacune d'elles.

### 12.3.3. *Les peintures de finition*

Ces peintures permettent de « décorer » l'objet peint tout en assurant la première protection par effet barrière vis-à-vis de l'environnement.

Les liants utilisés sont ceux présentés tableau 12.3 et ce, en fonction de leur destination : industrie, vernissage des boîtes de conserves, matériels industriels...

Pour chacune des familles de peinture thermodurcissable présentées dans le tableau 12.3, (1) alkyde, (2) époxydique, (3) acrylique, (4) polyuréthane, le durcissement est obtenu par action d'un durcisseur spécifique.

Le durcisseur stable à température ambiante en présence de liants (polymères) ne réagira qu'à haute température ($\geq$ 100 °C), ce qui permet un séchage très rapide de l'objet lors du passage en étuve.

| **Peintures** | | **Caractéristiques physicochimiques du feuil de peinture** |
|---|---|---|
| Liant | Durcisseur | . Adhérent, souple, brillant,<br>. Dureté superficielle supérieure aux alkydes à séchage air,<br>. Résistant à l'eau, aux agents chimiques. |
| (1) alkyde | Aminoplaste* | |
| (2) époxydique | Phénolique aminoplaste | . Adhérent,<br>. Résistant à l'abrasion, à l'eau, aux chocs, aux agents chimiques. |
| (3) acrylique | Epoxydique mélamine-formol | . Résistance aux solvants, [supérieure<br>. Dureté superficielle, [aux acryliques<br>. Tenue aux acides et aux bases, [thermoplastiques |
| (4) polymère – OH** | Caprolactame bloqué par isocyanate | . Mêmes caractéristiques que celles obtenues avec les peintures à séchage air polyuréthane. |

*Aminoplaste : résine urée-formol/mélamine-formol.

**OH = groupement hydroxylé.

**Tableau 12.3.** *Principales propriétés des feuils de peinture thermodurcissable*

## 12.4. Protection des métaux par des peintures en poudre thermodurcissables

Compte tenu des contraintes environnementales, les peintures en poudre sont de plus en plus utilisées dans l'industrie sur des supports métalliques tels que l'acier, les alliages d'aluminium.

Elles sont généralement appliquées en une couche avec des épaisseurs n'excédant pas 80 à 100 microns.

Le tableau 12.4 résume les principales propriétés physicochimiques des feuils de peinture en poudre déposés sur tôle laminée à froid avec des épaisseurs comprises entre 60 et 80 microns. Les peintures appliquées sont des peintures brillantes.

REMARQUE.– Certaines de ces propriétés peuvent évoluer en fonction de la nature du support métallique, du traitement de surface, de la qualité de la peinture : mate, satinée ou brillante.

| | **Epoxydique** | **Epoxy-polyester** | **Polyester** | **Polyuréthane** | **Acrylique** |
|---|---|---|---|---|---|
| Résistance chimique | Excellent | Bon à très bon | Bon à très bon | Très bon | Bon à très bon |
| Résistance à la corrosion | Excellent | Bon | Bon | Bon à très bon | Bon |
| Résistance aux UV | Mauvais | Mauvais à acceptable | Très bon à excellent | Très bon à excellent | Très bon à excellent |
| Résistance à la surcuisson | Mauvais | Bon | Excellent | Bon | Bon |
| Flexibilité | Excellent | Excellent | Excellent | Excellent | Acceptable à bon |
| Dureté de surface | Excellent | Très bon | Très bon | Très bon | Bon à très bon |
| Tenue au quadrillage * | Excellent | Très bon | Très bon | Très bon | Très bon |

*souvent appelée improprement « adhérence ».

**Tableau 12.4.** *Propriétés comparées des feuils de peinture en poudre [DUR 95]*

## 12.5. Conclusion

Les peintures sont des préparations complexes capables de protéger la plupart des matériaux usuels contre la corrosion. Néanmoins, quelques règles élémentaires doivent être rappelées quant à leur utilisation :

– définir avec soin la géométrie de l'objet à peindre : présence ou non de corps creux par exemple ;

– choisir le traitement de surface le plus approprié au métal à protéger ;

– retenir le système de peinture (primaire/finition) en fonction de la destination du matériau et de la sévérité de l'environnement (atmosphère rurale, urbaine, industrielle, marine) ;

– respecter les conditions d'application, notamment la température du support en fonction du degré hygrométrique et de la température ambiante ;

– appliquer les épaisseurs requises pour chacune des couches de peinture en fonction du cahier des charges établi avec la collaboration du fabricant de peinture, du maître d'œuvre, du maître d'ouvrage et de l'applicateur.

## 12.6. Bibliographie

[AUD 99] AUDISIO S. *et al.*, *CD.ROM, Livre Multimédia de la Corrosion*, Editions Insavalor, 1999.

[DIC 88] *Dictionnaire Technique des Peintures et des Travaux d'Applications* (NFT 36-001), Editions AFNOR, 1988.

[DUR 95] DURAND D., Biennale des risques professionnels. Prévention « Peintures industrielles en Poudre », Dijon, 1995.

[HAR 76] HARRIST S.T., *The Technology of Powder Coatings*, Editions Roberson E.C., 1976.

[LAO 87] LAOUT J.C. *et al.*, *Manuel des traitements de surface à l'usage des bureaux d'études*, Editions CETIM, 1987.

[LAO 99] LAOUT J.C., *Techniques de l'Ingénieur*, Traité : Matériaux Métalliques, M 1505, 1999.

[LAO 92] LAOUT J.C., *Mécanique, Matériaux, Electricité* (numéro spécial, février), n° 44, 1992.

[LAO 99] LAOUT J.C., *Revêtements et Traitements de surface* – Editions Presses Polytechniques et Universitaires Romandes, Lausanne, 1999.

[NYL 87] NYLEN P., SUNDERLAND E., *Modern Surface Coatings*, J. Wiley et Sons, 1987.

[PAS 66] PASTOUR P., GRANDOU P., Peintures et Vernis « Les Constituants », Hermann, Paris, 1966.

# Chapitre 13

# Inhibiteurs de corrosion

Les inhibiteurs de corrosion constituent un moyen de lutte original contre la corrosion des métaux et des alliages. L'originalité provient de ce que le traitement anticorrosion ne se fait pas sur le métal lui-même (revêtement, choix du matériau intrinsèquement résistant à la corrosion), mais par l'intermédiaire du milieu corrosif. Il ne s'agit pas cependant de modifier la nature de ce milieu, mais d'ajouter la formulation inhibitrice (molécule isolée, mélange de molécules) en faible quantité au milieu corrosif comme l'indique la définition d'un inhibiteur selon la norme ISO 8044 : « *Substance chimique ajoutée au système de corrosion à une concentration choisie pour son efficacité, et qui entraîne une diminution de la vitesse de corrosion sans modifier de manière significative la concentration d'aucun agent corrosif contenu dans le milieu agressif.* »

Cette définition implique une différence entre ce que l'on appelle « inhibiteur de corrosion », qui concerne uniquement l'utilisation d'additif anticorrosion, et ce que l'on appelle « inhibition de la corrosion », terminologie qui peut être étendue à tout moyen de diminuer la vitesse de corrosion. Par exemple, l'addition de chrome au fer peut être comprise comme un moyen d'inhibition de la corrosion, mais le chrome n'est pas un inhibiteur de corrosion au sens de la définition précédente. Par ailleurs, l'addition de sulfite de sodium ou d'hydrazine au milieu corrosif, qui a pour effet de consommer l'oxygène de la solution, donc d'en modifier la composition chimique, peut constituer un moyen d'inhibition du phénomène de corrosion, mais ces deux produits ne doivent pas être classés comme inhibiteurs de corrosion.

---

Chapitre rédigé par Christian FIAUD, Christian LEMAITRE, Nadine PÉBÈRE.

## 13.1. Propriétés essentielles d'un inhibiteur de corrosion

En dehors de tout mécanisme d'action, un inhibiteur de corrosion doit vérifier un certain nombre de propriétés fondamentales :

– abaisser la vitesse de corrosion du métal tout en conservant les caractéristiques physicochimiques de ce dernier. Par exemple, un inhibiteur utilisé lors du décapage acide d'un acier peut, s'il est mal choisi, aggraver les risques de pénétration de l'hydrogène dans le métal ;

– être stable en présence des autres constituants du milieu, en particulier vis-à-vis des oxydants, tels certains biocides ;

– ne pas modifier la stabilité des espèces contenues dans le milieu, par exemple en provoquant l'apparition d'émulsions, voire de mousses ;

– être stable à la température d'utilisation ;

– être efficace à faible concentration ;

– être compatible avec les normes de non-toxicité ;

– être peu onéreux.

## 13.2. Les classes d'inhibiteurs

Il existe plusieurs façons de classer les inhibiteurs. Des classements simples peuvent être proposés :

– soit à partir de la formulation des produits (inhibiteurs organiques et inhibiteurs minéraux) ;

– soit à partir de leur mécanisme d'action électrochimique (inhibiteurs cathodiques, anodiques ou mixtes) ;

– soit à partir de leur mécanisme d'action interfaciale (inhibiteurs agissant par adsorption à la surface du métal ou par formation d'un film protecteur).

### 13.2.1. *Inhibiteurs organiques et inhibiteurs minéraux*

#### 13.2.1.1. *Les inhibiteurs organiques*

Ils ont à l'heure actuelle les faveurs des utilisateurs en raison d'une plus faible écotoxicité que celle des inhibiteurs minéraux. Ce sont généralement des sous-produits de l'industrie pétrolière. Ils renferment au moins un atome servant de centre actif pour leur fixation sur le métal (azote : amines, ammoniums quaternaires, amides, imidazolines – soufre : dérivés de la thiourée, mercaptans, sulfoxydes, thiazoles – oxygène : alcools acétyléniques, carboxylates – phosphore :

phophonates). L'une des limitations dans l'utilisation des ces produits peut être l'élévation de température, les molécules organiques étant souvent instables à chaud.

#### 13.2.1.2. *Les inhibiteurs minéraux*

Ces molécules sont utilisées le plus souvent en milieu proche de la neutralité, voire en milieu alcalin, plus rarement en milieu acide. Ces produits sont plus ou moins dissociés en solution et ce sont souvent leurs produits de dissociation (anion ou cation) qui sont efficaces en tant qu'inhibiteurs de corrosion. Parmi les anions inhibiteurs, on trouve essentiellement les oxyanions de type $X0_4^{n-}$ (chromates, molbydates, phosphates, silicates, etc.) et d'autres anions tels que les nitrates, les nitrites, les borates, l'anion iodure, etc. Les cations inhibiteurs sont essentiellement ceux ($Ca^{2+}$, $Zn^{2+}$) qui forment des sels insolubles avec des anions, tels que l'anion hydroxyde ($OH^-$), par exemple.

### 13.2.2. *Inhibiteurs cathodiques, anodiques ou mixtes*

Cette deuxième possibilité de classement des inhibiteurs tient compte de la nature électrochimique de la corrosion en phase liquide, qui met en jeu au moins deux réactions :

– une réaction anodique de dissolution du métal, par exemple :

$$Fe \rightarrow Fe^{2+} + 2\,e^-$$

– une réaction cathodique de réduction d'un oxydant de la solution :

$$H^+ + e^- \rightarrow 1/2\;H_2 \quad \text{en milieu acide}$$

ou :

$$O_2 + 2\,H_2O + 4\,e^- \rightarrow 4\,OH^- \text{ en milieu neutre ou alcalin}$$

Le rôle de l'inhibiteur sera nécessairement de diminuer la vitesse de l'une des deux réactions et dans certains cas des deux à la fois. Si l'inhibiteur ralentit la réaction anodique, il est appelé *inhibiteur anodique*. De la même façon, on distingue des *inhibiteurs cathodiques et des inhibiteurs mixtes*, ces derniers agissant à la fois pour diminuer la vitesse de la réaction anodique et celle de la réaction cathodique.

#### 13.2.2.1. *Mode d'action d'un inhibiteur anodique*

On admet dans ce qui suit que la courbe cathodique I = f(E) n'est pas modifiée en présence de l'inhibiteur. La modification de la courbe anodique repérée à partir des caractéristiques de la réaction redox :

$M \Leftrightarrow M^{n+} + ne^-$

peut se faire de différentes façons.

L'inhibiteur conserve la valeur de la pente de Tafel (dE/dlogi) de la courbe anodique (mécanisme de dissolution inchangé) et le courant d'échange de la réaction redox est diminué : il y a un simple déplacement de la courbe anodique parallèlement à elle-même vers des valeurs de potentiels plus positives. Le résultat est une diminution du courant de corrosion (figure 13.1).

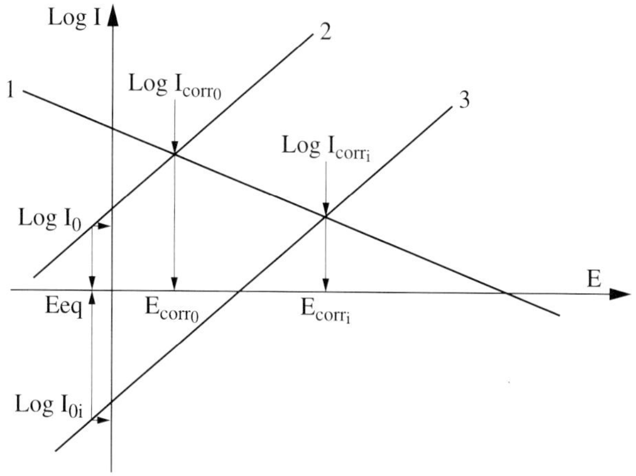


Courbe 1 : courbe cathodique en présence et en l'absence d'inhibiteur (représentation symétrique/axe E)
Courbe 2 : courbe anodique en l'absence d'inhibiteur
Courbe 3 : courbe anodique en présence d'inhibiteur
Eeq, $I_0$, $I_{0i}$ : potentiel d'équilibre et courant d'échange de la réaction $Me^{n+} + ne^- \rightarrow Me$ en l'absence d'inhibiteur ($I_0$, $I_{eq}$) et en présence d'inhibiteur ($I_{0i}$, Eeq)
$Ecorr_0$, $Icorr_0$ : potentiel et courant de corrosion en l'absence d'inhibiteur
$Ecorr_i$, $Icorr_i$ : potentiel et courant de corrosion en présence d'inhibiteur

**Figure 13.1.** *Action d'un inhibiteur de corrosion anodique conservant le mécanisme réactionnel anodique (pentes de Tafel anodiques 2 et 3 identiques)*

L'inhibiteur augmente la valeur de la pente de Tafel (dE/dlogi) de la courbe anodique et conserve le courant d'échange de la réaction redox $M^{n+}/M$. Le résultat est encore une diminution du courant de corrosion (figure 13.2), mais il y a eu modification du mécanisme de dissolution du métal en présence de l'inhibiteur.

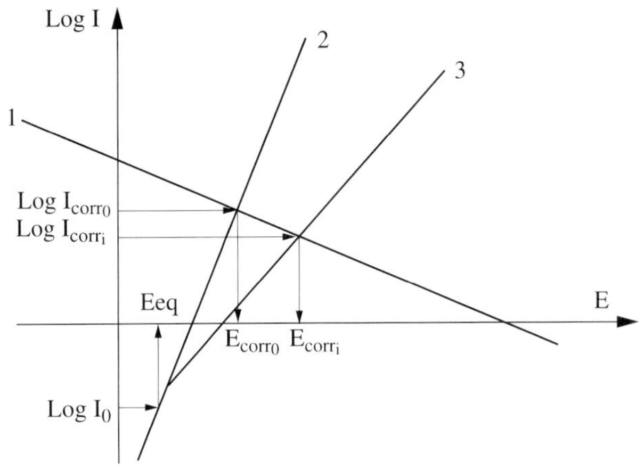


Courbe 1 : courbe cathodique en présence et en l'absence d'inhibiteur (représentation symétrique/axe E)

Courbe 2 : courbe anodique en l'absence d'inhibiteur

Courbe 3 : courbe anodique en présence d'inhibiteur

Eeq, $I_0$ : potentiel d 'équilibre et courant d'échange de la réaction $Me^{n+} + ne^- \rightarrow Me$ en l'absence et en présence d'inhibiteur

$Ecorr_0$, $Icorr_0$ : potentiel et courant de corrosion en l'absence d'inhibiteur

$Ecorr_i$ , $Icorr_i$ : potentiel et courant de corrosion en présence d'inhibiteur

**Figure 13.2.** *Action d'un inhibiteur de corrosion anodique modifiant le mécanisme réactionnel anodique (pentes de Tafel anodiques 2 et 3 différentes)*

### 13.2.2.2. *Mode d'action d'un inhibiteur cathodique*

Les situations décrites ci-dessus pour un inhibiteur anodique peuvent être reproduites pour un inhibiteur cathodique. On raisonne sur les caractéristiques de l'une des deux réactions redox :

$$H^+ + e^- \Leftrightarrow 1/2\ H_2 \qquad \text{(milieu acide)}$$

$$O_2 + 2\ H_2O + 4\ e^- \Leftrightarrow 4\ OH^- \qquad \text{(milieu neutre/alcalin)}$$

### 13.2.2.3. *Mode d'action d'un inhibiteur mixte*

Ce type d'inhibiteur combine les situations décrites pour un inhibiteur anodique et pour un inhibiteur cathodique.

13.2.2.4. *Cas particulier : inhibiteur stabilisant l'état passif du métal (inhibiteur passivant)*

Il s'agit, pour l'inhibiteur, d'amener le potentiel de corrosion stationnaire du métal dans la zone de passivation de celui-ci. L'inhibiteur peut agir sur la réaction anodique ou sur la réaction cathodique :

– s'il s'agit d'une *action sur la réaction anodique*, l'inhibiteur diminue l'intensité du pic d'activité anodique. Le résultat est un déplacement du potentiel de corrosion stationnaire du métal, depuis sa zone d'activité (en l'absence de l'inhibiteur) jusqu'à sa zone de passivité (en présence de l'inhibiteur) (figure 13.3) ;

– s'il s'agit d'une *action sur la réaction cathodique*, le même déplacement du potentiel de corrosion stationnaire du métal sera obtenu par l'accélération de la réaction cathodique en présence de l'inhibiteur. Ce cas est peu fréquent mais néanmoins possible (figure 13.4).

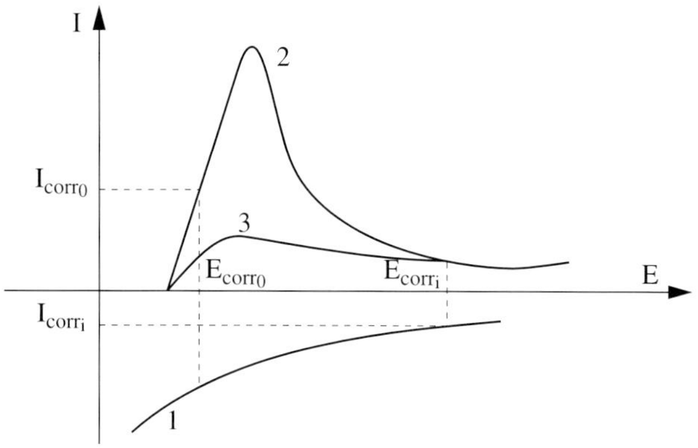


Courbe 1 : courbe cathodique en présence et en l'absence d'inhibiteur

Courbe 2 : courbe anodique en l'absence d'inhibiteur

Courbe 3 : courbe anodique en présence d'inhibiteur

$E_{corr_0}$, $I_{corr_0}$ : potentiel et courant de corrosion en l'absence d'inhibiteur

$E_{corr_i}$, $I_{corr_i}$ : potentiel et courant de corrosion en présence d'inhibiteur

**Figure 13.3.** *Action d'un inhibiteur de corrosion anodique stabilisant l'état passif du métal*

13.2.2.5. *Comment déterminer de manière simple si un inhibiteur est anodique, cathodique ou mixte ?*

C'est en observant le déplacement du potentiel de corrosion $E_{corr}$ lors de l'addition de l'inhibiteur que l'on peut répondre à la question. Il résulte en effet de ce qui vient d'être montré sur le déplacement des courbes électrochimiques en présence d'un inhibiteur de corrosion qu'un inhibiteur anodique déplacera le potentiel de corrosion stationnaire vers des valeurs plus positives, alors qu'un inhibiteur cathodique déplacera le potentiel vers des valeurs plus négatives (figures 13.1, 13.2 et 13.3). La mesure de $E_{corr}$ est donc un critère expérimental simple pour décider si un inhibiteur est majoritairement anodique ou cathodique. Cette indication peut être précieuse eu égard aux spécificités des deux types d'inhibiteurs. Encore faut-il être assuré que la molécule testée agit bien en tant qu'inhibiteur du processus anodique ou cathodique et non en tant *qu'accélérateur* du processus inverse. Il est en effet facile de montrer qu'un accélérateur de la réaction anodique agira sur le potentiel de corrosion du métal dans le même sens qu'un inhibiteur cathodique et réciproquement pour un accélérateur cathodique. L'estimation de la vitesse de corrosion en présence de l'inhibiteur doit donc toujours accompagner le simple examen du déplacement de $E_{corr}$. Enfin, il va de soi qu'un inhibiteur mixte déplacera peu ou pas le potentiel de corrosion du métal, quel que soit par ailleurs son degré d'efficacité.

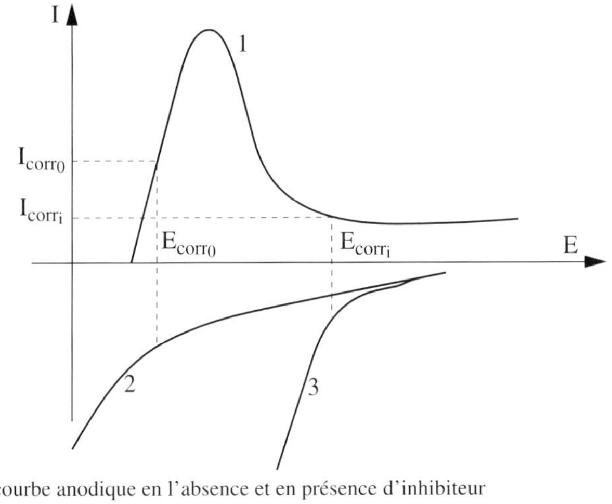


Courbe 1 : courbe anodique en l'absence et en présence d'inhibiteur
Courbe 2 : courbe cathodique en l'absence d'inhibiteur
Courbe 3 : courbe cathodique en présence d'inhibiteur
$E_{corr_0}$, $I_{corr_0}$ : potentiel et courant de corrosion en l'absence d'inhibiteur
$E_{corr_i}$, $I_{corr_i}$ : potentiel et courant de corrosion en présence d'inhibiteur

**Figure 13.4.** *Action d'un inhibiteur de corrosion cathodique stabilisant l'état passif du métal*

### 13.2.3. *Inhibiteurs d'adsorption ; inhibiteurs formant des films tridimensionnels*

C'est le troisième mode de classement des inhibiteurs, qui différencie ceux-ci à partir de leur mode de fixation sur la surface métallique. Les inhibiteurs *d'adsorption,* c'est-à-dire ceux qui agissent en formant des films de molécules adsorbées à la surface du métal, sont plutôt utilisés en milieu acide, alors que les inhibiteurs formant des films *tridimensionnels* de produits de réaction sont spécifiques des milieux neutres ou alcalins. Il existe cependant des exceptions à ces règles de comportement et, par exemple, certaines molécules organiques agissent par « simple » adsorption à la surface du métal (amines filmantes pour la protection de l'acier) en milieu aqueux de pH neutre.

#### 13.2.3.1. *Inhibiteurs d'adsorption*

Dans le mécanisme d'adsorption, l'inhibiteur forme sur le métal une couche mono- ou multimoléculaire qui joue le rôle de matelas isolant vis-à-vis des espèces agressives de la solution. On admet en général qu'une molécule d'inhibiteur déplace *n* molécules d'eau de la surface :

$$Inh_{(sol)} + n\ H_2O_{(ads)} \rightarrow Inh_{(ads)} + n\ H_2O_{(sol)}$$

La valeur *n* dépend essentiellement de la section apparente de la molécule inhibitrice.

Un inhibiteur anodique (voir paragraphe 13.2.1) s'adsorbera sur les sites anodiques de passage des atomes métalliques en solution (figure 13.5). Un inhibiteur cathodique (paragraphe 13.2.2) s'adsorbera sur les sites cathodiques de réduction des protons $H^+$ ou de l'oxygène $O_2$ (figure 13.6). Un inhibiteur mixte s'adsorbera indifféremment sur les sites anodiques et cathodiques.

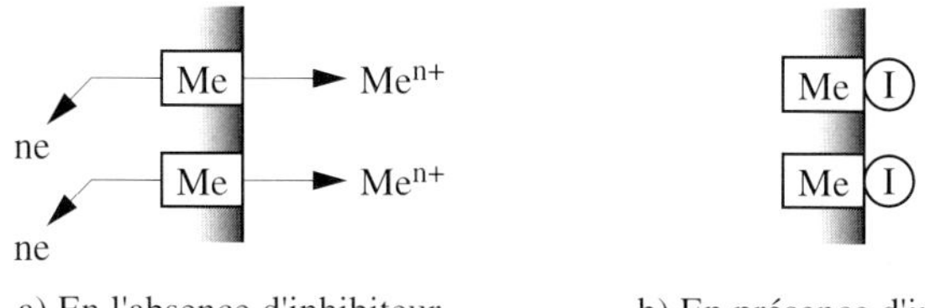


a) En l'absence d'inhibiteur    b) En présence d'inhibiteur

**Figure 13.5.** *Adsorption d'un inhibiteur anodique*

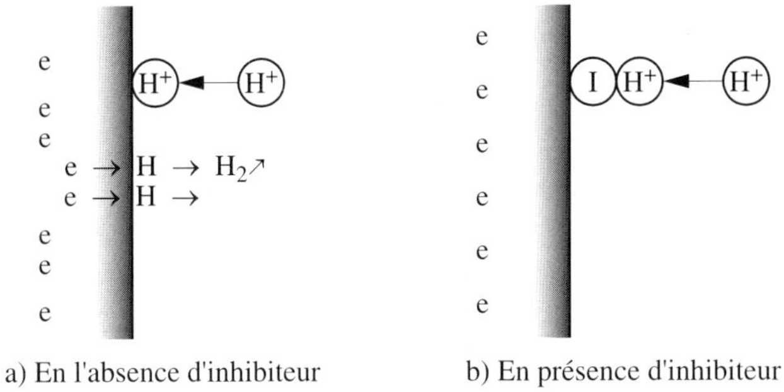


**Figure 13.6.** *Inhibiteur cathodique : cas d'un milieu acide*

13.2.3.1.1. Relation entre efficacité de l'inhibiteur et taux de recouvrement

On fait dans ce qui suit l'hypothèse d'un recouvrement monomoléculaire de la surface par l'inhibiteur. L'efficacité de l'inhibiteur adsorbé dépendra :

– du *taux de recouvrement* $\theta$ ($0 < \theta < 1$) des sites actifs par la molécule ou l'ion inhibiteur. $\theta$ peut concerner le recouvrement des sites anodiques, des sites cathodiques, ou être indifférent. Lorsque $\theta \rightarrow 1$, le recouvrement de tous les sites actifs pour une des réactions élémentaires de corrosion, ou pour les deux, entraîne que la vitesse de corrosion tend vers zéro (à condition que le taux de blocage soit maximal, voir ci-dessous) ;

– du *taux de blocage* d'un site actif par la molécule ou l'ion inhibiteur. On raisonne couramment en admettant que le taux de blocage est maximal : la probabilité de réaction est nulle sous l'inhibiteur adsorbé. Dans ce cas, le taux de recouvrement $\theta$ est égal au *taux d'inhibition* $\tau$, défini classiquement comme suit :

$$\tau = (V_{corr(0)} - V_{corr(i)}) / V_{corr(0)} \qquad [13.1]$$

où $V_{corr(0)}$ et $V_{corr(i)}$ sont les vitesses de corrosion du métal respectivement en l'absence et en présence d'inhibiteur. En effet :

$$V_{corr(i)} = (1 - \theta).\ V_{corr(0)} \qquad [13.2]$$

d'où :

$$\tau = (V_{corr(0)} - (1 - \theta)\ V_{corr(0)}) / V_{corr(0)} = \theta \qquad [13.3]$$

Mais si le blocage des sites réactionnels par l'inhibiteur n'est pas total (taux de blocage intermédiaire), la vitesse de la réaction ($V'_{corr}$) n'est pas nulle sous le film d'inhibiteur adsorbé, et il faut alors écrire :

$$V_{corr(i)} = (1 - \theta).\ V_{corr(0)} - \theta.V'_{corr} \qquad [13.4]$$

et la relation [13.3] n'est plus valable : le taux de recouvrement par l'inhibiteur n'est pas égal au taux d'inhibition.

De plus, l'utilisation de la relation [13.3] suppose également que la vitesse de corrosion sur les parties non recouvertes par l'inhibiteur (fraction (1 – θ) de la surface) n'est pas modifiée par la présence de l'inhibiteur : c'est l'hypothèse de la conservation des pentes de Tafel faite au paragraphe précédent. Si ce n'est pas le cas, la relation [13.2]) doit être réécrite :

$$V_{corr(i)} = (1 - \theta).V''_{corr} \qquad [13.5]$$

où $V''_{corr}$ est la vitesse de corrosion du métal non recouvert par l'inhibiteur ($V''_{corr}$ est différent de $V_{corr(0)}$).

En résumé, l'égalité $\tau = \theta$, souvent utilisée pour accéder à des calculs à caractère thermodynamique concernant les enthalpies, entropies, etc. liées à l'adsorption des molécules inhibitrices, doit être manipulée avec précaution, les conditions de sa validité n'étant pas toujours réunies.

13.2.3.1.2. Forces mises en jeu lors de l'adsorption d'un inhibiteur sur une surface métallique

L'adsorption est au cœur du mécanisme d'action d'un inhibiteur de corrosion. Il est donc nécessaire d'en affiner la compréhension. Les théories classiques de l'adsorption indiquent que deux types d'adsorption d'une molécule ou d'un ion sur une surface solide peuvent être envisagés.

La physisorption qui met en jeu des forces de Van der Waals ou des forces électrostatiques. Les liaisons de Van der Waals ne sont pas assez énergétiques pour assurer à l'inhibiteur une fixation suffisante à la surface du métal. Seules des liaisons de type électrostatique pourront donc expliquer le caractère protecteur de l'inhibiteur. Il faut naturellement que l'inhibiteur porte lui-même une charge globale : ion positif, ion négatif, ou molécule dipolaire. La force de l'adsorption électrostatique sera fonction de la différence entre les charges portées par l'inhibiteur d'une part et par 1a surface métallique d'autre part ($q_{Me}$). Cette dernière est elle-même fonction de la différence entre le potentiel de corrosion du métal et son potentiel de charge nulle dans le milieu corrosif considéré ($E_{z.c.}$) :

$$q_{Me} = k\ (E_{corr} - E_{z.c.}) \qquad [13.6]$$

Cette relation a un intérêt purement théorique, car la valeur de $E_{z.c.}$ est très difficile à déterminer pour un couple métal-solution.

Dans certains cas, la charge de la surface peut être modifiée par l'adsorption d'une couche d'ions intermédiaire. C'est ainsi que l'on explique l'effet bénéfique des ions $Cl^-$ dans le cas de l'inhibition de la corrosion par des dérivés d'ammoniums quaternaires $(RNH_4)^+$ en milieu acide. Si la charge intrinsèque du métal dans ces conditions est positive, les ions $(RNH_4)^+$ ne pourront s'adsorber électrostatiquement et n'auront pas d'effet inhibiteur. L'addition d'ions $Cl^-$ qui viendront eux-mêmes former une première couche adsorbée rendra la surface globalement négative et les ions $(RNH_4)^+$ deviendront de très bons inhibiteurs en se fixant par-dessus la couche d'ions chlorure.

La chimisorption est un mécanisme plus fréquent que le mécanisme de physisorption et conduit à une efficacité de l'inhibiteur plus importante. Il implique la mise en commun d'électrons entre la molécule inhibitrice et la surface métallique. La molécule agit généralement comme donneur et le métal comme accepteur, par l'intermédiaire des sous-couches « d » non remplies, s'il s'agit d'un métal de transition. Les électrons disponibles sur la molécule inhibitrice peuvent provenir d'un doublet non apparié sur l'azote, le soufre, l'oxygène etc., ou d'une liaison $\pi$ (double liaison, triple liaison).

| **Adsorption physique** | **Adsorption chimique** |
|---|---|
| Force électrostatique | Liaison de coordination (recouvrement des charges ou transfert des charges entre métal et molécule). |
| Il n'y a pas contact direct inhibiteur-métal : une couche intermédiaire de molécules d'eau reste présente. | Il y a contact direct inhibiteur-surface métallique. |
| L'énergie d'activation du processus est faible. Le processus est pratiquement indépendant de la température. | L'énergie d'activation du processus est élevée et le processus est en principe favorisé par une élévation de température. |
| L'adsorption ne dépend pas de la nature du métal, seulement de la charge portée par le métal. | L'adsorption dépend de la nature du métal. Elle est favorisée par un métal ayant des orbitales électroniques vacantes et de faible énergie (métaux de transition). |

**Tableau 13.1.** *Comparaison liaison physique-liaison chimique*

Le tableau 13.1 met en évidence les différences essentielles entre les deux types d'adsorption. La meilleure efficacité généralement constatée pour les inhibiteurs chimisorbés provient essentiellement de l'énergie d'adsorption plus élevée, donc d'une molécule plus fortement fixée sur la surface métallique. Un inconvénient de cette fixation plus solide de la molécule doit être mentionné au plan de l'utilisation pratique de ce moyen de protection : il est plus difficile d'éliminer le film adsorbé que dans le cas d'un inhibiteur physisorbé, ce qui peut être un inconvénient si la surface ainsi protégée doit être ultérieurement soumise à un traitement superficiel : dépôt métallique en particulier.

Pouvoir hydrophobe du film de molécules adsorbées

Un film à caractère hydrophobe peut se former à la surface d'un métal lorsque la molécule d'inhibiteur contient à la fois un groupement hydrophile (par exemple un cation ou un anion $RNH_4^+$ $RCOO^-$ et un groupement hydrophobe (par exemple une chaîne hydrocarbonée). L'extrémité hydrophile est fixée sur la surface et l'extrémité hydrophobe, du côté opposé, repousse les molécules d'eau, empêchant les réactions électrochimiques responsables de la corrosion.

#### 13.2.3.1.3. Principaux inhibiteurs organiques agissant par adsorption (milieux acides)

La brève description des molécules organiques inhibitrices qui suit est limitée à l'inhibition en milieu acide. C'est le cas le plus fréquent de molécules agissant par adsorption pure. Cependant, comme il a été mentionné dans ce qui précède, des inhibiteurs d'adsorption fonctionnent également dans des milieux voisins de la neutralité ou alcalins. Certains seront décrits ultérieurement.

Les milieux acides sont fréquemment utilisés industriellement. On peut citer le décapage acide des métaux, les opérations de détartrage, l'acidification des puits de pétrole ou de gaz et de nombreux autres procédés industriels. Le choix d'un inhibiteur ou d'une formulation inhibitrice dans ces conditions dépendra du système de corrosion mis en jeu, en particulier de la nature de l'acide, de la température, de la vitesse de circulation, de la présence de substances organiques ou inorganiques dissoutes, etc.

Trois classes de composés sont essentiellement utilisées dans le cas de l'inhibition en milieu acide : les molécules à centre actif azoté (en particulier les amines), les molécules à centre actif soufré et les alcools acétyléniques.

Amines et dérivés azotés

Cette classe de composés est d'utilisation classique pour éviter la dissolution de l'acier en milieu acide chlorhydrique. On peut citer :

– les alkylamines (avec des squelettes à 10-12 C),

– les arylamines (dérivés de l'aniline),

– les diamines (avec des squelettes à 6-12 C),

– les amines tertiaires ($R_1R_2R_3N$). Parmi les amines tertiaires, l'hexaméthylènetétramine (urotropine) est souvent utilisée au laboratoire pour l'inhibition des solutions acides de nettoyage des éprouvettes d'acier servant aux essais de perte de masse. Il ne faut pas oublier que l'urotropine peut réagir lentement avec l'acide chlorhydrique pour former des produits volatils à caractère cancérigène (chlorométhyléther, $Cl\text{-}CH_2\text{-}O\text{-}CH_3$).

Les formulations commerciales sont en général des mélanges complexes. Par exemple, un inhibiteur de décapage de l'acier doit vérifier un certain nombre de propriétés, comme :

1) réduire efficacement la vitesse de dissolution de l'acier ;

2) rester efficace en présence de sels ferreux/ferriques ;

3) agir instantanément ;

4) agir à faible concentration ;

5) être efficace à haute température (jusqu'à 90 °C) ;

6) bloquer la pénétration de l'hydrogène ;

7) avoir des propriétés de surfactant ;

8) être un agent moussant.

Cette liste appelle quelques commentaires.

Point 2 : les tests d'efficacité des inhibiteurs de décapage sont généralement effectués en milieu acide sans additif. Il faut vérifier que l'efficacité de l'inhibiteur soit conservée en présence de cations métalliques résultant des traitements de décapage antérieurs. Il est en effet bien connu que ces cations conduisent à une augmentation de la vitesse de dissolution du métal (figure 13.7).

Point 6 : l'inhibiteur doit non seulement diminuer la vitesse de dissolution du métal, mais également bloquer la pénétration de l'hydrogène dans le métal. Un test d'efficacité de l'inhibiteur devrait donc s'accompagner d'un essai de perméation de l'hydrogène.

Point 7 : l'inhibiteur a généralement peu ou pas de propriétés de surfactant. Il faut alors ajouter un agent mouillant à la formulation. Le rôle de l'agent mouillant est de faciliter l'accès de l'acide dans les fissures de la couche d'oxydes. Un test d'efficacité de l'inhibiteur doit être effectué en présence du détergent, car celui-ci peut en modifier le pouvoir inhibiteur.

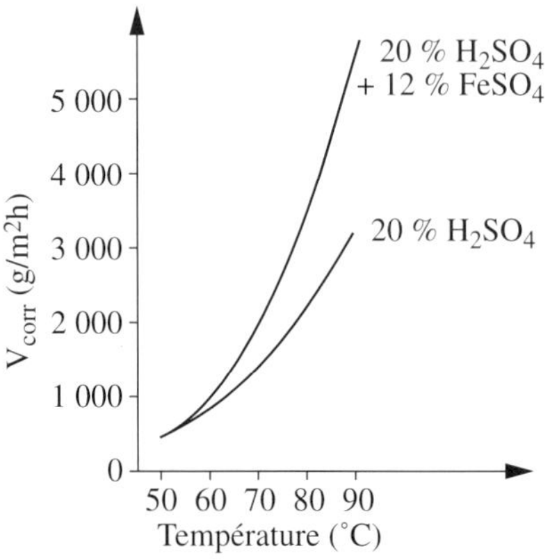


**Figure 13.7.** *Vitesse de la corrosion de l'acier dans un milieu d'acide sulfurique, augmentée par la présence de sulfate de fer*

Point 8 : un agent mouillant a généralement des propriétés moussantes, utiles pour éviter le passage de l'acide dans l'atmosphère et les problèmes de sécurité qui en résultent. Dans le cas contraire, il faut ajouter un agent moussant.

Composés soufrés

Les molécules inhibitrices contenant un ou plusieurs atomes de soufre sont rarement utilisées en milieu chlorhydrique, beaucoup plus souvent en milieu sulfurique. Les sulfoxydes, les sulfures et les thiourées sont les inhibiteurs les plus fréquemment trouvés dans les formulations commerciales.

Un des inconvénients possibles de l'utilisation de certaines molécules contenant du soufre est leur décomposition partielle en sulfure d'hydrogène, $H_2S$, promoteur de la pénétration de l'hydrogène dans l'acier. Cet inconvénient peut devenir un avantage si l'on ajoute au dérivé soufré un inhibiteur à base d'azote (amine ou autre). Ce dernier type d'inhibiteur, relativement inefficace s'il est seul en milieu sulfurique, peut devenir très efficace en présence d'anions $HS^-$ résultant de la décomposition du dérivé soufré. Il s'agit d'un exemple de l'effet de synergie entre une couche d'anions adsorbés à la surface du métal et le cation inhibiteur provenant par exemple de la protonation de l'amine en milieu acide.

Alcools acétyléniques

Les alcools acétyléniques, parmi lesquels l'alcool propargylique, le butynediol 1-4, le 1-octyne-3-ol sont les plus utilisés, sont plus efficaces en milieu HCl qu'en milieu $H_2SO_4$. Ces inhibiteurs restent efficaces à haute température par suite de la formation de films de polymères, catalysée par le fer. Ici encore, des anions halogénures ($I^-$, $Cl^-$) peuvent jouer un rôle favorable dans l'efficacité des alcools acétyléniques, surtout en milieu $H_2SO_4$.

13.2.3.2. *Inhibiteurs inorganiques agissant par formation de films tridimensionnels*

Cette classe d'inhibiteurs est essentiellement utilisée pour les milieux de pH voisin de la neutralité ou alcalins. Le nombre de molécules en usage à l'heure actuelle va en se restreignant, car la plupart des produits efficaces présentent un caractère d'écotoxicité plus ou moins prononcé, mais généralement d'autant plus prononcé que l'inhibiteur est efficace.

Les inhibiteurs inorganiques peuvent être classés en inhibiteurs *passivants*, c'est-à-dire agissant par renforcement de films d'oxydes protecteurs, et en inhibiteurs formant des films *de sels précipités* en surface.

13.2.3.2.1. Inhibiteurs passivants

Composés de type $MeO_4^{x-}$ (x = 1, 2 ou 3)

Dans cette série de composés à anions structurellement voisins, Me représente un métal. Les anions chromate, $CrO_4^{2-}$, très toxiques pour l'environnement et à caractère cancérigène, comptent parmi les plus efficaces des espèces inhibitrices de la corrosion de nombreux métaux en milieux aqueux. Même si la plupart des législations en interdisent à l'heure actuelle l'utilisation, sauf en cas de retraitement des rejets, il est intéressant d'en comprendre le mode d'action étant donnée leur efficacité particulière.

On a montré que l'anion $CrO_4^{2-}$ s'adsorbe fortement sur le métal si celui-ci est nu. S'il est recouvert d'une couche d'oxyde, l'anion s'incorpore dans cette couche (couche d'oxyde de fer $Fe_2O_3$ par exemple) et il en stabilise la structure. Il diminue ainsi fortement l'intensité du pic d'activité anodique de passivation sur la courbe i = f(E) et il agit suivant le schéma de la figure 13.3. Son action est gênée par la présence d'autres anions, un phénomène classique pour les inhibiteurs de corrosion et que l'on attribue à des processus d'adsorption compétitive à l'interface métal (oxyde)-solution. On a établi des relations log-log du type :

$$\log \text{(c.m.e.)}\ CrO_4^{2-} = A + B \log ([Cl^-], [SO_4^{2-}], [NO_3^-],\ldots)$$

où A et B sont des constantes dépendant de la nature de l'ion agressif et c.m.e. est la concentration minimale efficace en inhibiteur.

Les doses de chromate utilisées pour la protection des métaux ferreux sont allées en décroissant au fil des années. C'est ainsi qu'avant les années 1960, des concentrations supérieures au g/L étaient couramment préconisées. Entre 1960 et

1980, les concentrations ont régulièrement été abaissées, pour atteindre quelques ppm, grâce à l'utilisation de mélanges, par exemple chromates + phosphates + sels de zinc. Après 1980, les chromates ont en principe été éliminés des formulations inhibitrices.

Un substitut possible à l'anion chromate est l'anion molybdate, $MoO_4^{2-}$, réputé non toxique et utilisable pour la protection des aciers au carbone. Cet anion agit également en stabilisant un oxyde de fer passivant (figure 13.3) mais avec une efficacité moindre que celle de l'anion $CrO_4^{2-}$.

D'autres anions du type $MeO_4^{x-}$ possèdent des propriétés inhibitrices de la corrosion : ce sont les anions tungstate ($WO_4^{2-}$) et vanadate (orthovanadate : $V0_4^{3-}$ et métavanadate $V0_3^-$). L'utilisation de ces anions reste cependant marginale et certains risques d'accélération de la corrosion existent, semble-t-il, si la concentration des produits n'est pas suffisante.

Signalons qu'un anion tel que $MnO_4^-$, structurellement voisin des anions inhibiteurs qui viennent d'être décrits, n'a pas de propriétés inhibitrices de la corrosion. Ceci montre que la simple considération d'un effet oxydant de la molécule ($KMnO_4$ par exemple) n'est pas suffisante pour expliquer le mécanisme de fonctionnement d'un inhibiteur.

Nitrites

L'anion nitrite $NO_2^-$ possède une efficacité inhibitrice de la corrosion de l'acier comparable à celle de l'anion chromate. Comme celui-ci, l'anion $N0_2^-$ agit par adsorption initiale et facilite la formation d'un oxyde protecteur du fer (III). Il présente malheureusement aussi des caractéristiques de toxicité élevée et ne devrait plus être utilisé, sauf précautions extrêmes.

13.2.3.2.2. Inhibiteurs inorganiques formant des composés peu solubles

Ces inhibiteurs sont généralement des sels d'acide faible et de base forte : phosphates et polyphosphates, borates, silicates, sels de zinc. Ils agissent, soit par l'intermédiaire de *l'anion du sel* qui se combine au cation métallique provenant de la dissolution du métal pour former un composé peu soluble :

$$PO_4^{3-} + Fe_4^{3+} \rightarrow \underline{FePO4}$$

soit par l'intermédiaire du *cation du sel* qui se combine à l'anion $OH^-$ provenant de la réduction cathodique du dioxygène dissous :

$$Zn^{2+} + 2OH^- \text{--->} \underline{Zn(OH)_2}$$

Le produit ainsi précipité forme un film imperméable et protecteur qui agit en empêchant la réaction anodique de dissolution ou la réaction cathodique de réduction de dioxygène dissous, ou les deux, de se produire.

Phosphates

Les orthophosphates sont de bons inhibiteurs de corrosion qui ont été très utilisés seuls ou en mélange avec des chromates, des sels de zinc... dans les années 1960 à 1980, et pratiquement abandonnés ensuite à cause de leurs propriétés d'eutrophisants, c'est-à-dire de nourriture des algues avec appauvrissement consécutif en dioxygène dissous des effluents dans lesquels ils sont rejetés.

Leur mode d'action combine un pouvoir alcalinisant, d'autant plus marqué que l'on passe par exemple du mono- au di- puis au triphosphate de sodium, à la formation de couches superficielles riches en phosphate de fer (III) très protectrices. Leur effet est renforcé par la présence de calcium dans le milieu corrosif, avec formation de sels mixtes de calcium et de fer.

Borates

Comme les phosphates, les borates ont une action qui combine un effet d'alcalinisation à un effet de formation de couche protectrice par incorporation de l'anion borate au film de produits de dissolution du métal. Dans certaines formulations inhibitrices, la présence de borate permet de maintenir une « réserve d'alcalinité » utile pour la protection des métaux à base fer entre autres.

Silicates

Les silicates sont des molécules fréquemment utilisées dans le cadre de la protection des systèmes d'eau potable en raison de leur coût modéré et de leur faible toxicité. Le silicate de sodium existe sous diverses formes de composition variable $nNa_2O$, $mSiO_2$ plus ou moins hydratées. Le rapport silice/oxyde de sodium (m/n), appelé alcalinité du silicate, affecte l'efficacité inhibitrice du composé. Par exemple, dans le cas de l'aluminium, métal difficile à protéger par l'utilisation d'inhibiteurs de corrosion, les silicates sont des inhibiteurs efficaces de la corrosion du métal et de ses alliages, à condition que le rapport m/n soit compris entre 2,5 et 3. Les silicates sont des inhibiteurs majoritairement anodiques qui agissent par formation de films de silicates métalliques fortement insolubles. Une concentration trop élevée en inhibiteur peut en réduire ou annuler l'efficacité, à cause de l'instabilité du système colloïdal caractéristique de la chimie des silicates.

Polyphosphates

Les polyphosphates sont des molécules qui, par rapport aux orthophosphates, ne présentent pas, en principe, le risque d'eutrophisation de l'effluent dans lequel ils sont rejetés et, pour cette raison, ont été utilisés en remplacement des orthophosphates à partir des années 1960-1970. Ce sont des inhibiteurs préférentiellement cathodiques, agissant de manière optimale lorsque le pH du milieu est compris entre 5 et 7. La présence d'ions $Ca^{2+}$ ou d'ions $Zn^{2+}$ augmente leur action protectrice. En plus de leur pouvoir inhibiteur intrinsèque, les polyphosphates favorisent la formation de couches protectrices de carbonate de calcium ($CaCO_3$) à la surface des métaux.

L'utilisation de ces produits en tant qu'inhibiteurs de corrosion tend cependant à l'heure actuelle à être prohibée, car l'hydrolyse des liaisons P-O-P du squelette des molécules redonne des orthophosphates eutrophisants, phénomène favorisé par une élévation de la température du milieu liquide ou par l'abaissement du pH.

La présentation qui vient d'être faite des principales molécules inorganiques qui ont été ou qui sont encore utilisées comme inhibiteurs de la corrosion des métaux dans des milieux aqueux de pH voisin de la neutralité montre que ces molécules ont généralement une très bonne efficacité mais qu'elles sont, pour la plupart, plus ou moins écotoxiques, donc interdites d'utilisation ou susceptibles de l'être, même si la législation est encore floue de ce point de vue et en perpétuelle évolution. Il reste que des inhibiteurs « verts » sont en cours de développement ou déjà utilisés et, en plus des quelques molécules vertes signalées dans ce qui précède (en particulier les silicates), la tendance est à l'utilisation de mélanges « tout organique », écartant donc les chromates, les nitrites et les molécules renfermant des métaux lourds, ou même du phosphore. A titre d'exemple, on peut lire ce qui suit.

#### 13.2.3.3. *Inhibiteurs organiques agissant en milieux neutres ou alcalins*

Phosphonates

De structure voisine des polyphosphates, mais avec un squelette contenant des liaisons P-C-P-C-P au lieu des liaisons P-O-P-O-P, les phosphonates sont de ce fait beaucoup moins sensibles que les polyphosphates à l'hydrolyse, donc à la décomposition en orthophosphates eutrophisants. Ce sont avant tout des produits tartrifuges, empêchant les dépôts de calcaire sur les surfaces métalliques. Ils possèdent cependant des propriétés inhibitrices de la corrosion d'autant plus marquées que le milieu corrosif contient des ions $Ca^{2+}$. En l'absence d'ions $Ca^{2+}$, il a en effet été montré que le sel de sodium de l'acide hydroxy-éthylène-diphosphanique (HEDP), le plus utilisé des phosphonates, ne possède pas de propriétés inhibitrices significatives de la corrosion d'un acier au carbone en solution aqueuse de chlorure de sodium : on trouve un taux d'inhibition maximal d'environ 30 % pour une concentration optimale de l'ordre de 10 $mg.L^{-1}$ (50 $\mu mol.L^{-1}$). En présence d'ions $Ca^{2+}$ dans le milieu aqueux, le taux de protection, calculé à partir de mesures de polarisation linéaire (résistance de polarisation) est compris entre 85 et 90 %. Dans ces conditions, le phosphonate agit comme un inhibiteur mixte : il diminue fortement le courant cathodique de réduction du dioxygène par formation d'un film mince d'un produit résultant de la combinaison entre les ions $Ca^{2+}$ et l'inhibiteur ; par ailleurs, le phosphonate diminue le courant anodique de dissolution de l'acier par formation d'un précipité entre la molécule inhibitrice, les ions calcium et les ions du fer provenant de la dissolution. Ce précipité anodique se redissout à concentration élevée en phosphonate, ce qui explique une efficacité maximale du produit pour une concentration située entre 10 et 50 mg/L.

L'un des inconvénients majeurs de l'utilisation des phosphonates semble être leur non-biodégrabilité. Par exemple, la demande biochimique en oxygène de l'HEDP mesurée après trente jours est de l'ordre de 6 %, comparée à 90 % dans le cas du citrate de sodium par exemple. Cela implique donc un traitement (par exemple par floculation avec le sulfate d'aluminium) avant rejet à l'effluent, ce qui est une contrainte gênante pour l'utilisateur.

En dehors des sels de l'HEDP, d'autres phosphonates sont utilisés : par exemple les sels de l'acide amino-tris-méthylène phosphonique (ATMP) ou l'acide 2-phosphono-1,2,4- tricarboxylique (PBTC). La tendance est à l'utilisation des molécules contenant le moins de phosphore possible.

A cause de leurs propriétés inhibitrices de la corrosion insuffisantes, les phosphonates sont généralement utilisés en mélange avec des sels de zinc à faible concentration et des polymères dispersants, ou, en l'absence de sels de zinc, avec des polyphosphates, des molybdénates, etc.

*Les carboxylates*

Les carboxylates sont des molécules dont l'effet d'inhibiteurs de la corrosion en milieux neutres est de plus en plus étudié étant donnée leur faible toxicité. Le plus connu d'entre eux est le benzoate de sodium, utilisé depuis des décennies et dont l'efficacité vis-à-vis de la corrosion des métaux comme le fer et, dans une moindre mesure, le cuivre et l'aluminium est bien établie. Un certain nombre de carboxylates à plus longue chaîne, dérivés d'acides dicarboxyliques, sont également de bons inhibiteurs de la corrosion des aciers au carbone, à condition que leur pKa soit supérieur à 4. C'est le cas pour l'anion sébaçate $[(C_2H_8)_8 - (COO^-)_2]$ qui entre dans certaines formulations inhibitrices de la corrosion par l'eau de systèmes caloporteurs. Le cinnamate de sodium, également utilisé, présente l'avantage supplémentaire d'être efficace vis-à-vis de la corrosion du zinc, ce qui vaut d'être signalé étant donné le faible nombre d'inhibiteurs de corrosion connus de ce métal.

Les dérivés azolés

Ces molécules organiques comportant un hétéro-atome cyclique du type triazole (– N = N – N <) ou thiazole (> N – C – S –) sont pratiquement spécifiques de la protection du cuivre et de ses alliages. Ils sont essentiellement utilisés en milieu de pH voisin de la neutralité, même s'ils présentent une certaine efficacité en milieu acide. Le benzotriazole (BTA) est le prototype des inhibiteurs de ce type. Il est universellement utilisé pour la protection des matériaux à base de cuivre. Une molécule de structure très voisine, le tolytriazole, peut lui être préférée dans certains cas. Le mercapto-benzothiazole a aussi des applications dans ce domaine. Les très nombreuses études sur le benzotriazole montrent que le mode d'action de la molécule est associé à la couche d'oxyde $Cu_2O$ présente sur le cuivre en milieu neutre. Le BTA s'adsorbe d'abord en un film monomoléculaire sur l'oxyde, puis forme avec les ions $Cu^{2+}$ de celui-ci un complexe Cu-BTA qui renforce la stabilité de l'oxyde. L'épaisseur du film formé en fonction du temps atteint quelques couches moléculaires, et l'ensemble est remarquablement résistant à l'agression des espèces responsables de la corrosion. Les ions $Cl^-$ sont cependant capables de déstabiliser partiellement le film protecteur et leur présence oblige à augmenter la concentration minimale efficace en inhibiteur.

## 13.3. Conclusion

L'utilisation d'inhibiteurs ajoutés en petites quantités au milieu pour diminuer son agressivité est une pratique répandue. En effet, elle a l'avantage de pouvoir être mise en œuvre aisément tout en ne modifiant pas le fonctionnement général du système qu'elle tend à protéger.

De plus, le contrôle de son efficacité, qui peut se faire grâce à des techniques relativement simples (emploi d'électrodes spécifiques, voire établissement de quelques courbes de polarisation, utilisation de coupons représentatifs...), permet d'obtenir la plupart des renseignements utiles :

- action anodique, cathodique ou mixte (évolution des potentiels) ;
- taux d'inhibition (évolution des vitesses de corrosion) ;
- influence des concentrations.

Dans tous les cas où le milieu est de volume fini, l'emploi d'inhibiteurs de corrosion est une solution qui doit être envisagée, même lorsque les conditions mécaniques sont complexes. Par exemple, des inhibiteurs peuvent avoir une action tout à fait bénéfique sur la fissuration par corrosion sous contrainte ou par fatigue-corrosion. La nature de l'inhibiteur dépend bien sûr du couple matériau-milieu et l'efficacité de l'inhibition est alors en relation avec la vitesse de la déformation localisée des interfaces à l'échelle moléculaire, ainsi qu'avec les processus d'adsorption sur les surfaces créées durant la déformation plastique du matériau.

Si certaines espèces chimiques ont des actions plus spécifiques, il est possible de mélanger des inhibiteurs dont les rôles sont complémentaires. Il auront alors une action additive ou même synergique. De plus, certains tensioactifs peuvent améliorer leur efficacité en « nettoyant » la surface sur laquelle ils doivent agir.

Tous ces avantages ne doivent toutefois pas faire oublier que l'usage de tels produits doit être fait avec discernement :

– ce procédé a un coût qui doit être mis en comparaison avec les économies qu'il permet de réaliser ;

– il existe souvent une concentration critique minimale en dessous de laquelle l'effet de l'inhibiteur est soit nul, soit inverse de celui recherché. Il convient de s'assurer que la concentration de l'inhibiteur est supérieure à cette concentration minimale efficace (c.m.e.) ;

– les concentrations peuvent aussi évoluer dans le temps à la suite d'évaporations, de combinaisons chimiques, de précipitations, de vieillissement. Il faut donc aussi contrôler l'efficacité dans la durée ;

– l'adjonction d'un composé chimique peut, bien que la concentration de l'agent corrosif ne soit pas modifiée, faire évoluer d'autres caractéristiques du milieu par :
  - formation d'un précipité,
  - apparition d'émulsions ou de mousses,
  - formation d'hydrogène (et fragilisation),
  - modification des propriétés physiques (conductivité, transparence, couleur…).

L'utilisation d'un inhibiteur à un stade donné de la fabrication ou de l'usage d'une pièce peut être en contradiction avec le stade ultérieur. Il faut pouvoir aisément faire disparaître les films formés. Ceci doit alors conditionner le choix de l'inhibiteur, et en particulier du mode de liaison entre le composé chimique actif et la surface métallique protégée. Notons qu'il est aussi possible d'agir sur la concentration d'oxygène, comme indiqué dans l'introduction de ce chapitre.

Les considérations quant à la préservation de l'environnement doivent être prises en compte. En effet, l'efficacité des inhibiteurs inorganiques est souvent l'indice d'une plus grande toxicité pour l'environnement. Les ions chromate provoquent des rejets de chrome VI. Les ions nitrate et/ou phosphate peuvent provoquer de l'eutrophisation, certains composés peuvent s'avérer cancérigènes, voire évoluer vers des produits cancérigènes. La réglementation induite par ces phénomènes devient de plus en plus précise et limite ainsi d'autant l'emploi des espèces chimiques incriminées.

Ces limitations n'empêchent pas l'usage répandu d'inhibiteurs de corrosion. Les tendances actuelles sont plutôt de faire agir localement ces inhibiteurs là où leur efficacité est indispensable : au niveau de l'interface matériau-milieu. Alors, il n'est plus nécessaire de les introduire dans l'ensemble du milieu, ce qui conduit à diminuer les quantités en jeu. C'est pourquoi on observe de plus en plus la présence d'inhibiteurs dans les revêtements ou les peintures et que l'on trouve certains modes de conditionnement ou d'emballage qui contiennent des espèces inhibant la corrosion. Ainsi, on ne modifie plus ni le matériau, ni le milieu, mais l'interface, qui s'avère bien, en définitive, être le lieu de la réaction de corrosion.

## 13.4. Bibliographie

Les références suivantes correspondent à des ouvrages de synthèse dans lesquels le lecteur trouvera des renseignements complémentaires sur les inhibiteurs de corrosion.

[COL 94] COLLECTIF, *Corrosion inhibitors*, EFC Publications, IOM Communications, Londres, 1994.

[COL 00] COLLECTIF, « European symposia on Corrosion inhibitors », *Proceedings, Annali dell'Universita' di Ferrara, sezione V*, Ferrara (Italy), 1962, 1966, 1970, 1980, 1990, 1995, 2000.

[HAU 83] HAUSLER R.H., *Corrosion inhibition*, NACE, Houston, Etats-Unis,1983.

[KUT 96] KUTNETSOF I., *Organic inhibitors of corrosion of metals*, Plenum Press, New York, Etats-Unis, 1996.

[NAT 73] NATHAN C.C., *Corrosion inhibitors*, NACE, Houston, Etats-Unis, 1973.

[ROZ 81] ROZENFELD I.L., *Corrosion inhibitors*, MacGraw Hill, 1981.

Chapitre 14

# Protection cathodique

La protection cathodique des matériaux métalliques consiste à éviter ou réduire leur corrosion en milieux électrolytiques en provoquant l'abaissement de leur potentiel électrochimique jusqu'à un niveau suffisant, parfois limité par des effets secondaires nuisibles. Cet abaissement de potentiel est assuré par le couplage électrique de l'ouvrage à protéger avec des anodes sacrificielles constituées en matériau moins noble (systèmes galvaniques) ou par l'injection d'un courant électrique continu (systèmes à courant imposé).

Elle est très économique pour les ouvrages en acier au carbone au contact de milieux moyennement corrosifs comme les eaux, les sols ou le béton. Ses applications industrielles principales concernent les canalisations enterrées ou immergées, les réservoirs enterrés, les intérieurs de capacités, en association avec une protection passive par systèmes de peintures ou revêtements spéciaux. Elle est aussi très largement utilisée en milieu marin : protection des navires, bouées, ouvrages portuaires (en association avec un système de peintures) ou plates-formes offshore (généralement non revêtues sur la majorité de leur surface). Elle se développe pour la protection des ouvrages aériens en béton armé ou précontraint (tabliers de ponts, piliers).

Les revêtements utilisés en association avec la protection cathodique doivent résister aux conditions physicochimiques créées à la surface du métal et ne pas constituer un obstacle à l'accès du courant de protection.

---

Chapitre rédigé par Marcel ROCHE.

Le succès de cette méthode dépend fortement de la qualité de sa conception, de sa mise en œuvre et de sa surveillance, donc en particulier de la qualification du personnel spécialisé impliqué. Un ensemble de normes et de recommandations techniques est à sa disposition. Le contrôle de l'efficacité réelle de la protection des canalisations enterrées est le problème le plus difficile à résoudre, les différentes méthodes de contrôle ne permettant pas toujours de garantir totalement à elles seules l'absence de toute corrosion ; le passage de racleurs instrumentés d'inspection interne peut alors être nécessaire, surtout pour des canalisations anciennes revêtues sur le site de pose.

## 14.1. Introduction

La corrosion des métaux au contact des milieux électrolytiques aqueux (eaux, sols, béton) est de nature électrochimique. Dans ces milieux, l'application de la technique de protection cathodique a pour but de diminuer le potentiel de corrosion à un niveau pour lequel la vitesse de corrosion du métal est réduite de façon significative. C'est un système de protection en théorie idéal car il permet, quand il peut être appliqué efficacement, de déplacer ailleurs la corrosion électrochimique en jouant sur les phénomènes élémentaires de corrosion : l'ensemble de la surface de métal au contact de l'électrolyte corrosif est ainsi transformé en cathode, c'est-à-dire qu'elle reçoit toujours de l'électrolyte le courant électrique continu qui correspond à la réduction des espèces oxydantes de la solution (eau, $H^+$ ou $O_2$), mais que le courant en sens inverse qui correspondait à la dissolution du métal est maintenant reporté sur des surfaces tierces appelées « anodes de protection ». Cette méthode est donc capable d'annuler tous les types de corrosion répondant à ces processus élémentaires : corrosion intrinsèque de l'acier, effets des bactéries sulfurogènes comme les sulfatoréductrices (BSR) ou des couples bimétalliques, piles d'aération différentielle ou géologiques, courants vagabonds. En pratique, cette méthode ne peut s'appliquer que s'il est possible de faire circuler un courant dans l'électrolyte qui puisse accéder à toutes les surfaces de métal soumises à la corrosion. Cela dépend donc de la géométrie du système, et notamment de la continuité de l'électrolyte et de l'absence d'écrans. Dans certains cas, une mauvaise continuité dans la structure métallique peut conduire à ce que la protection cathodique provoque des corrosions.

La protection cathodique est principalement utilisée pour les aciers non alliés. Dans un certain nombre d'applications, l'économie est optimale quand cette protection active est associée à une protection passive sous la forme d'un revêtement de la surface à protéger. C'est le cas des canalisations enterrées ou immergées et des réservoirs enterrés. Dans d'autres cas, le coût minimal est obtenu sans application de revêtement : c'est le cas des plates-formes offshore. Pour tous ces ouvrages, on peut affirmer que l'utilisation de l'acier dans les conditions de durabilité et de fiabilité élevées indispensables pour une exploitation rentable ne peut être assurée que par la mise en œuvre de la protection cathodique.

Le contrôle de l'efficacité de la protection cathodique est basé sur la mesure du potentiel électrochimique en tout point de l'interface métal-électrolyte corrosif. En pratique, il est rarement possible de mesurer réellement ce potentiel et on se contente de mesures imparfaites qui, cependant, se sont avérées acceptables dans la très grande majorité des cas. Il est néanmoins nécessaire de chercher à s'affranchir le plus possible des erreurs dues à la chute ohmique dans l'électrolyte entre la surface de métal à contrôler et l'électrode de référence utilisée pour mesurer le potentiel. Différentes méthodes, plus ou moins efficaces et lourdes, sont proposées.

## 14.2. La protection cathodique : généralités

### 14.2.1. *Principe*

L'abaissement du potentiel électrochimique métal-électrolyte par l'entrée d'un courant continu de l'électrolyte vers le métal a pour effet de réduire, voire d'annuler, la vitesse de la réaction anodique d'oxydation, donc la corrosion :

$$Fe_{\text{métal}} \rightarrow Fe^{2+}{}_{\text{solution}} + 2\ e^{-}\ \text{métal (cas du fer)}$$

et d'augmenter celle des réactions cathodiques de réduction des espèces chimiques présentes dans la phase aqueuse :

$$½\ 0_2 + H_20 + 2\ e^{-}{}_{\text{métal}} \rightarrow 2\ 0H^{-}\ \ \text{(en milieu aéré)}$$

$$2\ H_20 + 2\ e^{-}{}_{\text{métal}} \rightarrow 2\ H + 2\ 0H^{-}$$

ce qui produit une alcalinisation de la surface et, éventuellement, une libération d'hydrogène.

### 14.2.2. *Critères*

Le seuil de potentiel en dessous duquel la corrosion est industriellement maîtrisée a certes un fondement théorique, basé sur la cinétique de la corrosion électrochimique (courbe de polarisation), mais il est en fait essentiellement établi par la pratique. Pour l'acier au carbone dans les eaux ou le sol, la valeur la plus couramment admise est de – 0,85 V mesuré avec une électrode $Cu\text{-}CuS0_4$ saturé, ou – 0,80 V mesuré avec une électrode au calomel saturé ou Ag-AgCl-eau de mer.

Ce critère de base est parfois difficile à atteindre pour des ouvrages non revêtus dans certains milieux pour lesquels le potentiel de corrosion naturel de l'acier est élevé. Des critères palliatifs sont apparus dans les recommandations. Le plus fondé théoriquement est celui qui consiste à vérifier que la remontée du potentiel après coupure du courant est supérieure à 100 mV. L'approche retenue dans les normes EN 12954 et ISO 13623 consiste à faire varier le critère de protection avec la résistivité du terrain (et le potentiel de corrosion naturelle) : le seuil acceptable est de – 0,75 V/Cu-$CuSO_4$ saturé si la résistivité est comprise entre 100 et 1 000 Ω.m et de – 0,65 V/Cu-$CuSO_4$ saturé au-dessus.

Toutes les recommandations exigent par contre que le seuil de protection soit abaissé à – 0,95 V/Cu-CuS04 saturé en cas de milieu anaérobie (permettant une forte activité en bactéries sulfatoréductrices). Cependant, aucune de ces recommandations ne définit quantitativement ce qu'est un milieu anaérobie. De même, les normes EN 12954 et ISO 13623 spécifient un seuil de – 0,95 V/Cu-$CuSO_4$ saturé si la température de l'acier dépasse 60 °C.

Pour les autres matériaux, les seuils de protection varient et des recommandations sont fournies par les normes et documents professionnels. Pour les matériaux à l'état passif mais risquant des corrosions localisées (piqûres, corrosion caverneuse, corrosion sous tension), le niveau de protection cathodique peut être défini par rapport au potentiel de piqûre : c'est le cas des aciers inoxydables en milieux chlorurés ou encore de l'acier enrobé de béton.

### 14.2.3. *Densité de courant de protection*

La densité de courant cathodique nécessaire à l'obtention du seuil de protection est fonction du matériau à protéger et du pouvoir oxydant de l'électrolyte au contact de celui-ci, c'est-à-dire qu'elle augmente quand le pH diminue, que la teneur en oxygène dissous augmente ou que la vitesse de circulation ou la turbulence augmentent.

Pour les aciers non alliés ou faiblement alliés, la densité de courant peut varier de plusieurs décades en passant d'un contact avec un béton d'excellente qualité non contaminé (0,7 $mA/m^2$) jusqu'à de l'acide sulfurique chaud (400 $A/m^2$). En pratique, la protection cathodique n'est économique que dans les eaux, les sols et le béton. De plus, la densité de courant peut diminuer fortement au cours du temps dans les milieux qui contiennent des concentrations élevées en $Ca^{2+}$ et $Mg^{2+}$ : il se forme des dépôts calcomagnésiens par suite de l'alcalinisation de la surface. De ce fait, on distingue souvent la densité de courant initiale (nécessaire à la polarisation jusqu'au seuil de protection) de la densité de courant de maintien de la polarisation. On utilise parfois la notion de densité de courant de repolarisation en cas de dégradation du pouvoir protecteur du dépôt calcomagnésien (nettoyage de la surface, tempêtes sur ouvrages offshore).

L'ordre de grandeur des valeurs prises dans les calculs de dimensionnement des systèmes de protection cathodique est donné ci-après en fonction des milieux électrolytiques au contact de l'acier à protéger. Des valeurs recommandées plus détaillées en fonction des conditions d'environnement et de service sont fournies dans les normes et documents professionnels listés à la section 14.5.

Dans les eaux douces, les valeurs utilisées pour la conception des systèmes varient en fonction de la résistivité, de l'agitation et de la température. Des valeurs typiques vont de 50 $mA/m^2$ pour l'eau froide en mouvement à 150 $mA/m^2$ pour l'eau chaude aérée.

Dans l'eau de mer, la densité de courant de protection utilisée pour effectuer la conception des systèmes de protection cathodique va de 60 à 220 $mA/m^2$.

Dans le fond marin, les valeurs généralement admises sont de 25 $mA/m^2$ (initial) et 20 $mA/m^2$ (maintien).

Dans les sols, les valeurs utilisées vont de 10 $mA/m^2$ (sols secs) à 30 $mA/m^2$ (sols humides agressifs).

Pour l'acier enrobé de béton, la valeur la plus couramment utilisée est 1 $mA/m^2$ pour les ouvrages immergés en béton de bonne qualité. De façon plus générale, la fourchette peut aller de 0,1 $mA/m^2$ (prévention cathodique) à 10 $mA/m^2$ (protection cathodique curative dans un béton particulièrement dégradé).

Dans de nombreux cas, la protection cathodique est appliquée en conjonction avec des revêtements. Les calculs du besoin en courant de protection prennent alors en compte un coefficient de dégradation (0 pour un revêtement parfait, 1 pour un matériau non revêtu), qui varie généralement au cours du temps. Les recommandations des documents professionnels et normes donnent des valeurs déduites de l'expérience correspondant à l'état initial et à la vitesse de dégradation en service. Pour les canalisations enterrées ou immergées, la conception se fait sur la base de 2 à 5 % de dégradation, mais en réalité la valeur est bien plus faible et se mesure sous la forme de résistance d'isolement, qui dépend aussi de la résistivité et corrosivité du milieu électrolytique environnant.

### 14.2.4. *Réalisation et conception*

Le courant cathodique nécessaire à l'obtention de la polarisation peut être obtenu de deux façons :

– en constituant un système galvanique par connexion directe d'anodes dites sacrificielles, constituées en matériau moins noble que celui à protéger. Ce système est essentiellement utilisé dans les milieux très conducteurs, comme l'eau de mer et dans une moindre mesure dans les sols. Pour la protection de l'acier, des alliages spécifiques de magnésium, zinc ou aluminium sont utilisés, avec un degré de pureté particulièrement défini et contrôlé et l'addition d'éléments d'alliages pour assurer le niveau voulu de potentiel et de rendement électrochimique rapporté à la loi de Faraday. Le choix entre ces différents types d'anodes est fait sur la base des objectifs recherchés. Les alliages d'aluminium sont les moins coûteux et sont utilisés en milieux conducteurs renouvelés. Les alliages de zinc sont également utilisés essentiellement en milieux conducteurs, mais ils ont l'avantage d'un fonctionnement plus sûr en cas de faible sollicitation ou de milieux confinés. Les alliages de magnésium ont le potentiel le plus actif et permettent une protection dans des milieux moins conducteurs comme les sols si le besoin en courant est relativement faible. Des anodes en fer doux sont utilisées pour la protection cathodique des aciers inoxydables à un niveau suffisant pour éviter les corrosions localisées sans descendre dans la zone de protection usuelle des aciers ordinaires ;

– en injectant un courant imposé fourni par une source de courant continu et réparti dans l'électrolyte par l'intermédiaire d'anodes déversoirs, consommables (acier), semi-inertes (ferro-silicium, graphite, magnétite) ou inertes (titane, niobium ou tantale platinés, titane revêtu d'oxydes métalliques mixtes, polymères conducteurs). Là encore, le choix entre les différents types d'anodes dépend des conditions d'environnement. Les anodes consommables ou semi-inertes sont généralement limitées aux installations enterrées alors que les anodes compactes comme le titane ou le niobium platinés sont réservées aux eaux.

Le dimensionnement de ces systèmes est affaire de spécialistes. Dans la grande majorité des cas, il est effectué d'une façon semi-empirique basée sur l'expérience. La première étape consiste à évaluer le besoin en courant à fournir pour obtenir la polarisation de l'ouvrage et celui nécessaire au maintien de cette polarisation. Pour un système galvanique, la masse totale des anodes sacrificielles est ensuite calculée pour la durée de vie recherchée à partir de cette dernière valeur et des caractéristiques électrochimiques (consommation massique pratique) de l'alliage anodique retenu. S'il s'agit de courant imposé, les caractéristiques de la source de courant seront déterminées sur la base du courant maximal à fournir et de la résistance totale du système. Le nombre et les dimensions des anodes sont calculés en tenant compte des débits initial et final à assurer, et en utilisant des formules donnant leur « résistance », qui est en fait celle de l'électrolyte auquel elles sont exposées et dans lesquelles intervient de façon linéaire la résistivité de cet électrolyte. Dans certains cas particuliers, il est nécessaire de mieux connaître le système avant de le mettre en œuvre : il est alors possible de le modéliser numériquement à l'aide de logiciel (PROCOR par exemple) fonctionnant sur la base des équations intégrales de surface, en découpant judicieusement la surface protégée étudiée en éléments finis.

## 14.3. Les revêtements associés à la protection cathodique

### 14.3.1. *Généralités*

Les revêtements concernés peuvent répondre à l'un des objectifs suivants :

– protection passive contre la corrosion secondée par une protection active (cathodique) qui a pour objet d'empêcher la corrosion aux zones où le revêtement endommagé laisse le métal exposé à l'électrolyte agressif ;

– protection complémentaire à la protection cathodique (considérée comme le système de protection principal) afin de remplir l'un des rôles suivants :

- limiter la consommation de courant,
- assurer une polarisation plus rapide,
- assurer une portée de la protection cathodique dans des zones à géométrie complexe,
- réduire le coût global de la protection.

Pour certaines utilisations, il est nécessaire d'appliquer un revêtement de protection mécanique complémentaire du revêtement de protection contre la corrosion. C'est notamment le cas de certains tronçons de canalisations enterrées (terrains très agressifs mécaniquement, forages dirigés), pour lesquels des revêtements de mortier de ciment renforcé de fibres peuvent être utilisés au-dessus du revêtement organique. Par ailleurs, les canalisations immergées de gros diamètre sont généralement revêtues de béton armé assurant leur lestage et accessoirement leur protection mécanique.

Ces revêtements sont sélectionnés, pour une application donnée, sur la base des exigences suivantes :

– résistance aux agressions mécaniques lors de la fabrication, du transport, du stockage, de l'installation et de l'exploitation de l'ouvrage ou de l'équipement concerné :

- résistance aux chocs, directs et indirects,
- résistance à l'indentation (pénétration sous charge),
- résistance aux frottements,
- résistance à la flexion.

Ces caractéristiques sont dépendantes de nombreux facteurs, dont la dureté, l'élasticité, l'épaisseur. Un facteur majeur est l'adhérence qui conditionne la plupart des caractéristiques. Il dépend notamment de la qualité de la préparation de surface ;

– résistance aux agressions physicochimiques lors des étapes de la vie du revêtement décrites ci-dessus :

- vieillissement physico-chimique en service à la température maximale d'utilisation (tenue à l'eau chaude, mesure de la perte de résistance d'isolement...),
- vieillissement aux rayons UV (stockage),

- résistance aux fortes pressions (offshore profond),
- résistance à la polarisation cathodique (si utilisé avec protection cathodique),
- résistance à la fissuration sous contrainte par les détergents (cas des revêtements polyéthylène pour ouvrages enterrés).

Ces caractéristiques sont dépendantes de nombreux facteurs dont la nature chimique des composants du revêtement et la perméabilité à l'eau, à l'oxygène et autres espèces chimiques. Là encore, l'adhérence est un paramètre primordial, notamment pour la résistance à la polarisation cathodique.

Les essais de résistance mécanique et physicochimique sont définis dans les documents professionnels et normes afin de comparer les revêtements à l'intérieur de grandes familles (essais de qualification) et de suivre la qualité de leur application (essais de contrôle). Les essais de qualification sont à réaliser dans des conditions les plus proches possible de leur utilisation (notamment température).

### 14.3.2. *Revêtements externes des canalisations enterrées ou immergées*

Les revêtements des canalisations enterrées ou immergées sont utilisés depuis plus de cinquante ans, en conjonction avec la protection cathodique quand il s'agit de canalisations de transport (à l'extérieur des usines). La plupart d'entre eux font l'objet de normes ou de documents professionnels. Leur sélection se fait en fonction de critères techniques comme les températures extrêmes de service et de leur coût.

Initialement, ces revêtements étaient appliqués sur le site de pose de la canalisation (à terre) après soudage d'aboutage des tubes livrés nus. Les revêtements utilisés ont été d'abord des produits hydrocarbonés (brai de houille puis bitume de pétrole), renforcés avec de la toile de jute (type B), puis avec du tissu de verre (type C) en raison de la biodégradabilité élevée du jute. Ces produits étaient appliqués à chaud sur surface brossée (dont la propreté était parfois insuffisante), après enduction par un primaire froid (bitumineux puis de type caoutchouc butyle). L'épaisseur était de 2 à 4 mm. Une autre technique de revêtement sur site est apparue afin d'éviter le déplacement des fondoirs et les problèmes d'hygiène et de sécurité entraînés. Il s'agissait d'appliquer des bandes adhésives à froid hélicoïdalement autour du tube sur surface brossée, avec recouvrement de l'ordre de quelques centimètres.

Les techniques d'application de revêtement sur site sur l'ensemble de la canalisation constituée sont pratiquement abandonnées dans la plupart des pays (sauf pour de petites longueurs ou en réparation) au profit de revêtements de tubes appliqués en usine. L'avantage que représente le transport de tubes nus (pas d'endommagement du revêtement) est largement annulé par la qualité souvent médiocre d'application sur site et de performances (notamment d'adhérence) bien inférieures, ayant parfois conduit à des problèmes de corrosion ou corrosion fissurante. Les revêtements de canalisations sont aujourd'hui pratiquement toujours appliqués sur les tubes en usines fixes (situées dans ou près des usines de fabrication de tubes) ou mobiles (installées provisoirement en certains points le long du tracé de longues canalisations), la continuité du revêtement et les réparations des endommagements lors du transport étant assurés sur le site de pose.

Initialement, les revêtements hydrocarbonés (à base de brai de houille ou de bitume de pétrole) du même type que ceux appliqués sur site ont été utilisés. Afin de réduire les dégâts mécaniques au transport, le renforcement mécanique a été amélioré. Une couche de badigeon était appliquée pour réduire les risques de vieillissement par les rayons UV. La préparation de surface était assurée par brossage (mieux contrôlé que sur site de pose), décapage acide, ou grenaillage (Sa 2). Ce sont ces revêtements qui ont été appliqués pour les canalisations sous-marines dès le début de l'exploitation offshore, avec une épaisseur renforcée (revêtements dits double C, d'épaisseur 4 à 7 mm) pour résister mécaniquement aux conditions de pose et de transport ou à l'application de la couche de béton de lestage. Actuellement, ces revêtements ont pratiquement disparu, sauf pour les canalisations offshore de diamètres moyens ou élevés recouverts d'un lestage béton (coût parfois inférieur aux revêtements alternatifs). Des revêtements plus faciles à appliquer et plus performants (notamment dégradations mécaniques moindres et adhérence améliorée) les ont progressivement remplacés. La possibilité de revêtir en usine des tubes avec des bandes adhésives à froid adaptées est rarement retenue.

Les revêtements de canalisations modernes, appliqués en usine, sont composés de matériaux thermoplastiques, thermodurcissables ou élastomériques appliqués sur surface grenaillée de propreté Sa 2,5 à Sa 3 et de rugosité adaptée. En Europe continentale, le polyéthylène s'est progressivement imposé à partir de la fin des années soixante, appliqué d'abord sous la forme de poudre déposée au-dessus du tube grenaillé et chauffé vers 300 °C (nécessaire pour l'adhérence du polyéthylène). Afin de réduire la température de chauffage vers 200 °C, des procédés d'application par extrusion longitudinale ou latérale de systèmes bicouches sont apparus, le polyéthylène étant appliqué au-dessus d'une couche de copolymère adhésif poudré ou extrudé. La fin des années soixante-dix a vu apparaître les premiers systèmes tricouches, incorporant entre l'acier et l'adhésif une couche de primaire époxy appliquée généralement sous forme de poudre, parfois sous forme de liquide. Ce système, qui combine les avantages des revêtements polyéthylène (résistance mécanique, imperméabilité à l'eau) et ceux des revêtements époxy poudre (adhérence exceptionnelle), a tendance à devenir le standard. L'épaisseur des revêtements polyéthylène varie entre 1,5 et 3,7 mm en fonction de la classe de sévérité retenue et du diamètre du tube.

Les revêtements époxy poudre ont été retenus par les Américains (puis les Britanniques) pour lutter contre les problèmes de corrosion fissurante sous revêtements hydrocarbonés décollés rencontrés aux Etats-Unis dès les années soixante. Ce sont des revêtements minces (de l'ordre de 0,3 mm) obtenus par pulvérisation électrostatique de poudre de résine époxy sur le tube grenaillé et chauffé vers 240 °C. La fusion instantanée s'accompagne d'une polymérisation rapide (quelques minutes) qui durcit la résine (thermodurcissable).

L'augmentation de la température des gisements pétroliers et gaziers exploités a conduit au développement du revêtement polypropylène tricouche à la fin des années quatre-vingt. Appliqué de façon identique au polyéthylène tricouche, ce revêtement a des caractéristiques d'adhérence et de résistance mécanique encore supérieures qui conduisent parfois à son utilisation à température ambiante dans des terrains mécaniquement agressifs ou si le coût s'avère inférieur en raison de son épaisseur plus faible (de 1,2 à 3,5 mm). D'autres résines ont été utilisées pour le revêtement externe de canalisation enterrées ou immergées, comme le polyuréthane ou le polyamide 11.

Les parties verticales des canalisations offshore (*risers*) sont particulièrement soumises à des conditions mécaniques et physicochimiques agressives dans la zone de marnage et d'éclaboussures. Par ailleurs, leur protection doit être sans faille à cause des incidences sur la sécurité. Pour ces équipements, des revêtements particulièrement performants et épais sont nécessaires : on peut ainsi utiliser des composites époxy-verre en épaisseur 7 à 9 mm, ou encore des élastomères en forte épaisseur (12,5 ou 25 mm), du type polychloroprène ou EPDM notamment. Ces revêtements s'appliquent sur une surface préalablement traitée à l'aide d'une ou de préférence deux couches de liant primaire indispensable pour l'adhérence.

Le revêtement des zones de soudure d'aboutage doit assurer une qualité de protection se rapprochant le plus possible de celle des tubes revêtus en usine. En fonction des conditions de pose et de service, de la fiabilité recherchée et du coût, de nombreuses méthodes sont à considérer :

– reconstitution du revêtement à l'identique de celui des tubes (ou très voisin) : cette méthode est parfois lourde et coûteuse, mais elle assure les meilleures performances. L'application d'époxy poudre est ainsi relativement courante aussi bien à terre que sur barge offshore. Elle utilise une grenailleuse (pour obtention d'un état de propreté Sa 2,5), un four à induction clampable et l'application manuelle ou automatique de la poudre. La reconstitution de revêtements polyéthylène ou polypropylène sur primaire époxy poudre par projection thermique ou par enroulement de bandes préchauffées est une méthode qui se développe de plus en plus ;

– application de produits thermorétractables, sur surface brossée St 3 ou, de préférence, grenaillée Sa 2,5, ce qui se généralise progressivement pour les conduites de transport importantes. L'application préalable d'un primaire liquide approprié à séchage rapide permet d'augmenter sensiblement l'adhérence ;

– application de bandes adhésives à froid sur surface brossée St 3 ou de préférence grenaillée Sa 2,5.

Le passage du brossage à une préparation de surface par décapage à l'abrasif pour ces types de revêtement (dans des conditions de coût pratiquement identiques) est une nécessité pour améliorer la fiabilité des revêtements des soudures à long terme. Les entreprises de pose de canalisations ont à intégrer cet aspect important dans leur démarche de progrès, en parallèle avec l'amélioration de la qualification du personnel utilisé pour l'application et le contrôle de ces revêtements.

### 14.3.3. *Revêtements externes de capacités enterrées*

Les capacités enterrées destinées au stockage de produits pétroliers (essences et gazole dans les stations service, fiouls domestiques chez les utilisateurs) ont toujours été protégées de la corrosion externe par un revêtement appliqué par le fabriquant. Le revêtement historiquement le plus utilisé est du type bitumineux appliqué à chaud en France, en accord avec les exigences des normes NF E 86-900 et NF E 86-901. En raison des performances parfois insuffisantes de ce type de revêtement (notamment dégradations au transport), des revêtements à base de matériaux plastiques ont progressivement pris la relève (époxy en particulier).

La réglementation française relative à la sécurité des réservoirs aériens de stockage des gaz inflammables liquéfiés à la fin des années quatre-vingts a conduit à la mise sous talus de sphères ou cigares existants ou nouveaux, assortie d'exigences sur le revêtement de protection passive et la protection cathodique associée. Ce sont des exigences générales fonctionnelles, le type de revêtement n'étant pas imposé. En pratique, on rencontre des revêtements du type peinture brai-époxy (deux couches d'épaisseur totale 0,3 mm) ou peinture polyester chargé de flocons de verre (deux couches d'épaisseur totale 2 mm), ou bien des revêtements bitumineux épais (5 à 7 mm) appliqués par fusion à chaud de bandes.

L'enfouissement d'une partie importante du parc des réservoirs de propane liquide « petit vrac » chez les utilisateurs depuis le début des années quatre-vingt-dix a donné lieu à une réglementation particulière permettant d'éviter l'inspection visuelle externe décennale de ces appareils à pression. Elle exige notamment un revêtement performant (avec revêtement supplémentaire de protection mécanique si le remblayage n'est pas fait avec du sable) et la protection cathodique. Les revêtements utilisés peuvent être de l'époxy poudre ou liquide, la protection mécanique utilisant par exemple des non tissés.

### 14.3.4. *Revêtements pour surfaces internes d'appareils*

Différents appareils sont revêtus intérieurement à l'aide de peintures adaptées ou de revêtements organiques spéciaux afin d'éviter la corrosion par les fluides stockés ou véhiculés, parfois en conjonction avec une protection cathodique. Il s'agit par exemple des réservoirs de stockage d'eau ou des fonds de réservoirs de stockage de produits pétroliers bruts ou finis, qui sont généralement peints à l'aide de systèmes époxy ou brai-époxy adaptés au produit stocké. Des revêtements composites formés de tissus de verre et de résine époxy sont également utilisés pour la protection interne des fonds de réservoirs verticaux en cas de forte corrosivité.

Les séparateurs d'effluents sur champs pétroliers et les dessaleurs sont également revêtus de cette façon, parfois avec de la protection cathodique. Les boîtes à eau d'échangeurs utilisant l'eau de mer sont également revêtues à l'aide de divers systèmes de peinture ou revêtement spéciaux compatibles avec la protection cathodique. Il peut s'agir d'époxy, de brai-époxy, de polyuréthanne, de polyester chargé de flocons de verre, de polychloroprène (caoutchouc synthétique) collé, etc. Des revêtements multicouches constitués de résines formo-phénoliques polymérisées par cuisson entre chacune des couches sont également utilisés pour la protection interne de séparateurs, boîtes à eau, tubes, etc. De nouveaux produits de type composite apparaissent sur le marché : ce sont par exemple des composites fibres de verre-résine vinylester.

## 14.4. Principales applications de la protection cathodique dans l'industrie

### 14.4.1. *Ouvrages au contact du sol*

Même si elle n'est pas à proprement parler obligatoire dans les règlements de sécurité, la protection cathodique est en fait systématique en supplément d'un revêtement organique pour les canalisations de produits pétroliers liquides (arrêté du 21 avril 1989), le gaz combustible (arrêté du 11 mai 1970) ou les autres fluides de type produits chimiques (arrêté du 6 décembre 1982). Ces règlements demandent d'effectuer des mesures électriques après la pose pour juger de la nécessité de la protection cathodique, sans donner de critères. Depuis peu (arrêté du 13 juillet 2000), les réseaux enterrés de distribution du gaz combustible doivent être revêtus (en acier) et placés sous protection cathodique de façon systématique. Les dispositions pures doivent être vérifiées par un organisme d'inspection accrédité. Par ailleurs, les canalisations en acier de transport d'eau potable, d'irrigation ou d'alimentation des systèmes d'enneigement artificiel sont de plus en plus protégés avec cette technique.

La protection cathodique des canalisations enterrées est assurée très généralement par systèmes à courant imposé, en raison de sa souplesse et son faible coût pour ce type d'utilisation. Sauf exceptions, on isole électriquement la canalisation à protéger des ouvrages annexes à l'aide de raccords isolants (joints à brides ou raccords monoblocs réalisés en usine). L'alimentation électrique pour les canalisations de transport et la plupart des canalisations de distribution est faite à l'aide du réseau public. Dans certains cas spécifiques, on peut utiliser des sources autonomes d'énergie, comme les piles, batteries ou cellules photovoltaïques. L'emploi d'anodes sacrificielles en magnésium est également possible. Une bonne mise en œuvre de la protection cathodique nécessite l'étude préalable des terrains traversés et des ouvrages existants (autres canalisations, voies ferrées, réseaux de transport d'énergie électrique) afin d'éviter les risques d'interférences ou de courants vagabonds. Des actions de type drainage ou interconnexions peuvent être nécessaires. Une attention particulière est portée à l'isolation électrique des canalisations par rapport aux fourreaux métalliques utilisés pour leur protection mécanique au traversées des voies. Les « postes de soutirage » de courant sont espacés de plusieurs dizaines de kilomètres, la portée de la protection dépendant de la résistance d'isolement du revêtement, c'est-à-dire de son coefficient de dégradation et de la résistivité du terrain. Leur emplacement est choisi après étude de terrain en tenant compte notamment des possibilités d'implantation de lits d'anodes dans des zones de faible résistivité.

A l'intérieur des raffineries, dépôts pétroliers ou centres gaziers, la protection cathodique n'est utilisée que dans certains cas pour les canalisations enterrées. Il s'agit très généralement des réseaux d'eau incendie.

L'extérieur des cuvelages de puits (pétrole, gaz, géothermie) est parfois protégé cathodiquement en préventif ou curatif, quand la qualité de la cimentation est douteuse et/ou certaines couches de terrain traversées particulièrement agressives.

Les réservoirs enterrés sont protégés cathodiquement dans les principaux cas suivants (toujours en conjonction avec un revêtement) :

– réservoirs (cylindriques horizontaux ou sphères) de gaz liquéfiés inflammables (comme le GPL) mis sous talus en application de la réglementation. Les systèmes utilisés sont soit des anodes de magnésium « prébackfillées », soit du courant imposé utilisant des anodes ferrosilicium ou de type câble (titane revêtu d'oxydes métalliques mixtes, polymères conducteurs). L'application de la protection cathodique est obligatoire et doit être vérifiée par un spécialiste (circulaire DM-T/P n° 26290 du 30 juillet 1993) ;

– réservoirs de propane liquide « petit vrac » installés en enterré chez les utilisateurs. Il s'agit principalement d'anodes sacrificielles, en magnésium ou en zinc, « prébackfillées ». La réglementation impose des contraintes en ce qui concerne l'installation de ces anodes (dans le terrain et non le remblai) et leur nombre (deux au minimum). L'application de la protection cathodique est obligatoire pour obtenir la dérogation de la visite externe décennale réglementaire comme appareil à pression (circulaire DM-T/P n° 29456 du 30 juillet 1997) ;

– réservoirs des stations-service les plus importantes (autoroutières principalement). Il s'agit généralement de systèmes à courant imposé. La plupart du parc des stations n'est cependant pas équipée de protection cathodique. La tendance est d'équiper les nouvelles, même si les réservoirs utilisés sont à double paroi. Dans la nouvelle réglementation des réservoirs enterrés en sites classés, la protection cathodique n'est reconnue comme alternative à la double paroi que pour les tuyauteries lorsque les produits circulent par aspiration ou gravité (arrêté du 22 juin 1998) ;

– réservoirs de fiouls installés chez les utilisateurs : ils ne sont que très rarement protégés cathodiquement.

Les dessous de réservoirs aériens verticaux sont parfois protégés cathodiquement, en préventif ou curatif, en liaison avec un enduit bitumineux ou une peinture (qui ne recouvre pas les soudures). Le besoin en protection cathodique dépend de la qualité de la galette support (nature et épaisseur de l'enrobé bitumineux) et de l'étanchéité au niveau de la tôle marginale. Le succès de la protection dépend du contact avec le sol ou l'eau et de l'emplacement des anodes. Un système à courant imposé est généralement nécessaire pour assurer une protection efficace.

### 14.4.2. *Ouvrages immergés*

Les traversées de zones immergées (rivières, lacs, bras de mer...) des canalisations de transport sont généralement traitées par le même système de protection cathodique que le reste du tracé, c'est-à-dire par courant imposé. Les canalisations côtières (alimentation de dépôts pétroliers à partir de la mer, évacuation de pétrole à partir de terminaux côtiers émissaires) sont protégés, soit par courant imposé à partir de la côte, soit par bracelets d'anodes sacrificielles (généralement en alliage de zinc). Cette dernière solution est la plus utilisée pour les canalisations offshore, qui sont toutes sous protection cathodique (figure 14.1).

Les plates-formes fixes ou mobiles et les navires sont toujours protégés cathodiquement. Les bouées et ouvrages portuaires le sont souvent. Les plates-formes offshore sont très généralement sans revêtement (sauf dans certaines zones complexes pour faciliter la protection) et équipées d'anodes sacrificielles à base d'aluminium. La figure 14.2 illustre l'installation d'anodes lors de la construction d'un « jacket « . L'utilisation de la protection cathodique peut être considérée ici comme indispensable, plus particulièrement pour prévenir le risque de fatigue-corrosion : l'amorçage des fissures est ramenée au risque de fatigue pure ; par ailleurs, le potentiel doit être limité au-dessus de – 1,1 V/Ag-AgCl pour éviter un effet défavorable sur la propagation de la fissuration.

**Figure 14.1.** *Bracelet d'anode installé sur canalisation offshore en cours de pose*

**Figure 14.2.** *Anodes aluminium installées sur plate-forme offshore*

### 14.4.3. *Intérieur des capacités et équipements*

La protection cathodique s'applique, généralement en supplément d'un système de peintures, pour l'intérieur des réservoirs à eaux, château d'eau, filtres, etc. Pour l'intérieur des fonds de réservoirs de stockage des produits pétroliers et du pétrole brut, elle peut être utilisée avec profit pour autant que de l'eau en quantité suffisante soit décantée et que les anodes puissent être installées dans un tel pied d'eau (parfois maintenu volontairement et contrôlé dans ce but). Seules les anodes de zinc et d'aluminium (installées sur le fond seulement) sont autorisées pour des raisons de sécurité (risques d'étincelles en cas de chute). Cette solution est largement utilisée avec succès dans les réservoirs de pétrole brut dans les activités de production pétrolière mais très peu en raffineries ou en dépôts, sans doute du fait de moindres quantités d'eau, peu tolérables, voire proscrites (kérosène) dans les produits finis.

La protection par anodes de zinc ou aluminium est très répandue dans les ballasts à eau de mer et citernes de stockage de pétrole des tankers et supports flottants offshore. L'installation d'anodes d'aluminium à l'intérieur de séparateurs d'effluents pétroliers hydratés (souvent chauds) ou de dessaleurs à tendance à se développer, en association avec un revêtement.

Les boîtes à eau d'échangeurs et de condenseurs industriels utilisant l'eau de mer sont en général protégées cathodiquement quand un revêtement est appliqué et qu'il y a un risque de couplage galvanique avec les tubes et/ou la plaque tubulaire (en alliage cuivreux, acier inoxydable ou titane). Des anodes de zinc ou d'aluminium, régulièrement changées, sont utilisées pour les petits appareils, alors que le courant imposé est préféré pour les gros appareils. Les intensités de protection peuvent être en effet très élevées en eau de mer à vitesse de circulation rapide (jusqu'à 1 $A/m^2$), ce qui peut rendre la fréquence de remplacement des anodes trop grande. En courant imposé, des anodes de titane ou niobium platinées sont généralement utilisées.

### 14.4.4. *Ouvrages en béton armé ou précontraint*

L'acier enrobé de béton est, dans la très grande majorité des cas, protégé de la corrosion par passivation grâce au pH alcalin de l'eau interstitielle. La corrosion peut se déclencher dans certains cas, généralement par rupture de passivité par diffusion d'ions chlorures et d'oxygène jusqu'à l'acier (porosité trop élevée, épaisseur de recouvrement insuffisante, carbonatation, exposition à des environnements très chlorurés, etc.).

La protection cathodique peut être utilisée soit en préventif (maintien d'une passivation stable), soit en curatif (arrêt de la corrosion après apparition des désordres) pour l'acier enrobé de béton. Les techniques s'apparentent à celles décrites ci-dessus s'il s'agit d'ouvrages en béton armé enterrés (canalisations, fondations supportant des équipements en raffineries...) ou immergés (canalisations, plates-formes béton, ouvrages portuaires). Par contre, elles doivent être repensées quand il s'agit d'ouvrages aériens comme les tabliers ou les piliers de pont. Les anodes (grillage de titane platiné pour du courant imposé, zinc projeté pour la protection galvanique) doivent être noyées à la surface du béton.

## 14.5. La normalisation, la certification et la qualité

L'efficacité de la protection cathodique, liée en grande partie à celle des revêtements éventuellement associés, dépend de la qualité de la conception des systèmes, de leur réalisation et de leur contrôle en service. Celle-ci est notamment fonction de la compétence des personnes et entreprises intervenantes. Depuis quelques années, des démarches allant dans le sens de la normalisation des produits et méthodes de conception ou de contrôle ainsi que de la qualification et certification du personnel ont été entreprises en France et dans d'autres pays.

La France s'est dotée d'une gamme de normes AFNOR depuis 1990 ; ces normes sont listées dans le tableau 14.1. Par la suite, d'importants travaux de normalisation ont été lancés dans le cadre de la normalisation européenne par le CEN et le tableau 14.2 fournit la liste des documents publiés ou en cours de finalisation dans ce domaine. D'autres projets de normes sont en préparation au niveau international (ISO) pour les pipelines de pétrole et gaz. D'ores et déjà, la norme ISO 13623 relative aux systèmes de transport par conduites de l'industrie pétrolière et gazière traite de l'aspect protection cathodique. Un travail identique est mené pour les revêtements de pipelines aux niveaux français, européen et international.

L'ACQPA (association pour la certification et la qualification en peintures anticorrosion ), créée en 1994, gère l'attribution de certificats attestant l'agrément de systèmes de peintures en conformité avec un référentiel normatif défini, ainsi que la certification des applicateurs et des contrôleurs (équivalence avec système norvégien du FROSIO). A ce jour, les revêtements spéciaux, du type de ceux qui protègent les canalisations ou réservoirs enterrés, ne sont pas directement concernés. Une réflexion est en cours à ce sujet au CEFRACOR (centre français de l'anticorrosion).

Le CFPC (conseil français de la protection cathodique), département du CEFRACOR créé en 1996, a pour vocation de gérer la certification du personnel en protection cathodique par mandat de la marque « AFNOR Compétence », sur la base des normes NF A05-690, NF A05-691 et NF EN 45013. Trois niveaux de compétence (exécutant, spécialiste, expert) et quatre secteurs d'application (terre, mer, béton, intérieur de capacités) sont concernés à terme. Une démarche est lancée au niveau européen par le CEN dans le but de définir un système commun de qualification et certification du personnel en protection cathodique.

| Document | Titre |
|---|---|
| NF A05.250 | Corrosion par les sols ; évaluation de la corrosivité ; canalisations enterrées en matériaux ferreux non ou peu alliés |
| NF A05.251 | Corrosion par les sols ; évaluation de la corrosivité ; ouvrages en aciers enterrés (palplanches et pieux) |
| NF A05.252 | Corrosion par les sols ; aciers galvanisés ou non mis au contact de matériaux naturels de remblai (sols) |
| NF A05.601 | Protection cathodique interne ; réservoirs et appareils métalliques |
| NF A05.610 | Protection cathodique externe ; canalisations en acier pour le transport d'hydrocarbures, de gaz ou de fluides combustibles et d'eau |
| NF A05.611 | Protection cathodique des armatures du béton ; ouvrages enterrés et immergés |
| NF A05.612 | Protection cathodique des armatures de béton armé ; cas des constructions aériennes |
| NF A05.613 | Protection cathodique des cuvelages de puits |
| NF A05.615 | Recommandations concernant les traitements des influences du courant continu sur les structures métalliques enterrées |
| NF A05.650 | Mesure et neutralisation des influences électriques dues aux courants vagabonds d'origine industrielle |
| NF A05.655 | Techniques de mesures en protection cathodique externe des ouvrages en acier |
| NF A05.690 | Protection cathodique ; définition des niveaux de compétence des agents en vue de leur qualification |
| NF A05.691 | Protection cathodique ; certification des agents ; principes généraux |

**Tableau 14.1.** *Normes AFNOR en protection cathodique*

Aux Etats-Unis, la NACE international a développé un ensemble de recommandations techniques pour la protection cathodique comme pour les revêtements associés ainsi qu'un système de certification du personnel dans ces domaines. Les recommandations techniques éditées par la NACE et d'autres associations professionnelles concernant la protection cathodique sont listées dans le tableau 14.3.

| Document | Titre |
|---|---|
| EN 12501 | Evaluation du risque de corrosion dans les sols (partie 1 : généralités ; partie 2 : structures en acier) |
| EN 12954 | Protection cathodique des structures métalliques enterrées ou immergées ; principes généraux et application pour les canalisations |
| pr EN 12499 | Protection cathodique interne des ouvrages métalliques |
| pr EN 13509 | Techniques de mesures applicables en protection cathodique |
| WI 219 003 | Protection cathodique des ouvrages complexes |
| WI 219 004 | Protection cathodique externe des cuvelages de puits |
| pr EN 13636 | Protection cathodique des réservoirs métalliques enterrés et conduites associées |
| EN 12473 | Principes généraux de la protection cathodique en eau de mer |
| EN 12474 | Protection cathodique des canalisations sous-marines |
| EN 12495 | Protection cathodique des structures en acier fixes en mer |
| EN 13173 | Protection cathodique des structures en acier flottant en mer |
| EN 13174 | Protection cathodique des installations portuaires |
| WI 219 017 | Protection cathodique des navires |
| EN 12696 | Protection cathodique de l'acier dans le béton |
| pr EN 14038 | Réalcalinisation électrochimique et traitements d'extraction des chlorures applicables au béton armé – Partie 1: réalcalisisation |
| (TC219/WG5) | Qualification et certification dans le domaine de la protection cathodique |

**Tableau 14.2.** *(Projets de) normes européennes en protection cathodique*

| Document | Titre |
|---|---|
| NACE RP0169 | Control of External Corrosion on Underground or Submerged Metallic Piping Systems. |
| NACE RP0675 | Control of External Corrosion on Offshore Steel Pipelines |
| NACE RP0285 | Corrosion Control of Underground Storage Tank Systems by Cathodic Protection. |
| NACE RP0193 | External Cathodic Protection of On-Grade Metallic Storage Tank Bottoms. |

| | |
|---|---|
| NACE RP0176 | Corrosion Control of Steel Fixed Offshore Platforms Associated with Petroleum Production. |
| NACE RP0575 | Internal Cathodic Protection Systems in Oil-Treating Vessels. |
| NACE RP0196 | Galvanic Anode Cathodic Protection of Internal Submerged Surfaces of Steel Water Storage Tanks. |
| NACE RP0388 | Impressed Current Cathodic Protection of Internal Submerged Surfaces of Steel Water Storage Tanks. |
| NACE RP0186 | Application of Cathodic Protection for External Surfaces of Steel Well Casings. |
| NACE RP0180 | Cathodic Protection of Pulp and Paper Mill Effluent Clarifiers. |
| NACE RP0194 | Criteria and Test Methods for Cathodic Protection of Lead Sheath Cable. |
| NACE RP0792 | Standard Format for Computerized Close Internal Survey Data. |
| NACE RP0572 | Design, Installation, Operation and Maintenance of Impressed Current Deep Groundbeds. |
| NACE RP0387 | Metallurgical and Inspection Requirements for Cast Sacrificial Anodes for Offshore Application. |
| NACE RP0492 | Metallurgical and Inspection Requirements for Offshore Pipeline Bracelet Anodes. |
| NACE RP0286 | Electrical Isolation of Cathodically Protected Pipelines. |
| NACE RP0177 | Mitigation of Alternating Current and Lightning Effects on Metallic Structures and Corrosion Control Systems. |
| NACE RP0290 | Cathodic Protection of Reinforcing Steel in Atmospherically Exposed Concrete Structures. |
| NACE TH0101 | Measurement Techniques Related to Criteria for Cathodic Protection on Underground or Submerged Metallic Tank Systems. |
| NACE TM0190 | Impressed current Test Method for Laboratory Testing of Al Anodes. |
| NACE TM0294 | Testing of Embeddable Anodes for use in Cathodic Protection of Atmospherically Exposed Steel-Reinforced concrete. |
| NACE TM0497 | Measurement Techniques Related to Criteria for Cathodic Protection on Underground or Submerged Metallic Piping Systems. |
| NACE RP0100 | Cathodic Protection of Prestressed concrete Cylinder Pipelines. |
| API RP 651 | Cathodic Protection of Aboveground Petroleum Storage Tanks. |
| BS 7361 – Part1 | Cathodic Protection – Code of Practice for land and marine applications. |
| DNV RP B401 | Cathodic Protection Design. |

**Tableau 14.3.** *Recommandations techniques en protection cathodique*

## 14.6. Limitations d'emploi et d'efficacité de la protection cathodique

### 14.6.1. *Continuité électrique*

En dehors des raisons économiques pour lesquelles la protection cathodique peut ne pas être intéressante en pratique, les limites d'emploi de cette technique – en principe idéale pour maîtriser la corrosion en milieux aqueux car jouant « activement » sur les processus électrochimiques à l'origine de celle-ci – sont souvent liées à une continuité électrique insuffisante du système :

– soit dans l'électrolyte : il faut être assuré que le courant électrique (sous forme ionique) passe suffisamment bien entre l'ensemble de la surface de l'ouvrage à protéger et les anodes. Ce n'est pas le cas par exemple quand le milieu électrolytique corrosif ne vient qu'épisodiquement en contact du métal, ou quand il vient en contact de façon aléatoire (condensations, projections), ou encore quand les anodes risquent d'être recouvertes d'un milieu isolant (hydrocarbures) ;

– soit dans l'ouvrage à protéger : il faut être assuré que le courant électrique (sous forme électronique) passe suffisamment bien d'un point à l'autre de l'ouvrage. Ce n'est pas le cas par exemple pour des chaînes immergées, surtout si leur tension n'est pas réalisée en permanence. L'application de la protection cathodique à des ouvrages complexes, dont on ne connaît pas toujours la qualité de continuité électrique entre toutes les parties, doit être effectuée avec la plus grande précaution.

Quand la protection cathodique est néanmoins appliquée (volontairement ou non), les conséquences d'une continuité insuffisante peuvent être variables :

– absence de protection, ce qui peut rendre son emploi malgré tout intéressant si le gain envisageable dépasse largement son coût. C'est le cas d'anodes sacrificielles installées dans des milieux pétroliers faiblement hydratés, ou encore celui de la protection des chaînes. Les corrosions entraînées par une déficience locale de protection peuvent cependant être parfois très gênantes, comme pour les canalisations enterrées (en milieu peu conducteur) dont le revêtement s'est décollé, faisant écran au passage d'un courant de protection cathodique suffisant pour assurer la protection dans les zones les plus difficilement accessibles. Ce risque est exacerbé et encore plus difficilement détectable avec les techniques de contrôle disponibles dans le cas des canalisations calorifugées ;

– aggravation locale de la corrosion aux endroits où la discontinuité électrique conduit à une sortie de courant (zones anodiques). Quand les courants sont faibles (armatures de béton, chaînes), cette aggravation est négligeable. S'il s'agit de courants importants (ouvrages complexes en eau de mer sous protection cathodique à courant imposé mal conçue), de graves corrosions peuvent se produire.

### 14.6.2. *Interférences entre ouvrages métalliques*

La proximité d'ouvrages métalliques dans un électrolyte commun (sol, eau de mer) peut conduire à des interférences électriques dangereuses quand la protection cathodique est appliquée à l'un ou plusieurs d'entre eux sans précautions suffisantes. Le courant électrique a toujours tendance à circuler dans les conducteurs (ioniques ou électroniques) qui offrent une résistance minimale. Cela se traduit par la circulation de courants non contrôlés qui protègent l'ouvrage quand ils entrent mais le corrodent quand ils sortent. Le cas typique est celui d'une canalisation enterrée bien revêtue, placée au voisinage d'une ancienne canalisation dont le revêtement est dégradé et la protection cathodique inexistante ou insuffisante. Si rien n'est fait, du courant de protection de la nouvelle canalisation aura tendance à entrer dans l'ancienne aux endroits où le revêtement est dégradé et de ressortir pour rejoindre la nouvelle canalisation au défaut de revêtement le plus proche, créant ainsi une corrosion. L'interconnexion des deux canalisations peut permettre d'éviter cette corrosion, ainsi qu'un revêtement spécialement efficace aux points critiques. Des critères et recommandations sont fournis dans certaines normes.

Par ailleurs, l'emploi de raccords isolants entre différents ouvrages peut conduire à des corrosions accélérées si un pontage électrolytique existe, permettant le passage d'une partie du courant de protection de l'ouvrage protégé vers l'ouvrage voisin isolé. Le retour de ce courant au travers du raccord isolant provoque la corrosion du côté non protégé. Cette raison conduit à déconseiller fortement l'emploi de raccords isolants enterrés ou immergés. Mais les cas les plus fréquents en pratique concernent la présence d'eau dans les canalisations, venant court-circuiter l'intérieur du raccord isolant et provoquer des perforations rapides. L'emploi d'un revêtement interne de longueur suffisante évite ce risque ; il faut alors l'appliquer du côté du joint soumis à la protection cathodique afin d'éviter un percement encore plus rapide en cas de défaut de continuité du revêtement s'il était appliqué du côté non protégé.

### 14.6.3. *Effets nuisibles de la protection cathodique*

En dehors des aspects liés à une absence de continuité électrique ou à des interférences entre ouvrages voisins, la protection cathodique peut être en soi nuisible dans certains cas si elle n'est pas suffisamment maîtrisée. Un excès d'abaissement de potentiel peut avoir les conséquences suivantes :

– décollement ou perte d'adhérence des revêtements utilisés en conjonction avec la protection cathodique. Certaines peintures (comme les glycérophtaliques) ne résistent pas du tout à l'alcalinisation créée par les réactions cathodiques. Les peintures résistant mieux à la saponification (époxy, polyuréthane, etc.) et les revêtements organiques spéciaux (polyéthylène, polypropylène, époxy poudre...) n'en subissent pas moins une certaine perte d'adhérence autour des défauts mettant l'acier à nu. Il est nécessaire de qualifier ces revêtements en effectuant des essais de délaminage (ou décollement) cathodique qui sont des essais accélérés comparatifs. La méthode d'essai et les critères d'acceptabilité sont fournis par les normes de revêtement quand elles existent. Un essai classique de délaminage (décollement) cathodique est réalisé en maintenant pendant un mois un échantillon d'acier revêtu comportant un défaut de 6 mm de diamètre dans le revêtement sous un potentiel contrôlé de polarisation cathodique dans de l'eau salée (3 % NaCI par exemple). Les essais sont couramment réalisés par courant imposé, le potentiel affiché étant généralement de – 1,5 V/ECS. Après essai, la cellule est démontée et la perte d'adhérence du revêtement autour du défaut initial est évaluée en rayon de propagation. Les valeurs acceptables vont de 3 à 15 mm ;

– fragilisation par l'hydrogène des matériaux sensibles : un abaissement de potentiel trop fort peut conduire à un chargement en hydrogène des matériaux protégés et, pour certains matériaux, à leur fragilisation : aciers à haute caractéristique mécanique, titane, aciers inoxydables non entièrement austénitiques. Un seuil inférieur de potentiel est fixé par les recommandations. Pour les aciers au carbone-manganèse de caractéristiques moyennes utilisés pour la construction des structures offshore tubulaires soumises aux contraintes cycliques de la houle, un seuil inférieur de potentiel est également recommandé pour éviter d'augmenter la vitesse de propagation des fissures de fatigue (– 1,1 V/Ag-AgCl-eau de mer) ;

– corrosion alcaline des métaux amphotères : les métaux amphotères comme A1, Zn, Pb, ne doivent pas être polarisés trop négativement afin d'éviter que cela n'entraîne une corrosion par le pH trop alcalin formé à leur surface. Là encore, un seuil inférieur de potentiel est donné par les recommandations et normes.

## 14.7. Méthodes de contrôle

### 14.7.1. *Généralités – Précautions à prendre*

Le succès de la protection cathodique dépend de sa surveillance et des contrôles effectués périodiquement. Ceci est surtout valable dans le cas d'un système à courant imposé pour lequel la vérification du bon fonctionnement et de l'adéquation des sources de courant alimentant les postes de soutirage est indispensable, ce qui pose un problème en milieux non industriels.

En dehors de cet aspect fonctionnement, les vérifications périodiques portent essentiellement sur le paramètre déterminant le critère de protection, c'est-à-dire le potentiel du matériau dans le milieu électrolytique environnant (voir principe figure 14.3). Il est également utile de contrôler de temps en temps le débit des anodes et/ou la consommation en courant de l'ouvrage protégé quand c'est possible. Ces mesures permettent d'une part d'estimer la durée de vie résiduelle des anodes par extrapolation, d'autre part de confronter le besoin réel en courant avec la valeur prise dans les calculs pour la densité de courant de protection et éventuellement le coefficient de dégradation du revêtement, et ainsi améliorer progressivement ces hypothèses. La fréquence doit être adaptée aux risques d'évolution (beaucoup plus faibles avec des anodes sacrificielles) et aux conséquences d'une sous-protection.

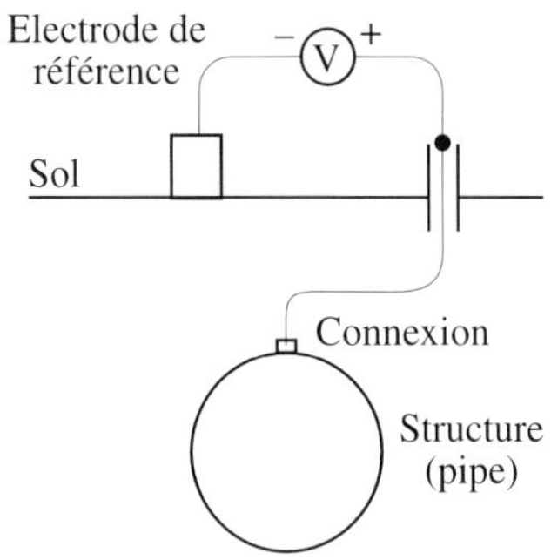


**Figure 14.3.** *Principe de mesure du potentiel d'un ouvrage enterré*

En pratique, la difficulté de la mesure du potentiel vient du fait qu'idéalement, il faudrait connaître la valeur vraie en tout point de l'interface métal-électrolyte, ce qui est impossible. En effet, le potentiel peut varier à la surface de l'ouvrage, surtout s'il est revêtu et que le revêtement n'est pas uniformément dégradé. La position de l'électrode de référence détermine la valeur lue sur la surface équipotentielle sur laquelle elle est située. Dans tous les cas de figure, le potentiel lu n'est donc pas le potentiel vrai à cause de la chute ohmique dans l'électrolyte, et on ne sait pas exactement comment ce potentiel vrai se répartit à l'interface (figure 14.4). L'indétermination et l'erreur (toujours optimiste) commise augmentent quand la distance électrode de référence-ouvrage, la densité de courant cathodique, ou la résistivité de l'électrolyte augmentent. Différentes méthodes permettent de s'affranchir plus ou moins de cette erreur.

Les mesures de protection cathodique à la surface des ouvrages en mer, si elles peuvent être coûteuses, sont très fiables en raison de la très faible erreur due à la chute ohmique, y compris sous les écrans constitués par des revêtements décollés.

### 14.7.2. *Mesures sur ouvrages enterrés*

Les mesures de potentiel sur ouvrages enterrés se font à l'aide d'une électrode de référence cuivre-sulfate de cuivre saturé, préalablement vérifiée à l'aide d'une électrode de référence calibrée (électrode au calomel saturé par exemple) et d'un voltmètre électronique à forte impédance. Les mesures de routine se font à courant établi dans le cas du courant imposé, ou à anodes sacrificielles connectées, c'est-à-dire qu'elles sont susceptibles d'être trop optimistes si l'électrode de référence est placée en surface du sol. Une façon de pallier ce risque est d'installer une électrode de référence Cu-$CuSO_4$ saturé permanente, enterrée à proximité de l'ouvrage et à distance éloignée des anodes. La mesure n'est cependant valable qu'en ce point, ce qui est acceptable pour des ouvrages compacts homogènes (petits réservoirs bien revêtus par exemple). L'installation d'électrodes de référence fixes est ainsi conseillée sous le fond (dont une au centre) des réservoirs de stockage verticaux.

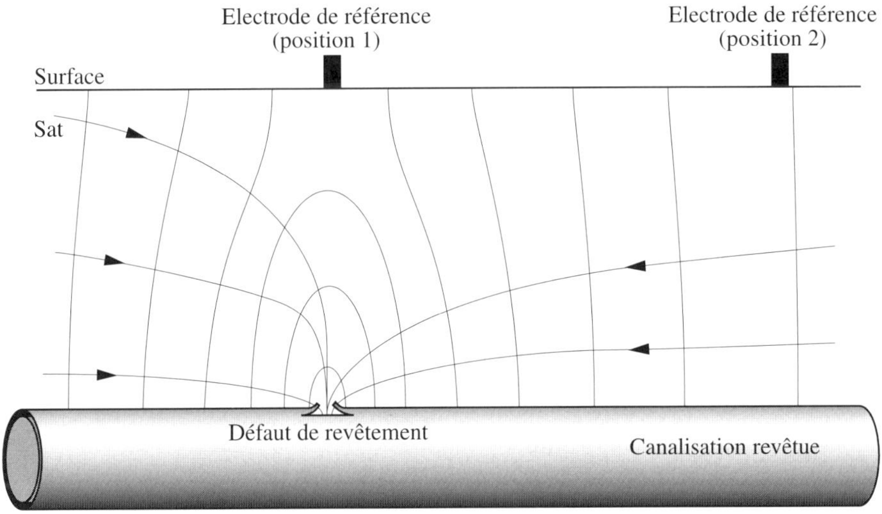


**Figure 14.4.** *Imperfections des mesures de potentiel sur ouvrage enterré*

La méthode la plus utilisée pour corriger la chute ohmique dans le sol est celle qui consiste à faire des mesures à courant coupé suivant un cycle défini ; des interrupteurs synchronisés sont placés sur tous les postes de soutirage ayant une influence sur l'ouvrage contrôlé. Un résultat correct suivant le critère de protection retenu, lors des phases à courant coupé, est une preuve de protection à l'endroit où la mesure est faite. Dans le cas inverse, il peut s'agir d'une sous-protection, à moins que la remontée du potentiel ne soit due à une dépolarisation rapide. Cette méthode peut s'appliquer pour les réservoirs enterrés, même si elle est assez lourde quand il s'agit de déconnecter des anodes sacrificielles ; elle est obligatoire pour les réservoirs de GPL « petit vrac « enterrés. La coupure de courant est également nécessaire pour l'application du critère 100 mV, la durée de coupure étant plus longue pour juger de la dépolarisation.

Une autre méthode consiste à utiliser un coupon d'acier nu monté, soit à demeure à proximité de l'ouvrage protégé et connecté électriquement à lui, soit sur l'électrode de référence utilisée pour des mesures périodiques. Lorsqu'il est connecté à l'ouvrage, ce coupon constitue un défaut artificiel de revêtement dont on peut mesurer correctement le potentiel. Il permet aussi une évaluation de la densité de courant cathodique consommée. Pour les ouvrages munis d'un revêtement très isolant, ce type de mesure permet de mieux connaître ce qui se passerait réellement en cas de défaut local de revêtement.

En cas de possibilités de courants vagabonds, il est nécessaire d'effectuer des enregistrements de potentiel sur une durée suffisante afin de voir s'il y a des fluctuations notables de potentiel au point contrôlé.

La surveillance des réservoirs enterrés ou sous talus installés dans des environnements industriels se fait sur une base annuelle. Elle est plus espacée dans les milieux commerciaux (stations service) ou chez les utilisateurs (petits vracs GPL, base triennale).

La mesure du débit des anodes peut se faire par le poste à courant imposé, soit par introduction d'un shunt ou d'un ampèremètre à impédance nulle, soit par pince ampérométrique clampée autour d'un câble.

### 14.7.3. *Cas des canalisations enterrées*

Ces ouvrages enterrés longilignes posent des problèmes particuliers du fait de leur longueur. Les mesures de routine se font à partir de prises de mesure installées environ tous les 2 kms et aux points d'accès faciles ou singuliers (fourreaux, traversées de rivières, etc.). Ces mesures, effectuées une à deux fois par an, se sont révélées suffisamment fiables dans la très grande majorité des cas. Elles sont cependant de plus en plus complétées par des mesures plus élaborées réalisées au cours de campagnes d'expertise ou en cas de découverte de problèmes particuliers. Il s'agit d'abord d'effectuer les mesures à courant coupé. Ces mesures restent cependant très limitées géographiquement si elles ne sont pas couplées à des mesures de potentiel dites rapprochées (CIPS : *Close Interval Potential Survey*) faites en déroulant un fil conducteur connecté à une prise de potentiel. Les deux courbes enregistrées sur un micro-ordinateur portable donnent une image beaucoup plus valable des profils de potentiel à courant établi et coupé le long de la canalisation, permettant de localiser les zones critiques. Cette méthode reste cependant entachée de l'erreur due à la circulation de courants vagabonds éventuels ou à l'existence de courants d'équilibrage entre zones de potentiels différents lors de la coupure, qui maintiennent un certain risque d'erreur du à la chute ohmique.

D'autres méthodes sont proposées, comme celle développée par Gaz de France (dite du potentiel « vrai ») qui, par surimposition d'incréments de courant, permet l'extrapolation du potentiel à courant extérieur nul en un point donné. L'emploi de coupons permet aussi de résoudre le problème, toujours localement. La solution est sans doute de repérer les zones critiques par la méthode rapprochée (ou celles de recherche de défauts de revêtements) et d'étudier ces zones par l'une des méthodes citées.

Quoiqu'il en soit, ces différentes méthodes, malgré le progrès qu'elles apportent, ne permettent pas de garantir la découverte de toutes les corrosions ou corrosions fissurantes sous revêtements décollés faisant écran au courant, et encore moins sous les gaines plastiques enrobant les mousses calorifuges pour les canalisations calorifugées enterrées. En cas de doute sur la qualité du revêtement (essentiellement revêtements hydrocarbonés ou par bandes adhésives appliquées sur le site de pose dans des conditions de chantier mal contrôlées, après vieillissement dans le sol), il peut être nécessaire de rechercher les défauts d'isolement du revêtement afin d'effectuer des excavations pour juger de l'efficacité de la protection cathodique à ces défauts et surtout sous des zones éventuelles de décollements proches de ceux-ci. En effet, l'intérêt de cette recherche (surtout utile pour les canalisations non soumises à protection cathodique pour lesquelles le revêtement est le seul rempart contre la corrosion) est limité par le fait que ces méthodes sont toutes basées sur la détection d'un courant électrique échangé avec le sol au niveau de défauts de revêtement laissant passer ce courant, ce qui n'est pas forcément le cas pour les décollements de revêtements. Cependant, on peut dire que s'il n'y a pas du tout de rupture du revêtement au décollement, le risque de pénétration d'électrolyte, donc de corrosion, est en principe négligeable. Il est à noter que l'emploi des méthodes de recherche de défauts de revêtements pour des canalisations protégées cathodiquement n'a pas pour but de conduire à une réparation systématique de ces défauts, ce qui serait une négation du rôle de cette protection ; ce n'est qu'un moyen pour vérifier l'absence de corrosion en cas de doute. Si une garantie encore supérieure de recherche des corrosions externes est nécessaire, pour les canalisations particulièrement menacées, la réponse définitive ne peut venir que de l'emploi de racleurs instrumentés adaptés.

### 14.7.4. *Méthodes de recherche de défauts de revêtements sur canalisations enterrées*

Plusieurs méthodes sont utilisables pour cette recherche :

– injection d'un courant alternatif (1 100 à 10 000 Hz) et mesure de la variation du gradient de potentiel électrostatique à la surface du sol (méthode de Pearson) ;

– injection d'un courant alternatif et mesure de son atténuation dans la canalisation (en db/km) à l'aide de capteurs électromagnétiques ;

– mesure du gradient de potentiel électrochimique longitudinal et/ou transversal à l'aide d'électrodes de référence, en renforçant la protection cathodique par injection d'un courant continu pour la mesure DCVG (*Direct Current Voltage Gradient*).

Les recherches de corrosion sont généralement limitées aux tronçons (de quelques mètres) sur lesquels on a pratiqué des excavations suite à la découverte de défauts de revêtement et/ou d'un niveau de potentiel insuffisant. L'examen se fait alors visuellement et à l'aide de méthodes de contrôle non destructif adaptées aux dégradations recherchées.

### 14.7.5. *Mesures sur ouvrages immergés*

Les mesures sur ouvrages immergés sont généralement plus fiables que celles effectuées sur ouvrages enterrés car :

– l'accès physique d'une électrode de mesure à la surface même de l'ouvrage est plus facile, même s'il est beaucoup plus coûteux ;

– la chute ohmique dans l'électrolyte est généralement négligeable au voisinage de la cathode ou dans les recoins à cause de la forte conductivité de l'électrolyte.

L'électrode de référence Cu-$CuSO_4$ saturé ne peut pas être utilisée de façon répétée ou prolongée à cause de sa contamination rapide par les ions de l'eau de mer. On utilise une électrode de mesure (pseudo-référence) Ag-AgCl-eau de mer, qui, utilisant l'eau de mer comme électrolyte, dépend en principe de la composition réelle de celle-ci à l'endroit où l'on fait la mesure. La variation du potentiel de cette électrode avec la résistivité de l'eau de mer permet de faire les corrections nécessaires. Sa vérification vis-à-vis d'une électrode au calomel saturé calibrée est indispensable avant toute mesure.

Pour des électrodes à poste fixe devant fonctionner sur une très longue durée, il y a possibilité de dérive par contamination ; on préfère alors utiliser des électrodes de mesure zinc-eau de mer qui ne sont pas très précises mais connaissent peu de dérive.

Les mesures peuvent être réalisées de différentes façons.

Par prise de masse et voltmètre en surface, l'électrode de mesure peut être :

– immergée de la surface avec un lest (mesure très approximative en fonction des niveaux mais rapide et peu coûteuse) ;

– guidée par plongeur avec contact téléphonique (cartographie détaillée de l'ouvrage) ;

– guidée par sous-marin ou engin téléguidé (idem) ;

– installée à poste fixe en certains points représentatifs de l'ouvrage pour une surveillance à intervalles rapprochés.

Ou par prise de masse et voltmètre immergés ; l'électrode de référence est intégrée avec la prise de masse et le voltmètre, et l'ensemble peut être :

– manipulé par un plongeur sous la forme d'un « pistolet » (avec transmission des données en surface par téléphone) ;

– manipulé par un sous-marin ou un engin téléguidé ;

– installé à poste fixe avec transfert des données par câble ou par transmission acoustique.

Sur navires ou plates-formes flottantes, les mesures sont uniquement réalisées à l'aide des électrodes de mesure à poste fixe, la lecture étant effectuée dans une salle spécialisée.

Sur les plates-formes fixes, l'évaluation du débit de certaines anodes peut être faite à l'aide d'une pince ampérométrique marinisée clampée sur les deux supports tubulaires. Certaines anodes sacrificielles sont montées sur des supports munis de raccords isolants afin de permettre la mesure de leur débit par l'intermédiaire d'un shunt. La lecture est transmise par câble ou transmission acoustique. Cette dernière est évidemment la seule voie possible de surveillance de la protection cathodique des ouvrages sous-marins installés sur le fond.

Pour l'ensemble des ouvrages offshore, les mesures détaillées de protection sont faites à l'occasion des campagnes d'inspection sous-marine (en moyenne tous les cinq ans). Dans le cas des canalisations offshore, la mesure du potentiel et la localisation des anodes sacrificielles peut être réalisée lors des campagnes d'inspection par déplacement d'un ensemble d'électrodes de mesure dont l'âme est reliée par fil conducteur perdu au riser le plus proche. La mesure du gradient de potentiel permet de localiser les anodes et d'évaluer leur débit, donc leur durée de vie résiduelle.

### 14.7.6. *Mesures à l'intérieur des capacités et équipements*

Le contrôle de la protection cathodique à l'intérieur des équipements est difficile à réaliser et souvent considéré comme non praticable, voire non nécessaire. Dans les réservoirs de stockage pétroliers, les séparateurs ou dessaleurs d'effluents pétroliers, les boîtes à eau d'échangeurs, l'efficacité de la protection n'est jugée la plupart du temps que par l'état de non-corrosion constaté lors des visites périodiques pendant les arrêts. L'analyse de la consommation des anodes sacrificielles est également un moyen de remonter au besoin en courant de l'équipement. Cependant, dans les réservoirs de stockage, il est parfois possible de mesurer le potentiel en introduisant, par un accès sur le toit, une électrode de mesure Ag-AgCl placée dans un récipient non métallique rempli d'eau salée et non bouché. Mieux : des électrodes de référence en zinc peuvent être montées (isolées) sur le fond à surveiller et reliées à un boîtier de mesure situé à l'extérieur d'un trou d'homme par des câbles le traversant. Un montage similaire effectué sur quelques anodes représentatives permet aussi de mesurer leur débit au travers d'un shunt.

## 14.8. Conclusion

L'emploi de la protection cathodique permet d'éviter de nombreux risques de corrosion dans les milieux électrolytiques continus rencontrés dans l'industrie (sols, eaux, béton). Sans elle, l'acier au carbone ne pourrait pas présenter une longévité suffisante pour les ouvrages majeurs comme les canalisations de transport, les navires, les plates-formes offshore, notamment par suppression des risques de corrosion par piles géologiques (canalisations enterrées) ou de fatigue-corrosion (structures tubulaires offshore).

En complément d'un revêtement de protection passive, la protection cathodique est de façon générale très efficace pour éviter la corrosion externe des canalisations enterrées. Les rares cas de défaillances sont souvent dus à l'existence d'un revêtement vieilli constituant localement un écran au courant de protection. L'emploi de méthodes de contrôle plus affinées et/ou plus rapprochées le long des canalisations, quand le risque le justifie, permet de réduire la marge d'erreur dans la recherche des manques de protection. Dans les cas les plus litigieux (revêtement particulièrement décollé, calorifuges, etc.), il est nécessaire de faire appel aux racleurs instrumentés pour détecter de l'intérieur les zones éventuelles de corrosion externe sur les canalisations enterrées.

Les risques de corrosion et de mesures trop optimistes sont bien moindres sur les réservoirs enterrés ou sous talus disposant d'un revêtement moderne adhérent et encore plus sur les ouvrages immergés en mer. Les seuls cas de corrosion d'ouvrages offshore signalés proviennent d'une mauvaise répartition des anodes dans les zones complexes (nœuds de jackets par exemple).

Pour les futurs ouvrages, l'effort doit porter sur la qualité des revêtements associés à la protection cathodique, et principalement au maintien dans le temps d'une adhérence parfaite. Les revêtements appliqués en usine ont atteint un niveau très élevé de qualité. Celle-ci reste à améliorer sensiblement pour le revêtement sur site de pose des soudures d'aboutage où la préparation de surface par projection d'abrasif devrait être généralisée dans de bonnes conditions économiques.

La qualification du personnel d'application et de contrôle des revêtements et de conception et vérification de la protection cathodique est aujourd'hui indispensable. La démarche en cours (ACQPA et AFNOR Compétence CEFRACOR/CFPC en France) doit être bien comprise et acceptée par tous.

## 14.9. Bibliographie

[ASH 93] ASHWORTH V., GOGAN C.G., *Cathodic Protection – Theory and Practice*, Ellis Horwood, Chichester, 1993.

[AUD 99] AUDISIO S., *Le Livre Multimedia de la Corrosion*, CD ROM établi sous l'égide de l'INSA de Lyon, Insavalor, 1999.

[CEF 83] CEFRACOR, « Protection cathodique contre la corrosion – Moyens – Applications – Aspects juridiques », *Actes des journées d'étude de Rennes et Saint-Malo*, 28-29-30 septembre 1983.

[CEF 94] CEFRACOR, « Protection et anticorrosion des ouvrages en acier et bétons armé et précontraint en milieux marins », *Actes des Journées d'Aix-en-Provence*, 10-11 mai 1994.

[CEF 99] CEFRACOR, « Maîtrise de la corrosion des ouvrages par protection cathodique et revêtements », *Actes des 2e Journées d'Aix-en-Provence*, 1-2-3 juin 1999.

[CFP 99] CFPC, département du CEFRACOR, *Certification des agents en protection cathodique – Recueil des programmes de formation et des questions d'examen*, CEFRACOR, 1999.

[CHA 86] CHAMBRE SYNDICALE DE LA RECHERCHE ET DE LA PRODUCTION DU PETROLE ET DU GAZ NATUREL, *La protection cathodique – Guide pratique*, 2e édition, Technip, 1986.

[MOR 87] MORGAN J.H., *Cathodic Protection*, 2e édition, NACE International, 1987.

[NAC 89] NACE INTERNATIONAL, *Cathodic Protection Criteria – A literature Survey*, 1989.

[PAR 84] PARKER M.E., PEATTIE E.G., *Pipeline Corrosion and Cathodic Protection*, 3e édition, Gulf Publishing, NACE International, 1984.

[ROC 00] ROCHE M., « Qualification and Certification in the field of Cathodic Protection: Present situation and possible European Scheme », *CEOCOR Congress*, Bruxelles 9-12 mai, 2000.

[ROC 78] ROCHE M., *Protection contre la corrosion des ouvrages maritimes pétroliers*, publication de l'IFP, Technip, 1978.

# Index

CET OUVRAGE A ÉTÉ COMPOSÉ PAR HERMÈS SCIENCE PUBLICATIONS ET ACHEVÉ D'IMPRIMER PAR L'IMPRIMERIE FLOCH À MAYENNE EN JUIN 2002.

DÉPÔT LÉGAL : JUIN 2002.
N° D'IMPRIMEUR : 54573.
*Imprimé en France*